ANKÜNDIGUNG.

Das vorliegende Buch stellt sich die Aufgabe, eine Darstellung des Wissens unserer Zeit vom Bau und von den Gesetzen des Universums zu geben. Es wendet sich an einen größeren Leserkreis, und deshalb ist der möglichst vollständigen Zusammenstellung der direkten Forschungsergebnisse und der Darstellung der Theorien und der Vorstellungen, die an sie geknüpft sind, eine Beschreibung der Beobachtungsmethoden und der Instrumente voraufgeschickt, die den Leser auf dem Gebiete orientieren soll. Die mathematische Behandlung ist möglichst einfach gehalten, so daß dem mit den Grundlehren der höheren Mathematik vertrauten Leser keine Schwierigkeiten erwachsen werden. Die beigefügten Figuren werden in der Regel aber auch ohne tieferes Eindringen in die mathematische Begründung das Verständnis der Resultate zu vermitteln vermögen und sie der Anschauung näher bringen, so daß auch den Freunden der Himmelsforschung, die zur Lösung sehr vieler der wichtigsten Probleme ebenso berufen sind, wie die Fachgelehrten, Anregung und Förderung geboten wird.

Braunschweig, im Dezember 1905.

Friedrich Vieweg und Sohn.

DIE WISSENSCHAFT

SAMMLUNG
NATURWISSENSCHAFTLICHER UND MATHEMATISCHER
MONOGRAPHIEN

ELFTES HEFT

DER BAU DES FIXSTERNSYSTEMS

MIT BESONDERER BERÜCKSICHTIGUNG

DER PHOTOMETRISCHEN RESULTATE

VON

DR. HERMANN KOBOLD
AO. PROFESSOR AN DER UNIVERSITÄT UND OBSERVATOR
DER STERNWARTE IN KIEL

MIT 19 EINGEDRUCKTEN ABBILDUNGEN UND 3 TAFELN

Springer Fachmedien Wiesbaden GmbH
1906

Additional material from *Der Bau des Fixsternsystems mit Besonderer Berücksichtigung der Photometrischen Resultate,*
ISBN 978-3-663-19848-2 (978-3-663-19848-2_OSFO1),
is available at http//extras.springer.com

DER

BAU DES FIXSTERNSYSTEMS

MIT BESONDERER BERÜCKSICHTIGUNG

DER PHOTOMETRISCHEN RESULTATE

VON

DR. HERMANN KOBOLD

AO. PROFESSOR AN DER UNIVERSITÄT UND OBSERVATOR DER STERNWARTE IN KIEL

MIT 19 EINGEDRUCKTEN ABBILDUNGEN UND 3 TAFELN

Springer Fachmedien Wiesbaden GmbH

1906

Published December 23, 1905.

Ursprünglich erschienen bei Friedr. Vieweg & Sohn, Braunschweig, Germany 1905
Softcover reprint of the hardcover 1st edition 1905

Additional material to this book can be downloaded from http://extras.springer.com.

ISBN 978-3-663-19848-2 ISBN 978-3-663-20185-4 (eBook)
DOI 10.1007/978-3-663-20185-4

VORWORT.

Zur Ermittelung der Anordnung und der Bewegungen der einzelnen Glieder der Sternenwelt, die den unendlichen Raum erfüllt, haben die Astrometrie, die messende Astronomie, und die Astrophysik, die sich mit der Natur der Himmelskörper beschäftigt, in gleicher Weise beizutragen. Erst seit beide, sich ergänzend und stützend, zur Lösung dieses großen Problems mitwirkten, ist es mit den so sehr entwickelten Hilfsmitteln der jetzigen Zeit möglich geworden, die wesentlichen Fortschritte zu erzielen, die unser heutiges Wissen als ein fest begründetes unterscheiden von den schwankenden Hypothesen früherer Zeit. Eine Reihe der wichtigsten Entdeckungen der Astrophysik hat in den letzten Jahrzehnten Schranken hinweggeräumt, die lange Zeit der Forschung ein unerbittliches Halt geboten hatten, und deren Fallen auch der Astrometrie neue Bahnen geöffnet hat. Eine übersichtliche Darstellung der Errungenschaften auf diesem speziellen Gebiete, die der deutschen Literatur noch fehlt, dürfte als Anregung zu weiteren Bemühungen, um die vorhandenen Lücken auszufüllen, dem speziell sich mit der Frage beschäftigenden Forscher nicht unwillkommen sein, könnte gleichzeitig aber auch dazu dienen, neue Hilfskräfte heranzuziehen. Der Verfasser ist daher der Anregung der Verlagsbuchhandlung gern gefolgt, und hat versucht, auf den nachfolgenden Blättern den gegenwärtigen Stand der Frage zu zeichnen.

Die Auseinandersetzung der Beobachtungsmethoden im ersten Abschnitt ist nur ganz kurz gehalten. Sie soll nur zur Orientierung dienen, war aber nicht ganz zu umgehen, ohne fürchten zu müssen, das Verständnis der Resultate weiteren Kreisen, teilweise wenigstens, wesentlich zu erschweren. Im zweiten Abschnitt sind in möglichster Vollständigkeit die Resultate, die Bausteine zu dem zu errichtenden Gebäude, zusammengetragen. Sie sind nur soweit berücksichtigt, als sie für den vorliegenden Zweck Interesse beanspruchen dürfen. Dann folgt im letzten Abschnitt die Darstellung der auf diese Einzelresultate sich stützenden Theorien vom Bau des Universums.

Dank dem großen Entgegenkommen der Verlagsbuchhandlung ist es mir möglich gewesen, die Anschaulichkeit der Resultate durch eine größere Zahl von Abbildungen wesentlich zu erleichtern und zu erhöhen; auch habe ich dem Buche zwei Karten der Pole der Bewegungen von über 300 Sternen beifügen können, die sich als ein wichtiges Hilfsmittel zum tieferen Eindringen in die Natur der Bewegungsgesetze im Fixsternsystem erweisen dürften.

Mit herzlichem Dank habe ich auch der Unterstützung zu gedenken, die mir durch die Herren Geheimrat H. C. Vogel, Prof. E. C. Pickering und Prof. W. W. Campbell durch Übermittelung neuerer Ergebnisse über die Bewegung bzw. die Spektra der Sterne mit bekannter Parallaxe zuteil geworden ist, sowie der Gefälligkeit des Herrn Hofrat Wolf, der mir gestattete, seine herrliche Aufnahme des Amerikanebels reproduzieren und dem Buche beigeben zu dürfen.

Leider ist es mir nicht möglich gewesen, im Texte auf die mir erst während der Drucklegung der letzten Bogen dieses Buches durch die neue Auflage der Populären Astronomie von Newcomb-Engelmann bekannt gewordenen neueren Ansichten von Herrn Kapteyn über die Bewegungsverhältnisse Rücksicht zu nehmen. Da dieselben in den wesentlichen Punkten mit den von mir schon seit Jahren vertretenen übereinstimmen und in der Verwerfung der

Hypothese von der Regellosigkeit der Spezialbewegungen der Sterne gipfeln, so genügt es, hier noch kurz darauf hinzuweisen.

Um durch Quellenangaben die Darstellung nicht sehr häufig unterbrechen zu müssen, ist im dritten Teile des Anhanges ein Literaturverzeichnis hinzugefügt, welches als Ratgeber für ein eingehenderes Studium der Einzelheiten dienen kann. Bei den in den Text eingefügten Nachweisen sind die folgenden Abkürzungen angewendet:

A. J. = Astronomical Journal,
A. N. = Astronomische Nachrichten,
A. P. J. = Astrophysical Journal,
B. A. = Bulletin Astronomique,
B. D. = Bonner Durchmusterung,
C. D. = Cordobaer Durchmusterung,
C. P. D. = Cap Photographic Durchmusterung,
C. R. = Comptes rendues des séances de l'Acad. d. Paris,
M. N. = Monthly Notices of the Royal astr. Society,
P. D. = Potsdamer photometrische Durchmusterung,
V. J. S. = Vierteljahrsschrift der astr. Gesellschaft.

Kiel, im November 1905.

Hermann Kobold.

INHALTSVERZEICHNIS.

Seite

Einleitung.

Kein anderes Gebiet im Reiche der Naturwissenschaften läßt den großen und bedeutungsvollen Unterschied zwischen der Forschungsweise und den Zielen des Strebens unseres Zeitalters und denjenigen der hinter uns liegenden Jahrhunderte in höherem Maße erkennen und ist von ihm stärker beeinflußt als das Gebiet der Fragen, die sich beziehen auf unseren Standpunkt im unermeßlichen All und auf das Bild, das wir uns in unserem Geiste von diesem All machen. Die weit überwiegende Mehrzahl derjenigen Tatsachen, die hier zur Wahrheit zu leiten vermögen, bleibt bei den für unser Begriffsvermögen ganz unfaßbaren Dimensionen des Raumes, den wir unserer Forschung unterwerfen müssen, um zum Ziele gelangen zu können, dem unbewaffneten Auge verhüllt. So lange daher das Auge dem forschenden Geiste das alleinige Hilfsmittel war, um in die Mannigfaltigkeit der Erscheinungen einzudringen, war der Blick in so enge Grenzen gebannt, daß der grübelnde Verstand nur auf dem Wege der Spekulation versuchen konnte, in die Geheimnisse einzudringen und die Gesetze zu ergründen, die sich am gestirnten Himmel in ewig unveränderlicher, das menschliche Gemüt mit Staunen und Bewunderung erfüllender Weise offenbaren. So sehen wir denn in der Tat, daß bis auf die Zeiten des Kopernikus unsere Forschung diesen Weg wandelte, um eine Brücke zu suchen über die unergründliche Kluft, die das der direkten sinnlichen Wahrnehmung zugängliche Gebiet trennt vom Unendlichen, die vom Chaos der Erscheinungen hinüberführt zu der erhabenen Gesetzmäßigkeit, die wir ahnend auch in den entferntesten Tiefen dieses unendlichen Raumes voraussetzen. Aber die Zahl der Anhaltspunkte war eine zu geringe, die Fäden, an die die Forschung sich halten sollte, waren zu locker und zu kurz, es blieb ein weiter freier Spielraum, in dem die Phantasie in fast unumschränkter Weise schweifen konnte.

Da in dem Rahmen dieses Buches an anderer Stelle kein Platz sein wird für die Ideen, die vor der Begründung unserer heutigen Stellarastronomie durch Herschel herrschten, so möge der Versuche jener Zeiten, den Bau des Weltalls zu enthüllen, hier kurz gedacht werden. Wie Kopernikus bezüglich der Fixsterne noch festhielt an der prima sphaera immobilis der Alten, so nannte auch Kepler die Sonne noch das Herz des Universums, das, fast im Zentrum einer großen Hohlkugel von dünner, durch die Gesamtheit der Fixsterne gebildeter Wandung stehend, die Quelle des Lichtes und der Wärme ist. Erst Huyghens räumte den Fixsternen denselben Rang ein, der unserer Sonne zukommt, indem er sie in den Mittelpunkt einzelner, ziemlich regelmäßig im Weltenraume verteilter Planetensysteme stellte, und Thomas Wright, 1734 veröffentlichte „Neue Theorie des Weltalls“ legte gleichfalls der Milchstraße für das Fixsternsystem dieselbe Bedeutung bei, wie sie die Ekliptik für unser Sonnensystem hat. Das sind Gedanken, die in den späteren Arbeiten auf diesem Gebiete immer wieder aufgenommen wurden und dieselben mehr oder weniger beeinflußt haben. Sie bildeten jedenfalls für Kant den Ausgangspunkt für seine 1755 als „Naturgeschichte des Himmels“ veröffentlichte Theorie des Weltalls, mit der die einige Jahre später, nämlich 1760 von Lambert in seiner „Photometrie“ auseinandergesetzte Theorie viele gemeinsame Züge hat, obwohl beide im übrigen völlig unabhängig voneinander sind. Das leitende Motiv ist für Kant wie für Lambert der Grundgedanke der Stellarastronomie: die Fixsterne gleichen der Sonne, sie sind selbstleuchtende Körper von ähnlicher Masse und Leuchtkraft wie die Sonne, und ihre Bewegungen erfolgen nach dem Gravitationsgesetze. Wie also unsere Sonne die Beherrscherin unseres Planetensystemes ist, so betrachten beide auch die übrigen Fixsterne als Zentralkörper von Systemen, die dem Sonnensystem analog gebaut sind. Das sind die Systeme der ersten Ordnung. In einem Systeme der zweiten Ordnung nehmen nun bei Kant die Fixsterne dieselbe Stelle ein, wie die Planeten in den Systemen der ersten Ordnung, sie bewegen sich in geschlossenen Bahnen um einen im Mittelpunkte des Systemes stehenden Zentralkörper von überwiegender Masse. Entsprechend der Anordnung der Planetenbahnen bezüglich der Ekliptik gibt es auch in dem Systeme der zweiten Ordnung eine Hauptebene, um welche die Bahnen der Fixsterne zusammengedrängt sind. Sie tritt uns für dasjenige System, dem unsere Sonne angehört, am Himmel entgegen als die Milchstraße. Die Rolle des Zentralkörpers in unserem Milchstraßensysteme weist Kant dem Sirius zu, den er für hinreichend groß hält, um diesen Platz auszufüllen. Die unserem Milchstraßensysteme koordinierten Fixsternsysteme stellen sich am Himmel dem Auge dar in der Gestalt der Nebelflecken. Die Gravitationskraft vereinigt alle diese Milchstraßensysteme wieder zu einem Systeme höherer Ordnung von in den Grundzügen ähnlichem Aufbau, und in dieser Weise kann man die Entwickelung sich beliebig weit fortgesetzt denken. Bei Lambert ist das System der zweiten Ordnung, das die sämtlichen uns getrennt sichtbaren Fixsterne, die Zentralkörper einer gleich großen Zahl von Sonnensystemen, zusammenfaßt, ein Sternhaufen. Da nur das Vorhandensein eines Zentralkörpers die nötige Stabilität solcher Systeme zu verbürgen scheint, setzt auch Lambert einen solchen für jedes dieser Systeme voraus. Speziell für das System, dem unsere Sonne als ein Glied angehört, sucht er ihn, weil keiner der Fixsterne ihm von hinreichender Masse erscheint, in einem dunkeln Körper und weist auf den Orionnebel hin als dasjenige Objekt am Himmel, das den größten Anspruch auf die Rolle des Zentralkörpers unseres Sternhaufens erheben könne. Eine nach Millionen zählende Anzahl solcher Sternhaufen ist vereinigt zu einem Systeme höherer Ordnung. Sie sind angeordnet in Gestalt eines linsenförmigen Körpers, eines Rotationssphäroids, dessen eine Achse äußerst klein im Vergleich zu der anderen ist. Im Mittelpunkte desselben befindet sich wieder ein vermutlich dunkler Zentralkörper von riesigen Dimensionen und gewaltiger Masse. Das System der mit unserem Sonnensternhaufen verbundenen Sternsysteme erscheint uns in der Gestalt der Milchstraße am Himmel. Der weitere Aufbau bleibt nun derselbe wie bei Kant.

Dies sind in möglichster Kürze die Grundlagen der beiden Theorien, die wir als das Ergebnis der spekulativen Behandlung unseres Problems anzusehen haben. Zu ihrem Aufbau sind im wesentlichen nur Analogieschlüsse verwandt, und so stellen diese

Theorien auch heute noch im großen und ganzen diejenigen Anschauungen dar, die wir für berechtigte und den Erfahrungen nicht zuwiderlaufende ansehen müssen. Soweit beide Theorien sich unterscheiden, scheint die Erfahrung sich auf die Seite Lamberts zu stellen; die dunkeln Zentralkörper sind allerdings nicht vorhanden, ihre Annahme ist, wie die Erfahrung lehrt, nicht nötig.

Der durch Beobachtungen wirklich gesicherte Kern, an den diese philosophischen Spekulationen anknüpfen, war ein sehr kleiner, und sie verloren sich gar schnell in Regionen, die dem menschlichen Begriffsvermögen wohl stets verschlossen bleiben werden. Wir staunen in ihnen ein zwar schönes Gebäude an, fühlen aber sofort, daß ihm die Grundmauern und festen Eckpfeiler fehlen.

Aber schon als Galilei das Fernrohr auf den Himmel richtete und dadurch eine reiche Fülle neuer Tatsachen von ausschlaggebender Bedeutung enthüllte, hatte die Forschung in neue Bahnen eingelenkt. Langsam, aber stetig versuchte sie von da ab durch strenge, mit peinlichster Vorsicht ausgeführte Arbeiten und durch mühevolle Beobachtungen von immer wachsender Feinheit die Schwierigkeiten hinwegzuräumen, die den Weg zur Erkenntnis noch versperren. Die außerordentlichen Bereicherungen des Wissens, die jene Zeiten Keplers und Galileis uns brachten, kamen in erster Linie, weil das Interesse zunächst sich naturgemäß jenen Körpern zuwandte, mit denen unsere Erde durch die engen Bande der Zusammengehörigkeit verknüpft ist, dem Sonnensystem zu gute, und es zeigen sich infolgedessen in den beiden nächsten Jahrhunderten die hervorragenden Geister der mathematischen Wissenschaften absorbiert durch das Studium der Bewegungen der zu ihm gehörenden Körper. Wir sehen, wie Theorie und Beobachtung wetteifernd sich gegenseitig befruchten und zu immer erneuten Anstrengungen anspornen, um schließlich dem menschlichen Geiste die volle Herrschaft über alle Bewegungsvorgänge innerhalb der Grenzen dieses Systemes zu erringen. Gegen Ende des 18. Jahrhunderts schien die theoretische Astronomie dieses Ziel erreicht zu haben. Die Hauptprobleme der Bewegung hatten eine Lösung gefunden, die, wenn auch mathematisch nicht vollkommen, weil nicht vollständig, den Astronomen zunächst befriedigte, weil er, durch seine Beobachtungen gewöhnt, der Wahrheit nur Schritt für Schritt näher zu kommen, nicht davor zurückschreckte, auch hier bei der Rechnung nur durch wiederholte Näherung auf immer umständlicher werdenden Pfaden sein Ziel zu erreichen. Es muß daher ganz natürlich erscheinen, daß von diesem Zeitpunkte ab die Wissenschaft das Bereich ihrer Forschungen zu erweitern trachtete und dem Verstande die Tiefen des Universums zugänglich zu machen suchte, in die man bis dahin nur mit staunender Bewunderung hinausgeblickt hatte. Freilich bedurfte es, um auch nur die ersten noch unscheinbaren Früchte dieses Strebens zu zeitigen, erst noch einer sehr weitgehenden Entwickelung der instrumentellen Hilfsmittel. Die Entdeckungen, die William Herschel mit seinen selbstkonstruierten Riesenfernrohren machte, waren die Einleitung zu neuen, staunenerregenden Fortschritten, und die Erfindung der Spektralanalyse, die Einführung der photographischen Beobachtung, die Messung der Bewegungen im Visionsradius waren die weiteren Epochen, die, jede für sich unser Wissen durch in schneller Folge hinzukommende neue Erkenntnisse außerordentlich erweiternd, in der kurzen Spanne eines Jahrhunderts uns zu vorher ungeahnten Erfolgen geführt haben.

Auf den folgenden Blättern soll der Versuch gemacht werden, die Ergebnisse der Forschung im Zusammenhange vorzuführen, und dann die Vorstellungen zu entwickeln, die wir uns jetzt vom Bau des Universums gebildet haben.

Wenn wir vor unserem Auge die Wunder des Fixsternhimmels ausgebreitet sehen, und wenn wir uns dann bemühen, Ordnung und Regel in der schier überwältigenden Mannigfaltigkeit der Erscheinungen zu schaffen, so bieten uns der Ort und die Erscheinungsweise der Gestirne, ihre Helligkeit, ihre Farbe, ihre physikalischen Eigenschaften Hilfsmittel, die wir unserem Zwecke dienstbar machen können. Der Beitrag, den diese verschiedenartigen Elemente zu dem Endergebnis beizusteuern vermögen, ist ein sehr verschiedener. Der Ort, die Ortsänderung und die Helligkeit sind die Hauptstützpunkte unserer Forschung, während die Farbe und das Spektrum, vorläufig wenigstens, im Hintergrunde stehen. Wir verfolgen zunächst die Forschung in diesen Einzelfragen und fassen die Resultate dann zum Gesamtbilde zusammen.

Erster Abschnitt.

Die Instrumente und Beobachtungsmethoden.

1. Die Ortsbestimmung. Den Ort der Gestirne hat man schon in den frühesten Zeiten für das Studium der Verhältnisse im Fixsternsystem dienstbar zu machen gesucht, indem man diejenigen Objekte, die sich dem freien Anblicke als scheinbar zusammengehörig aufdrängten, zu den bekannten Sternbildern vereinigte. Dem großen historischen Interesse, das diesen auf den Himmel gezeichneten Figuren innewohnt, steht nur eine geringe Wichtigkeit für das Studium der Astronomie gegenüber. Unsere Kenntnis dieser von den Chaldäern und Ägyptern eingeführten und später durch die Griechen erweiterten Sternbilder beruht im wesentlichen auf Ptolemäus, der in seinem Katalog von 1028 Sternen die einzelnen Objekte beschreibt nach ihrer Stellung und Bedeutung für die einzelnen Bilder, so daß also z. B. Aldebaran bezeichnet wird als das Auge des Stieres. Nach diesen Angaben können wir die damals gebrauchten Sternbilder rekonstruieren. Zur Ausfüllung der zwischen diesen alten Sternbildern gebliebenen Lücken sind später verschiedentlich weitere hinzugefügt, und es ist auch der Südhimmel in gleicher Weise bearbeitet. Diese Neueinführungen kamen aber in der Regel nur in sehr beschränkter Weise in Gebrauch. Ordnung ist erst wieder entstanden durch die jetzt allgemeine Annahme der von Argelander in seiner Uranometria nova und der von Gould in seiner Uranometria Argentina eingeführten Sternbilder. Der gegenwärtige Gebrauch dieser Sternbilder in der Wissenschaft sieht völlig ab von der Beziehung der einzelnen Sterne zu diesen Figuren. Es ist vielmehr jedem der helleren Sterne neben der Bezeichnung der Figur, der er angehört, einmal nach der von Bayer 1603 eingeführten Art der Bezeichnung ein meist griechischer Buchstabe zugeordnet, wobei die Reihenfolge der Buchstaben

im Alphabet der Reihenfolge der Sterne nach ihrer Helligkeit innerhalb der einzelnen Sternbilder entsprechen sollte. Daneben ist als Ergänzung noch die seit Flamsteed gebräuchliche Bezeichnung der helleren Sterne jedes Sternbildes nach ihrer Reihenfolge im Sinne der jährlichen scheinbaren Bewegung der Sonne durch Zahlen beibehalten. Diesen Regeln entsprechen Bezeichnungen wie α Tauri, 10 Tauri, *m* Tauri. Wegen der Unvollständigkeit des Flamsteedschen Verzeichnisses, zum Teil auch wegen fehlerhafter Bezeichnung oder anderer Begrenzung der Figuren, sind aber für eine größere Zahl nördlicher Sterne auch die Nummern des Hevelschen Verzeichnisses als Zusatz in Gebrauch, während für die Südhalbkugel die Numerierung in Goulds Uranometrie häufig beibehalten wird. Es ist dann aber nötig, diese abweichende Zählung durch die Hinzufügung Hev. bzw. G. zu kennzeichnen. Es bezeichnen dementsprechend die Angaben 35 Cassiopejae und 35 Hev. Cassiopejae zwei verschiedene Objekte. Bei den schwächeren Sternen endlich wird nur das Sternbild angegeben, in dessen Gebiet der Stern fällt, und es werden dabei die Grenzen der einzelnen Sternbilder den beiden oben erwähnten Uranometrien entsprechend angenommen, und andererseits tragen die bemerkenswertesten Objekte des Himmels von alters her besondere Namen, wie Sirius, Wega. Der Zweck dieser Benennung der Fixsterne kann in unserer Zeit natürlich nur darin erblickt werden, daß auf diesem Wege eine leichte Bezeichnung und eine schnelle Orientierung über den genäherten Ort des Objektes am Himmel gewährt wird, und hieraus ist auch die Berechtigung zur Beibehaltung dieser Benennungen herzuleiten.

Für die Zwecke der Stellarastronomie ist eine weit genauere Kenntnis des Ortes der Fixsterne erforderlich, die nicht durch Zeichnung oder Linienziehung am Himmel, sondern nur durch genaue Vermessung geliefert werden kann. Die Ausführung dieser Vermessung ist Sache der praktischen Astronomie und ein näheres Eingehen auf dieselbe ist hier nicht am Platze. Wir haben die Resultate, d. i. die genauen Örter der Fixsterne, als gegeben zu betrachten und uns nur über die Art dieser Angaben zu unterrichten. Die erste feste Richtung, von der wir ausgehen bei der Bestimmung des Ortes eines Gestirnes an der Sphäre, ist die Richtung der Umdrehungsachse des Erdkörpers, die wir durch einfache Beobachtungen des scheinbaren Laufes derjenigen Fixsterne, die wir in der Nähe der Schnittpunkte dieser Richtung mit der Sphäre, der beiden Himmelspole, sehen, festlegen. Die durch den Mittelpunkt der Sphäre, das Auge des Beobachters oder auch den Erdmittelpunkt, da wir beide verwechseln dürfen, senkrecht zu dieser festen Richtung gelegte Ebene ist die Fundamentalebene für die Ortsbestimmung der Gestirne. Sie schneidet die Sphäre im Himmelsäquator. Zur Festlegung eines Punktes an der Sphäre legen wir durch die Erdachse und den betreffenden Punkt eine Ebene; sie schneidet die Sphäre in einem größten Kreise, der durch die beiden Himmelspole und den zu bestimmenden Punkt geht. Diese Kreise heißen Stundenkreise. Der auf dem Stundenkreise gemessene senkrechte Abstand eines Punktes vom Äquator heißt die Deklination; sie wird positiv auf der nördlichen, negativ auf der südlichen Hemisphäre gerechnet. Die zum Äquator parallelen Kreise der Sphäre, die die Punkte gleicher Deklination enthalten, heißen Parallelkreise. Der Abstand des Schnittpunktes des Stundenkreises mit dem Äquator von einem bestimmten festen Punkte im Äquator, gezählt im Sinne der jährlichen scheinbaren Bewegung der Sonne, heißt die Rektaszension (AR) des betreffenden Punktes. Die feste Anfangsrichtung für die Zählung der Rektaszensionen können wir nicht im Anschluß an die Fixsterne wählen, weil am Himmel alles in beständiger und noch unbekannter Bewegung ist. Wir müssen unsere Wahl stützen auf die Bewegung der Körper unseres Sonnensystems, weil wir diese Bewegung durch Beobachtung und Rechnung verfolgen können. Es dient daher als Anfangsrichtung der Rektaszensionen die Linie, in welcher die Ebene des Äquators geschnitten wird von der Ebene der Erdbahn, der Ekliptik. Ursprünglich war diese Wahl im Altertum getroffen aus Zweckmäßigkeitsgründen und weil das nächste Interesse der Beobachter sich knüpfte an die Bewegung der Sonne, von der alles Erdenleben seinen Ursprung nimmt. Aber auch für unsere Zeiten ist diese Wahl eine zweckmäßige, ja notwendige. Die Lage der Erdbahn ist durch die Wirkung der Anziehung der übrigen Planeten Änderungen unterworfen. Unsere jetzige Kenntnis der Bewegungen und der Massen der Körper unseres Sonnensystems ermöglicht uns aber eine hinreichend genaue Berechnung dieser Bewegung der Ekliptik, so daß wir im stande sind, die jeweilige Lage der Ekliptik zu beziehen auf eine im Raume feste Lage derselben, etwa auf diejenige Lage, welche die Erdbahn im Augenblicke 1900,0 einnahm. Andererseits ist aber auch die Lage der Erdachse und daher diejenige der Ebene des Äquators im Raume Bewegungen unterworfen, welche erzeugt werden durch die Anziehung der Körper unseres Sonnensystems auf die nicht sphärische, sondern abgeplattete, am Äquator mit einem Massenüberschuß ausgestattete Erde. Auch diese Bewegung läßt sich analytisch entwickeln als Funktion des Unterschiedes der Trägheitsmomente des Erdkörpers. Weil wir aber die Massenverteilung im Erdinneren nicht kennen, sind wir nicht im stande, den numerischen Wert der Koeffizienten dieser Entwickelung theoretisch zu bestimmen, müssen vielmehr die Beobachtung zu Hilfe nehmen. Nun führt die mathematische Entwickelung auf einen Ausdruck, welcher besteht aus einem säkularen Gliede, d. h. einer mit der Zeit als Faktor multiplizierten Konstante, und periodischen von der Lage der Mondbahn und der Stellung von Sonne und Mond in ihrer Bahn abhängigen Gliedern. Die aus diesen periodischen Gliedern hervorgehende Bewegung der Erdachse, die die Nutation genannt wird, läßt sich aus den Beobachtungen mit großer Schärfe bestimmen, weil aus allen regelmäßigen Beobachtungsreihen, die sich auf mindestens eine volle Periode der Änderung der Lage der Mondbahn gegen die Erdbahn erstrecken, die systematischen Fehlerquellen herausfallen. Das gleiche läßt sich aber nicht erreichen bezüglich des säkularen Gliedes, welches als Präzession bezeichnet wird. Hier gehen die systematischen Fehler der einzelnen Beobachtungsreihen und die persönlichen Fehler der Beobachter mit ihrem vollen Betrage in die aus der Verbindung zweier verschiedenen Epochen entsprechenden Beobachtungsreihen ermittelte Konstante ein. Wir sind daher, trotzdem die Wirkung der Präzession schon dem Hipparch bekannt war, noch heute nicht im Besitz einer völlig zuverlässigen Bestimmung der Konstanten und müssen bei allen von der Präzession abhängigen Untersuchungen eine Korrektion dieser Konstante in die Bedingungsgleichungen einführen. Die wichtigsten Bestimmungen der Konstante haben zu den folgenden für die Epoche 1900,0 geltenden Werten geführt:

Bessel	$50{,}2479'' + 0{,}02443''\,T$
O. Struve	$50{,}2638'' + 0{,}02268''\,T$
Newcomb	$50{,}2564'' + 0{,}02224''\,T,$

worin T die Zeit seit 1900,0, ausgedrückt in Jahrhunderten als Einheit, bedeutet. Diese als „allgemeine Präzession" bezeichnete Größe ist der in der wahren Ekliptik gezählte Bogen, um welchen sich jährlich der Schnittpunkt des Äquators mit der Ekliptik bewegt. Die Verschiebung erfolgt in der der scheinbaren jährlichen Bewegung der Sonne entgegengesetzten Richtung. Ihr Gesamtbetrag setzt sich zusammen aus zwei Teilen; nämlich aus der durch Sonne und Mond hervorgerufenen Änderung der Lage des Erdäquators, der Lunisolarpräzession, und der durch die Anziehung der Planeten hervorgerufenen Änderung der Lage der Erdbahn, der Präzession durch die Planeten. Diese letztere wird auf theoretischem Wege völlig genau bekannt, und durch die Beobachtung bleibt also nur der erste Teil zu bestimmen.

Äquator und Ekliptik schneiden sich im Frühlingspunkte unter einem Winkel, genannt die Schiefe der Ekliptik, der nach Newcombs Bestimmung den für 1900,0 geltenden Wert hat:

$$\varepsilon_0 = 23^0\,27'\,8{,}26'' - 46{,}845''\,T - 0{,}0059''\,T^2 + 0{,}001\,81''\,T^3.$$

Es steht also der Pol des Äquators vom Pole der Ekliptik um diesen Winkel ε_0 ab, und die Wirkung der Lunisolarpräzession besteht darin, daß der Pol des Äquators P um den ruhenden Pol E_0 der Ekliptik (Fig. 1) einen Kreis mit dem Radius ε_0 beschreibt. Die Nutation ihrerseits bewirkt, daß der wahre Pol des Äquators sich nicht auf der Peripherie dieses Kreises bewegt, sondern eine Wellenlinie durchläuft, die zu dieser Kreisperipherie symmetrisch gelagert ist, während endlich die Präzession durch die Planeten eine geringe Änderung der Lage des Poles der Ekliptik, also des Mittelpunktes des Kreises erzeugt. Diese beiden letzteren Erscheinungen scheiden hier aber aus als streng bekannt.

Im sphärischen Dreieck zwischen dem Sternort S und den Polen P und E_0 bestehen, wenn α und δ die Rektaszension und Deklination des Punktes S bezeichnen, die Relationen

$$\begin{aligned} \sin\delta &= \sin\beta\,\cos\varepsilon_0 + \cos\beta\,\sin\varepsilon_0\,\cos\psi \\ \cos\delta\,\cos\alpha &= \cos\beta\,\sin\psi \\ \cos\delta\,\sin\alpha &= -\sin\beta\,\sin\varepsilon_0 + \cos\beta\,\cos\varepsilon_0\,\cos\psi. \end{aligned}$$

Die Lunisolarpräzession bewirkt eine Änderung des Winkels ψ, und zwar eine jährliche Abnahme desselben um 50,37″. Die dadurch entstehenden Änderungen der Koordinaten sind:

$$\frac{d\alpha}{dt} = -(\cos \varepsilon_0 + \sin \varepsilon_0 \, tg\, \delta \, \sin \alpha) \frac{d\psi}{dt}$$

$$\frac{d\delta}{dt} = -\sin \varepsilon_0 \cos \alpha \frac{d\psi}{dt}.$$

Fig. 1.

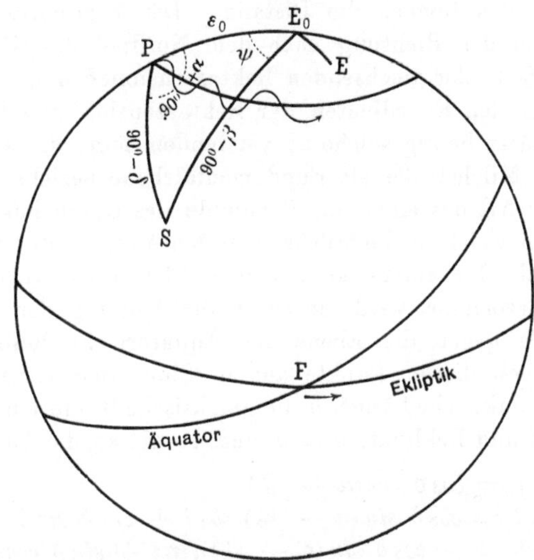

Die durch die Präzession durch die Planeten hervorgerufene Bewegung des Poles E_0 bewirkt eine Änderung des Winkels α, beeinflußt δ hingegen nicht. Bezeichnen wir ihren Einfluß durch $\left(\frac{d\alpha}{dt}\right)_1$ und setzen dem Gebrauche gemäß

$$m = -\cos \varepsilon_0 \frac{d\psi}{dt} + \left(\frac{d\alpha}{dt}\right)_1, \qquad n = -\sin \varepsilon_0 \frac{d\psi}{dt},$$

so ist

$$\frac{d\alpha}{dt} = m + n \sin \alpha \, tg\, \delta, \qquad \frac{d\delta}{dt} = n \cos \alpha \qquad (1)$$

Mit den der Newcombschen Bestimmung entsprechenden für 1900 geltenden Werten wird

$$\frac{d\psi}{dt} = -50{,}3708'' \qquad \left(\frac{d\alpha}{dt}\right)_1 = -0{,}1248''$$

$$m = 46{,}0850'' \qquad n = 20{,}0468''.$$

Es wird später häufig nötig sein, den relativen Ort zweier Gestirne ins Auge zu fassen. Derselbe wird bestimmt durch die Lage und Länge des die beiden Sterne verbindenden Bogens eines größten Kreises der Sphäre. Wir nennen den Winkel, den dieser Kreis bildet mit dem Stundenkreise, den Positionswinkel, die Länge des Bogens die Distanz. Der Positionswinkel wird gezählt von der Richtung nach dem Nordpol des Himmels aus nach der Seite der wachsenden Rektaszensionen hin.

Neben den Koordinaten der Rektaszension und Deklination werden später häufig solche zu verwenden sein, die sich auf die Ebene der Milchstraße als Fundamentalebene beziehen. Nennen wir ☊ die AR des einen im Sternbilde des Ophiuchus gelegenen Punktes, in welchem die Milchstraße den Äquator durchschneidet, und der als der aufsteigende Knoten der Milchstraße auf dem Äquator bezeichnet wird, ferner i die Neigung der Ebene der Milchstraße gegen die Ebene des Äquators in diesem Punkte und l die von diesem Punkte aus im Sinne der Rektaszensionen gezählte galaktische Länge, b die galaktische Breite eines Punktes, dessen AR und Deklination α, δ sind, so gelten die Ausdrücke:

$$\left.\begin{aligned} \cos b \cos l &= \cos\delta \cos(\alpha - \Omega) \\ \cos b \sin l &= \cos\delta \sin(\alpha - \Omega) \cos i + \sin\delta \sin i \\ \sin b &= -\cos\delta \sin(\alpha - \Omega) \sin i + \sin\delta \cos i \end{aligned}\right\} \quad . . (2)$$

Endlich werden zuweilen die Koordinaten der Länge und Breite vorkommen, die sich auf die Ebene der Ekliptik als Fundamentalebene und den Frühlingspunkt als Anfangspunkt der im Sinne der jährlichen scheinbaren Bewegung der Sonne gezählten Länge beziehen. Sind λ, β Länge und Breite eines Punktes, dessen AR und Deklination α, δ sind, und ε die Schiefe der Ekliptik für die Beobachtungszeit, so ist

$$\left.\begin{aligned} \cos\delta \cos\alpha &= \cos\beta \cos\lambda \\ \cos\delta \sin\alpha &= \cos\varepsilon \cos\beta \sin\lambda - \sin\varepsilon \sin\beta \\ \sin\delta &= \sin\varepsilon \cos\beta \sin\lambda + \cos\varepsilon \sin\beta \end{aligned}\right\} \quad . . . (3)$$

2. Die Helligkeit. Von den physikalischen Eigenschaften der Gestirne ist die ungleiche Helligkeit diejenige, die zunächst auffällt und Erklärung fordert. Von alters her war man gewöhnt, die dem freien Auge noch eben sichtbaren Sterne als Sterne sechster Größe zu bezeichnen und eine Anzahl besonders auf-

fälliger als Sterne erster Größe auszuzeichnen. Zwischen die beiden so definierten Endpunkte der Helligkeitsskala ordnete man dann nach dem Augenmaße die anderen Sterne ein und unterschied so Sterne erster, zweiter bis sechster Größe. Das menschliche Auge ist für die Auffassung von Helligkeitsunterschieden sehr empfindlich, und dadurch erhielt diese einfache Methode eine sehr große innere Sicherheit. Schon Ptolemäus zeichnete von den 1028 Sternen seines Verzeichnisses 154 durch ein der Größenklasse beigefügtes Zeichen aus, welches angab, daß der betreffende Stern heller (μ) oder schwächer (ε) sei als das Mittel der der betreffenden Größenklasse zugeordneten Sterne. An dieser Größenskala hielt man zwei Jahrtausende fest, bis W. Herschel auch hier reformatorisch eingriff. Er erkannte die hohe Bedeutung, die die Helligkeit der Sterne für das Studium des Baues des Fixsternsystemes besitzt, und bemühte sich, die Angabe auf möglichst sichere Grundlage zu stellen. Der Weg, den er einschlug, ist auch heute noch in Gebrauch. Während man bislang die Helligkeit eines Sternes direkt abgeschätzt hatte, indem man sich auf die dem Gedächtnis eingeprägte Helligkeitsskala verließ, führte Herschel stets Vergleichungen aus; er unterschied zwischen der Gleichheit und einem beträchtlichen Helligkeitsunterschiede noch vier Stufen, nämlich: Helligkeitsunterschied eben merklich, sehr klein, klein, auffällig. Spätere Untersuchungen haben gelehrt, daß diese Unterschiede etwa ein fünftel Größenklassen entsprechen, und da Herschel auch noch die Übergänge von einer Stufe zur anderen als Angabe benutzte, so entsprechen seine Größenangaben in Wirklichkeit zehntel Größenklassen. Leider war die Bezeichnung, die er wählte, keine glückliche, und so blieb es erst Argelander vorbehalten, die noch jetzt gültigen Regeln aufzustellen. Der jüngere Herschel, der die Arbeiten seines Vaters für die Südhalbkugel fortführte, bediente sich zur Feststellung der Helligkeiten einer eigenen, jetzt auch häufig mit bestem Erfolge angewandten Methode, die er als Methode der Reihenfolge (sequence) bezeichnete. Man wählt zunächst eine Reihe von Sternen aus, die eine annähernd gleichförmig steigende oder fallende Reihe von Helligkeiten bilden. Der Helligkeitsunterschied muß für zwei aufeinander folgende Glieder der Reihe ein erheblicher sein. Die auszuführende Arbeit besteht dann darin, daß man am Himmel Sterne aufsucht, die zwischen je zwei Gliedern dieser Reihe liegen, und daß man nach und nach eine solche Anzahl von Sternen passender Helligkeit einreiht, daß zwischen den sämtlichen Gliedern der Reihe ein kontinuierlicher Übergang entsteht. An verschiedenen Beobachtungstagen geht man von verschiedenen Sternen aus und erhält so durch Verbindung und Ausgleichung der einzelnen Helligkeitsfolgen eine Reihe, in der die der Untersuchung unterworfenen Sterne von den hellsten bis herab zu den schwächsten genau geordnet stehen. Man hat dann nur noch nötig, für einzelne Punkte dieser Reihe ihre Stellung in der Helligkeitsskala zu ermitteln, um für alle Glieder derselben die Größe festsetzen zu können. Mit dieser Herschelschen Methode ist im wesentlichen identisch die Argelandersche Methode der Stufenschätzung, deren man sich jetzt bedient, wenn man ohne besondere photometrische Apparate mit dem Auge allein, und zwar mit dem freien Auge oder auch mit dem Fernrohr bei schwächeren Objekten, Helligkeitsunterschiede oder Helligkeitsänderungen feststellen will.

Wenn wir zwei Sterne miteinander vergleichen, die in Wirklichkeit gleich hell sind, so werden sie uns in der Mehrzahl der Fälle auch gleich hell erscheinen, nur zuweilen wird uns der eine, ebenso oft aber auch der andere als um ein ganz geringes heller erscheinen. Wenn wir aber zwei Sterne zwar auf den ersten Blick für gleich hell ansehen, bei längerer aufmerksamer Vergleichung aber wahrnehmen, daß der eine Stern immer entweder gleich hell oder etwas heller, niemals aber schwächer als der andere erscheint, so betrachten wir dieses als den geringsten merkbaren Helligkeitsunterschied und setzen ihn gleich einer Stufe. So ist die folgende, durch Argelander eingeführte Stufenschätzung leicht verständlich:

a meistens ebenso hell, zeitweise etwas heller, zeitweise aber auch etwas schwächer als *b* . . . . *ab*
a in der Regel ebenso hell, zeitweise etwas heller als *b* . *a* 1 *b*
a beim ersten Anblick gleich hell, bei genauerer Vergleichung stets etwas heller als *b* . . . . *a* 2 *b*
a beim ersten Anblick schon etwas heller als *b* . . . *a* 3 *b*
a merklich heller als *b* . . . . *a* 4 *b*

Schaltet man in dieser Weise einen zu bestimmenden Stern zwischen zwei andere ein und beschränkt sich auf die vier ersten Stufen der Skala, so erzielt man ein sehr sicheres Resultat. Nach einiger Übung gewöhnt man sich an eine sehr konstante Stufenhöhe, die für die meisten Beobachter noch etwas kleiner als die $^1/_{10}$-Größenklasse ist.

Auf diesem Wege hatte sich eine allein auf der Empfindlichkeit unseres Auges beruhende, in sich sehr sichere Größenskala herausgebildet. Sie fand zunächst ihre natürliche untere Grenze bei der Größe 6, die den mit dem normalen Auge bei gewöhnlichen Luftverhältnissen noch eben sichtbaren Sternen entspricht. Als aber das Fernrohr den Blick über diese Sterne hinaus erweiterte, da setzte man auch empirisch diese visuelle Größenskala fort, man bezeichnete Sterne, die um ebenso viel schwächer gegenüber Sternen 6. Größe, wie diese gegenüber Sternen 5. Größe erscheinen, als Sterne 7^m und schritt in gleicher Weise fort. Aber je weiter man sich extrapolierend von der festen Grenze 6^m entfernte, um so unsicherer wurde die Schätzung. Herschel nannte die an der Grenze der Sichtbarkeit für sein 20'-Spiegelteleskop stehenden Sterne 20. Größe, während Bessel die in einem der gebräuchlichen kleineren Fraunhoferschen Kometensucher, die 33 Linien Öffnung haben, noch eben sichtbaren Sterne als Sterne 9.—10. Größe und Struve die in seinem Refraktor von 9 Pariser Zoll Öffnung noch eben sichtbaren Sterne als Sterne 12.—13. Größe bezeichnete. Die Vergleichung zeigt nun, daß der Besselschen Angabe 9.—10. Größe bei Herschel die Größe 11, der Struveschen Angabe 12.—13. Größe bei Herschel die Angabe 20. Größe entspricht, und daß die im übrigen fast identischen Skalen Bessels und Struves sich weit eher als eine kontinuierliche Fortsetzung der für die helleren Sterne einmal feststehenden Skala darstellen lassen als die Herschelsche. Letztere ist deshalb ganz verlassen.

Bei diesen schwächeren Sternen ist nun die Auffassung der Helligkeitsunterschiede noch sicherer als bei den hellen Sternen. Man unterscheidet bei einiger Übung sehr wohl, ob die Helligkeit eines Sternes der normalen Helligkeit einer vollen Klasse entspricht, oder ob sie in der Mitte zwischen zwei aufeinander folgenden Klassen liegt, oder ob sie sich nicht so weit von der normalen Helligkeit entfernt. Man kann also etwa Viertelgrößen direkt schätzen, und durch Wiederholung der Schätzung und Mittelbildung sind dann bei den Katalogisierungsarbeiten des vorigen Jahrhunderts die bis auf $^1/_{10}$-Größenklasse gehenden

Angaben entstanden. Wir werden später sehen, daß wenigstens für die teleskopischen Sterne diese Genauigkeit der Angabe keine illusorische war, sondern Berechtigung hatte.

Trotz der großen inneren Sicherheit dieser visuellen Größenskala behielt sie doch immer den Charakter einer empirischen. Sie entbehrt jeder gesetzmäßigen Grundlage, und es war daher nicht möglich, einen Zusammenhang zwischen ihren Stufen und der Sternzahl herzustellen. Erst die Auffindung des Fechnerschen Gesetzes: „Wir empfinden die Helligkeitsdifferenz zweier Lichtquellen nicht als Unterschied der Intensitäten, sondern als Verhältnis der Intensitäten" führte auf den richtigen Weg. Nach diesem Gesetze haben wir die einzelnen Stufen nicht in Form der arithmetischen Reihe 1—2—3—4, sondern in Form der geometrischen Reihe 1—2—4—8 angeordnet anzusehen. Um nun einen möglichst engen Anschluß an die früheren Arbeiten zu wahren, und um nicht auf die Mitwirkung des freien Auges, die sich schon als so wertvoll erwiesen hatte, verzichten zu müssen, wurde die neue photometrische Skala nach Pogsons Vorschlage so definiert, daß sie bei der Größe 6,0 übereinstimmte mit der alten visuellen Skala, daß also auch in der neuen Skala Sterne der Größe 6,0 diejenigen sind, die dem normalen Auge noch eben sichtbar sind, und daß die Lichtintensitäten, die zwei aufeinander folgenden Größenklassen entsprechen, im Verhältnis 1 : Num. log. 0,4 oder in Zahlen 1 : 2,512 stehen. Es ist also in der photometrischen Skala ein Stern 5. Größe 2,5 mal so hell wie ein Stern 6^m, ein Stern 4^m ist 6,25 mal so hell als ein Stern 6. Größe. Die Logarithmen der Lichtintensitäten zweier Sterne der Größe 6 und 1 werden ausgedrückt durch 0,0 und 2,0, so daß ein Stern 1^m gerade 100 mal so hell ist wie ein Stern 6^m und ein Stern 11^m 100 mal so schwach wie ein Stern 6^m oder 10000 mal so schwach wie ein Stern 1. Größe.

Zur Ermittelung der auf diese Skala bezogenen Helligkeiten dienen die Photometer. Wir haben zweierlei Arten solcher Instrumente zu unterscheiden. Das Prinzip der einen Art beruht auf der Vergleichung zweier Lichtquellen und auf Herstellung der Gleichheit derselben durch Abschwächen der einen von ihnen; das Prinzip der anderen Art dagegen besteht in der Bestimmung der zum Auslöschen der Lichtquelle erforderlichen Absorption. Zur Änderung der Intensität der Lichtquellen benutzt man entweder Blenden, welche die Quantität des in das Auge gelangenden Lichtes regulieren, oder man stützt sich auf den Satz, daß die Lichtintensität abnimmt mit dem Quadrat der Entfernung, oder drittens, man benutzt die Eigenschaften des polarisierten Lichtes.

Die wichtigsten der hier in Rede stehenden Instrumente sind das Steinheilsche Prismenphotometer, das Zöllnersche Astrophotometer und das Glaskeilphotometer.

Das Steinheilsche Instrument ist ein Fernrohr mit geteiltem Objektive; die beiden Hälften des letzteren sind in der Längsrichtung des Fernrohres verschiebbar, und die Größe der Verschiebung ist an einer Skala abzulesen. Vor den beiden Hälften befinden sich total reflektierende rechtwinklige Prismen, das eine ist fest, das andere um die Fernrohrachse drehbar, so daß man die von zwei verschiedenen Sternen kommenden Lichtstrahlen in das Fernrohr werfen kann, und zwar so, daß jede Objektivhälfte nur die von einem der Sterne kommenden Strahlen empfängt. Man beobachtet nun nicht die in der Fokalebene der beiden Hälften entstehenden scharfen Bilder der Sterne, sondern man stellt von beiden Sternen Lichtscheiben her und bewirkt durch Verschiebung der Hälften in der Längsrichtung des Fernrohres, daß die beiden Scheiben, oder vielmehr die beiden halbkreisförmigen Bilder gleich hell sind, daß man also im Gesichtsfelde zwei aneinanderstoßende gleich helle Flächen ohne Trennungslinie sieht. Man kann noch durch Blenden, die aus dem halbkreisförmigen Gesichtsfelde gleichschenklig rechtwinklige Dreiecke, deren Hypotenuse mit der Schnittlinie des Objektives zusammenfällt, herausschneiden, veranlassen, daß in beiden Fernrohrhälften ein gleich großes Stück des Gesichtsfeldes erleuchtet ist, und daß man also bei richtiger Stellung der beiden Objektive und der Blenden ein gleichmäßig erleuchtetes Quadrat erblickt. Sei F die Ablesung der Skala, wenn das Okular im Brennpunkte des Objektives steht, und f der Öffnungswinkel des durch das Objektiv erzeugten Lichtkegels, dann wird bei einer beliebigen Ablesung A das Licht, welches das Bild in der Fokalebene erzeugen würde, ausgebreitet auf einen Kreis vom Radius $(A - F)\,tg\,f$. Verhalten sich die Intensitäten der die beiden Objektivhälften bestrahlenden Lichtquellen wie $i_1 : i_2$, so müssen bei gleicher Helligkeit der Bilder die Radien der Flächen, auf welche das Licht ausgebreitet wird, und also auch die Differenzen der Ablesungen gegen die

Angabe F sich verhalten wie $\sqrt{i_1} : \sqrt{i_2}$. Sind die Ablesungen M_1 und M_2 beobachtet, so wäre

$$\sqrt{i_1} : \sqrt{i_2} = (M_1 - F) : (M_2 - F).$$

Nun können wir aber die gleiche Helligkeit der beiden Bilder auf beiden Seiten des Fokus erreichen, also noch eine zweite Gleichung suchen der Form

$$\sqrt{i_1} : \sqrt{i_2} = (F - M_1') : (F - M_2').$$

Aus beiden folgt aber auch

$$\sqrt{i_1} : \sqrt{i_2} = (M_1 - M_1') : (M_2 - M_2'),$$

oder es verhalten die Intensitäten sich wie die Quadrate der Verschiebungen der Objektive, die erforderlich sind, um auf beiden Seiten des Fokus die Gleichförmigkeit der Gesichtsfelderleuchtung zu erzielen. Vorausgesetzt ist dabei, daß die beiden Objektivhälften und die zugehörigen Prismen gleichwertige optische Systeme sind. Man kann sich aber auch von dieser Voraussetzung leicht frei machen durch Austauschen der beiden Fernrohre.

Die mit dem Apparate zu erreichende Genauigkeit ist durchaus befriedigend. Aber die Beobachtungen sind mühsam, weil es schwer ist, die Sterne in das Gesichtsfeld zu bringen und darin zu halten.

Das Zöllnersche Photometer ist in seiner Konstruktion wesentlich komplizierter, in der Anwendung aber weit bequemer. Es beruht auf der Verwertung polarisierten Lichtes, d. h. solchen Lichtes, in welchem die Ätherschwingungen nur in einer Ebene vor sich gehen, während sie im natürlichen Lichte in allen möglichen Ebenen erfolgen. Zur Erzeugung polarisierten Lichtes verwenden wir in der Stellarphotometrie fast ausschließlich Prismen aus doppeltbrechenden einachsigen Kristallen. Die gebräuchlichsten sind die Nicolschen Prismen, welche aus zwei Kalkspatstücken zusammengesetzt sind. Durch einen Kalkspatkristall sieht man bekanntlich jeden Gegenstand doppelt, weil jeder einfallende Lichtstrahl in zwei Strahlen, einen ordentlichen und einen außerordentlichen, zerlegt wird, die verschieden gebrochen werden und polarisiert sind. Nur in einer Richtung, nämlich in der der Hauptachse des Kristalles parallelen, ist er einfach brechend. Die beiden Strahlen liegen immer in Ebenen, die durch die Hauptachse des Kristalles gehen und einer bestimmten Richtung im Kristall parallel sind. Diese Richtung heißt der Hauptschnitt. Das Nicolsche Prisma ist nun so konstruiert, daß an der Berührungsfläche der beiden das Prisma bildenden Stücke der eine Strahl, der ordentliche, total reflektiert wird und nicht in das andere Stück hineingelangt, während der zweite Strahl, der außerordentliche, das Prisma nicht abgelenkt passiert. Er ist nach dem Verlassen des Prismas vollkommen polarisiert, und zwar senkrecht zur Ebene des Hauptschnittes, und zeigt keine Färbung.

Diejenige Eigenschaft des polarisierten Lichtes, von der wir Gebrauch zu machen haben, wird nun ausgedrückt durch das Malussche Gesetz, welches aussagt: Fällt ein Strahl polarisierten Lichtes auf einen doppeltbrechenden Kristall, so ist bezüglich der beiden Strahlen, in welche er zerlegt wird, die Intensität beim ordentlichen proportional dem Quadrat des Cosinus, beim außerordentlichen proportional dem Quadrat des Sinus desjenigen Winkels, welchen die Polarisationsebene des auffallenden Strahles bildet mit der Ebene des Hauptschnittes des Kristalles. Geht also ein Lichtstrahl durch zwei Nicols, und stehen dieselben so, daß ihre Hauptschnitte parallel sind, so steht die Polarisationsebene des aus dem ersten Nicol austretenden außerordentlichen Strahles nach dem vorigen senkrecht zum Hauptschnitt, die Intensität des schließlich austretenden Strahles ist also proportional $sin^2 90^0$, wir haben das Maximum der Intensität. Drehen wir dann die Nicols gegeneinander, so nimmt die Intensität ab proportional mit dem Quadrat des Sinus des Drehungswinkels.

Eine weitere Eigenschaft des Lichtes, von der beim Zöllnerschen Photometer Gebrauch gemacht wird, ist die am Bergkristall, einer besonderen Art des Quarzes, zuerst beobachtete Zirkularpolarisation. Die Intensität eines Lichtstrahles, der durch zwei Nicols geht, deren Hauptschnitte zueinander senkrecht stehen, oder die, wie man sagt, gekreuzt stehen, wäre nach dem soeben Gesagten $= 0$. Das Gesichtsfeld wäre völlig dunkel. Eine Bergkristallplatte, die senkrecht zur optischen Achse geschnitten ist, dreht nun die Polarisationsebene, und zwar für die verschiedenen Farben um verschiedene Beträge. Bringen wir also eine solche Platte zwischen die gekreuzten Nicols, so ist das Gesichtsfeld nicht dunkel, sondern gefärbt, und die Färbung ändert sich, wenn wir die Nicols gegeneinander drehen.

Das Zöllnersche Instrument besteht nun aus einem Rohre, das entweder ein vollständiges Fernrohr, also Objektiv und Okular enthält, oder nur das Okular trägt und dann an ein anderes Fernrohr an Stelle der gewöhnlichen Okulare gesetzt wird. Neben dem direkt gesehenen Bilde einer Lichtquelle wird ein Bild eines künstlichen Sternes erzeugt, das durch eine in der Fernrohrachse stehende planparallele unter 45^0 gegen die Achse geneigte Glasplatte in das Okular geworfen wird. Diese Glasplatte empfängt das Licht einer seitlich angebrachten, hinter einer feinen runden Öffnung stehenden Flamme. Das durch die Öffnung dringende Licht muß aber der Reihe nach passieren: 1. eine Linse, die es parallel macht, 2. einen Nicol, der das Licht polarisiert, 3. eine Bergkristallplatte, die das Licht färbt, 4. zwei weitere Nicols, durch deren gegenseitige Drehung die Intensität des Lichtes geändert wird, 5. eine zweite Linse, die die parallelen Strahlen zu einem Bilde in der Fokalebene des Fernrohres vereinigt. Die Wirkung des Apparates ist folgende. Wir wollen die drei Nicols in der Reihenfolge, wie sie von den von der Öffnung ausgehenden Strahlen durchlaufen werden, durch N_1 N_2 N_3 bezeichnen. Zunächst stellt man die Nicols $N_2 N_3$ derart, daß ihre Polarisationsebenen parallel sind. Dann erscheint der künstliche Stern in der Maximalhelligkeit. Nun dreht man das Prisma N_1 so weit, bis die Farbe des künstlichen Sternes der der zu vergleichenden Sterne möglichst nahe kommt. Völlige Gleichheit ist schwer zu erreichen, da die durch die Quarzplatte erzeugten Mischfarben mit den einfachen Farben der Sterne nicht übereinkommen. Jetzt bleibt das Prisma N_1 in bezug auf die Bergkristallplatte und den Nicol N_2 stehen, und man ändert durch gemeinsames Drehen dieser drei Polarisatoren gegen den Nicol N_3 die Intensität des künstlichen Sternes. Die beiden auszuführenden Drehungen sind an Kreisen ablesbar, der des Prismas N_1 heißt der Farbenkreis, der des ganzen drehbaren Teiles des Apparates der Intensitätskreis. Für uns handelt es sich hier nur um den zweiten. Sind die an diesem Kreise für mehrere Sterne zur Herstellung der Gleichheit mit dem künstlichen Stern abgelesenen Drehungswinkel etwa i_1, i_2, i_3, und gibt der Kreis 0^0 an, wenn die Polarisationsebenen parallel sind, so sind die Winkel, welche die Polarisationsebene des aus N_2 austretenden Lichtstrahles mit dem Hauptschnitt von N_3 bildet, $90^0 - i_1$, $90^0 - i_2$, $90^0 - i_3$ und daher die Intensitäten proportional $cos^2 i_1$, $cos^2 i_2$, $cos^2 i_3$. In der Regel gibt der Intensitätskreis aber bei parallelen Nicols 90^0 an, so daß die Intensitäten proportional $sin^2 i$ werden. Da man die gleiche Helligkeit des künstlichen Sternes erhält für die Drehungswinkel i_1, $180^0 - i_1$, $180^0 + i_1$, $360^0 - i_1$, kann man den Indexfehler des Intensitätskreises leicht eliminieren durch Einstellen an beiden Seiten des Nullpunktes. Diese Darstellung setzt die Konstanz der Helligkeit des künstlichen Sternes voraus. Für einige Stunden läßt sich eine konstante Helligkeit der Flamme mit den Hilfsmitteln, mit denen die Photometer ausgestattet sind, in der Tat erzielen. In der Praxis macht man sich von dieser Voraussetzung aber doch besser frei dadurch, daß man immer nur Helligkeitsunterschiede beobachtet, oder durch Normalsterne die Intensität des künstlichen Sternes unter Kontrolle hält.

Der Hauptvertreter der auf dem Prinzip des Auslöschens des Lichtes beruhenden Photometer ist das Glaskeilphotometer. In der jetzt üblichen, bestens bewährten Form besteht es aus einem keilförmigen Stücke neutralen, dunkel gefärbten, und einem gleichfalls keilförmigen Stücke gewöhnlichen Glases, die derart zu einem prismatischen Körper zusammengekittet sind, daß ein durchgehender Strahl keine Ablenkung erleidet. Dieser Glaskeil wird zwischen Auge und Okular, oder besser in der Fokalebene des Fernrohres verschiebbar angebracht, und die Verschiebung läßt sich an einer Skala ablesen. Es handelt sich darum, diejenige Stelle des Keiles zu bestimmen, die das von dem zu untersuchenden Sterne vom Objektiv aufgenommene Licht vollständig absorbiert. Am besten stellt man dazu den Keil senkrecht zur täglichen Bewegung der Gestirne, bringt den Stern an eine bestimmte, durch ein Fadenkreuz oder durch ein Paar parallele Fäden bezeichnete Stelle des Gesichtsfeldes, schiebt nun den Keil über das Bild hin und beobachtet die Stellung, bei der der Stern gerade verschwindet oder wieder erscheint. Eine andere Methode, bei der der Keil parallel mit der täglichen Bewegung stehen muß, besteht in der Beobachtung der Zeit zwischen dem Antritt des Sternes an einen festen Faden am dünnen Ende des Keiles und dem Augenblicke des Verschwindens des sich hinter dem Keile fortbewegenden Sternes. Seien S_1 und S_2 die Intensitäten des an zwei Stellen des Keiles, die von der spitzen Kante des dunkeln Keiles um N_1 bzw. N_2 abstehen mögen, eintretenden Lichtes; α sei der Winkel der beiden Keile, L ihre ganze Länge. Dann sind die im dunkeln Keile zurückgelegten Wege $N_1\, tg\, \alpha$ bzw. $N_2\, tg\, \alpha$, dagegen die im ungefärbten Keile durchlaufenen Strecken $(L - N_1)\, tg\, \alpha$ bzw. $(L - N_2)\, tg\, \alpha$. Nun werde beim Durchlaufen der Wegeinheit das Licht im gefärbten Keile auf den Teil c_1, im ungefärbten auf den Teil c_2 seines ursprünglichen Betrages reduziert. Diese Zahlen nennt man die Durchlässigkeitskoeffizienten. Die Intensität des durchfallenden Lichtes ist dann

$$J_1' = J_1 \,.\, c_1^{N_1\, tg\, \alpha}\, c_2^{(L - N_1)\, tg\, \alpha},$$

oder es ist

$$\log J_1' = \log J_1 + N_1\, tg\, \alpha\, (\log c_1 - \log c_2) + L\, tg\, \alpha \log c_2$$

und für den zweiten Stern

$$\log J_2' = \log J_2 + N_2\, tg\, \alpha\, (\log c_1 - \log c_2) + L\, tg\, \alpha \log c_2.$$

Sind also die Intensitäten des durchfallenden Lichtes gleich, d. h. verschwinden die Sterne gerade, so muß sein

$$\log J_1 - \log J_2 = (N_2 - N_1)\, tg\, \alpha\, (\log c_1 - \log c_2).$$

Der Faktor $tg\, \alpha\, (\log c_1 - \log c_2)$ ist eine Konstante, die experimentell zu bestimmen ist; er heißt die Konstante des Keiles. Man ermittelt ihn entweder empirisch durch Beobachtung mehrerer Sterne von genau bekannter Helligkeit, oder man läßt auf den Keil bei verschiedenen Stellungen von derselben Lichtquelle durch völlig gleiche Öffnungen Licht fallen und vergleicht die Intensität des austretenden Lichtes. Man verwendet dazu am besten das Zöllnersche Photometer, dessen künstlichen, in seiner Intensität meßbar veränderlichen Stern man durch den Keil zum Verschwinden bringt.

Neben den drei beschriebenen Instrumenten ist für die Photometrie des Himmels noch von größter Wichtigkeit ein von Pickering konstruiertes Instrument, das als Meridian-Photometer bezeichnet wird, geworden. Es besteht aus zwei horizontal nebeneinander gelagerten Fernrohren, deren Brennpunkte in der gleichen Ebene und unmittelbar nebeneinander liegen. Durch total reflektierende Prismen oder bei größeren Instrumenten durch Spiegel, die sich vom Okularende aus um die Fernrohrachse und außerdem ein wenig senkrecht zu ihr drehen lassen, wird in das eine Fernrohr das Licht eines Polarsternes, z. B. α Urs. min., in das andere das Licht des zu beobachtenden Sternes geworfen. Die beiden Lichtbündel treffen in der Nähe der Fokalebene auf ein doppeltbrechendes achromatisches Kalkspatprisma, durch welches von jedem der beiden Sterne ein ordentliches und ein außerordentliches Bild erzeugt wird. Die Anordnung ist nun so getroffen, daß das ordentliche Bild des einen und das außerordentliche des anderen Objektivs nahe beieinander in der Achse des Okulars erscheinen, während die beiden anderen Bilder durch den Augendeckel des Okulars verdeckt werden. Die beiden Bilder werden nun durch ein Nicolsches Prisma betrachtet und durch Drehen desselben gleich hell gemacht. Da die Polarisationsebenen des ordentlichen und des außerordentlichen Strahles zueinander senkrecht stehen, bilden sie mit der Ebene des Hauptschnittes des Nicolschen Prismas Winkel, die sich zu 90^0 ergänzen. Nun ist nach dem Malusschen Gesetz die Intensität des aus dem Nicol austretenden außerordentlichen Strahles proportional dem Quadrat des Sinus dieser Winkel. Sind also J_1 und J_2 die Intensitäten des durch die beiden Objektive einfallenden Lichtes, und ist φ der Winkel zwischen den Hauptschnitten der beiden Prismen, so ist die Intensität des einen Bildes proportional $J_1 \sin^2 \varphi$, die des anderen proportional $J_2 \cos^2 \varphi$. Sind beide Bilder bei der Kreisablesung φ_1 gleich hell, und ist φ_0 die dem Verschwinden des einen Bildes entsprechende Ablesung, so ist $J_2 : J_1 = tg^2 (\varphi_1 - \varphi_0)$. Beim Pickeringschen Instrumente wird zur Erzeugung des Bildes des Polarsternes der außerordentliche Strahl benutzt; da dessen Polarisationsebene senkrecht steht zur Ebene des Hauptschnittes des achromatischen Prismas, so ist bei gekreuzten Hauptschnitten für ihn die Intensität des aus dem Nicol austretenden Lichtes $= 0$. Es entspricht also die Ablesung φ_0 jener Stellung des Nicols, in der das Bild des Polarsternes ausgelöscht wird, und in der Formel bezieht sich J_1 auf den Polarstern, da $J_1 \sin (\varphi - \varphi_0)$ für $\varphi = \varphi_0$ verschwindet.

Bei der großen Wichtigkeit, die in neuerer Zeit die photographischen Aufnahmen des Himmels für das Studium des Baues des Fixsternsystems gewonnen haben, wäre es von größter Bedeutung, wenn wir einfache Mittel besäßen, um aus den photographischen Aufnahmen die Größe der Sterne abzuleiten. Das nächstliegende Hilfsmittel, zu dem man in der Tat in der Regel seine Zuflucht nimmt, ist die Größe der Sternscheibchen, die man als der Größenklasse umgekehrt proportional betrachten kann. Das Scheibchen eines Sternes der 10. Größe hat nur einen halb so großen Durchmesser wie dasjenige eines Sternes 5. Größe. Aber die so ermittelten Größenverhältnisse stimmen durchaus nicht überein mit denen, die das Auge wahrnimmt, wegen der Verschiedenheit der die photographische Platte und der das Auge reizenden Lichtstrahlen. Die photographische Platte empfindet die Helligkeit als proportional der Menge blauer chemisch wirksamer Strahlen, das Auge als proportional der Menge roter Strahlen im Lichte des Sternes. Schwarzschild hat deshalb versucht, an die Stelle der Größe der Sternscheibchen die Schwärzung der Bromsilberschicht bei extrafokalen Aufnahmen zur Ermittelung der Größe zu setzen. Die Platten wurden immer 9 mm vom chemischen Fokus des Objektivs nach dem Objektiv zu entfernt exponiert. Ausgehend von dem Ausdruck $S = A\,(log\,t - Bm + C)$, wo t die Belichtungszeit, m die Sterngröße ist und A, B, C Konstanten sind, die von der Beschaffenheit der Platten, von der Art der Exposition und dem Entwickelungsverfahren abhängen, wurden auf experimentellem Wege diese Koeffizienten bestimmt. Setzt man noch $A = 2{,}5 \,.\, B \,.\, p$, so stellt sich p als unabhängig von der Expositionszeit und dem Schwärzungsgrade, also als eine den Platten selbst anhaftende Konstante heraus. Der Schwärzungsgrad wurde bestimmt nach einer empirisch durch Aufnahme eines Sternes 4. Größe bei den Expositionszeiten $t = 3\,(\frac{4}{3})^h$ Zeitsekunden, $h = 1, 2, 3 \ldots. 16$, hergestellten Skala. Die nach diesem Verfahren erhaltenen Helligkeitswerte erweisen sich als sehr brauchbar, und es dürfte sich das Verfahren deshalb wohl empfehlen für genaue Bestimmung photographischer Sterngrößen, während es sich für Katalogisierungszwecke kaum eignet.

Auf den beschriebenen Wegen vergleichen wir die Intensität des Lichtes, welches in unser Auge tritt, nachdem es die Atmosphäre durchsetzt und in derselben eine Extinktion erlitten hat. Diese Extinktion ist theoretisch untersucht zuerst von Lambert. Nennen wir i_0 die Intensität des Lichtes vor dem Eintritt in unsere Atmosphäre, J die beobachtete der Zenitdistanz z entsprechende, d die Dichtigkeit, H die Höhe der Atmosphäre und R den Erdradius und setzen

$$\int_{R+H}^{R} d \, . \, dr = A \qquad \int_{R+H}^{R} d \, \frac{r^2 - R^2}{r^2} \, dr = B,$$

so ist

$$log\, J - log\, i = A \sec z - B \tfrac{1}{2} \sec z \, tg^2 z.$$

Die theoretische Bestimmung der Koeffizienten A und B hat auszugehen von einer Hypothese über die Abhängigkeit der Dichte der Atmosphäre von der Entfernung von der Erdoberfläche. Die Laplacesche Theorie, die auch der Besselschen Refraktionstheorie zugrunde liegt, führt zu dem Ausdruck:

$$log \frac{i}{i_0} = log \frac{i_0}{J} \left(\frac{\alpha}{\alpha_0} \sec z - 1 \right).$$

Darin sind α, i der Refraktionskoeffizient und die Intensität in der Zenitdistanz z und α_0, i_0 die im Zenit geltenden Werte dieser Größen. Diese beiden Formeln sind diejenigen, die am meisten angewandt werden, weil sie den tatsächlichen Verhältnissen am besten entsprechen. Eine von anderen Annahmen über die Dichtigkeit der Atmosphäre als Funktion der Höhe ausgehende Theorie ist von Maurer entwickelt. Die Koeffizienten der Lambertschen Formel sind empirisch bestimmt durch Seidel und vor allem durch Müller. Der Laplacesche Ausdruck stellt mit dem der Besselschen Refraktionstafel entnommenen Werte für α und mit dem aus der Vergleichung zwischen Beobachtung und Formel erhaltenen Werte $\frac{i_0}{J} = 0{,}835$ die beobachteten Werte der Extinktion sehr befriedigend dar; erst in Zenitdistanzen von 70^0 oder mehr bleiben Fehler übrig, die bis zu 0,1 Größenklassen anwachsen.

Es ist nun noch die weitere Frage zu beantworten, ob wir durch Berücksichtigung der Extinktion des Lichtes in der Atmosphäre in der soeben besprochenen Weise aus unseren Beobachtungen nun auch wirklich die Helligkeit der Sterne so bestimmen, wie sie uns erscheinen müßte, wenn sie nach dem einfachen Gesetze nur mit dem Quadrat der Entfernung abnähme. Bekanntlich war es Olbers, der zuerst für eine weitere Extinktion des Sternenlichtes im Weltenraume eintrat, um zu erklären, daß uns nicht der ganze Himmel beständig im Glanze der Sonne erscheint, wie es der Fall sein müßte, wenn jeder der unendlich vielen und demnach das ganze Firmament lückenlos bedeckenden Sterne, seine Strahlen unbehindert in unser Auge senden könnte. Wenn auch weder unsere irdischen noch auch unsere Beobachtungen im Sonnensysteme uns Grund geben, an der Gültigkeit des einfachen physikalischen Gesetzes zu zweifeln, so reichen sie doch nicht aus, um zu entscheiden, ob die Fortpflanzung des Lichtes im interstellaren Raume eine völlig ungehinderte ist oder nicht, und wir müssen daher die Olberssche Hypothese als eine plausible ansehen. Es genügt nun, wie Olbers zeigte, anzunehmen, das Licht verliere beim Durchlaufen der mittleren Entfernung der hellsten Sterne $^1/_{800}$ seiner Intensität, um zu Verhältnissen zu kommen, die den tatsächlichen entsprechen. Gerade die Geringfügigkeit dieses Betrages beweist am deutlichsten, welch großen Einfluß diese Hypothese, wenn sie begründet ist, auf unsere Vorstellungen ausüben würde. Ist die Helligkeit eines Sternes in der Einheit der Entfernung $= H$, so wäre die scheinbare Helligkeit in der Entfernung ϱ, wenn das einfache physikalische Gesetz gültig ist, $\frac{1}{\varrho^2} H$. Verliert nun aber das Licht durch Extinktion einen Teil seiner Intensität, und ginge dieselbe beim Durchlaufen der Einheit der Entfernung von 1 auf λ zurück, so würde sie beim Durchlaufen der Entfernung $\varrho - 1$ aus der Entfernung ϱ in die Entfernung 1 in $\lambda^{\varrho-1}$ übergehen, und wir erhielten als Ausdruck der scheinbaren Helligkeit reduziert auf die Entfernung 1

$$\frac{H}{\varrho^2}\lambda^{\varrho-1} \quad \ldots\ldots\ldots \quad (4)$$

3. Die Farbe der Gestirne. Wenn auch die Farbe der Gestirne nur eine individuelle Eigenschaft zu sein scheint, was sie für das Studium des Baues des Sternsystems vorläufig noch bedeutungslos erscheinen läßt, dürfen wir sie doch nicht völlig außer acht lassen. Denn die Farbe wird aufgefaßt als charakteristisches Merkmal des Alters oder der Entwickelungsstufe der Sterne, und es wäre deshalb, wenn man sich das Sternsystem nicht geschaffen, sondern sich langsam ausbildend denkt, ein Zusammenhang zwischen der Farbe und der Stellung zum Systeme in der Tat als wahrscheinlich zu betrachten.

Der Farbenschätzung muß nun eine dieser Vorstellung der Bedeutung der Farbe entsprechende Farbenskala untergelegt werden. Die gebräuchlichste ist die Schmidtsche:

0^c = weiß
1^c = gelblich weiß
2^c = weißgelb (weiß und gelb in gleichen Teilen)
3^c = hell oder blaßgelb
4^c = reingelb
5^c = dunkelgelb
6^c = rötlichgelb (gelb überwiegt)
7^c = rotgelb (rot und gelb in gleichen Teilen, orange)
8^c = gelblich rot
9^c = rot, mit geringer Spur von gelb
10^c = rot.

Die Skala umfaßt nicht alle möglichen Töne. Blau fehlt ganz, aber tatsächlich kommen bläuliche oder auch grüne Sterne unter den isolierten nicht vor, während sie sich nicht selten bei den Doppelsternen finden. Jedenfalls genügt diese sich an die beobachteten Verhältnisse anschließende Skala allen zu stellenden Forderungen. Die Ausführung der Farbenschätzung setzt ein normales, sogenanntes trichromatisches Auge voraus. Das S. 20 beschriebene Kolorimeter, das mit dem Zöllnerschen Photometer verbunden ist, muß, wie auch dort schon erwähnt, als ungeeignet betrachtet werden als Hilfsmittel für die Beobachtung, da seine Farbenskala eine ganz andere ist als die Glühzustandsskala. Bei Anwendung eines Fernrohres muß man auch den etwaigen Einfluß desselben auf die Farbe untersuchen.

Von der größten Bedeutung ist die Abhängigkeit der Helligkeitsschätzung von der Farbe der Lichtquelle. Die Helligkeitsempfindung des Auges ist, wie Versuche gelehrt haben, bei normalem Auge fast ganz proportional der Rotempfindung. Eine Abschwächung einer Lichtquelle, die an sich eine Änderung der Farbe nicht bewirken kann, erzeugt für das Auge doch stets die Empfindung der Zunahme der Rotfärbung. Sind zwei Lichtquellen, eine rote und eine blaue, bei großer Helligkeit gleich hell, und schwächen wir beide in gleicher Weise um denselben Betrag ab, so erscheint uns die blaue heller als die rote (Purkinje-Phänomen). Daher rührt die systematische Differenz zwischen den Helligkeitsschätzungen, die auf dem Gleichmachen, und denen, die auf dem Auslöschen des Lichtes beruhen, und abhängig ist von der Farbe. Rot gefärbte Sterne verschwinden für das Auge später als Sterne geringeren Farbengrades, wir schätzen sie deshalb mit dem Glaskeilphotometer zu hell. Es ist demnach notwendig, daß man die Helligkeitsangabe ergänzt durch die Angabe der Farbe, und daß man den Einfluß der Färbung auf die Helligkeitsmessung bei dem benutzten Photometer untersucht. Hierüber liegen aber zur Zeit hinreichende Erfahrungen noch nicht vor.

4. Das Spektrum. Ein sichereres und vor allem ein der Beobachtung leichter zugängliches und experimentell zu verfolgendes Kriterium für den Entwickelungszustand der Sterne ist das Spektrum. Zwar gibt es noch eine große Menge von schwierigen Fragen, welche sich auf die Änderung des Spektrums mit dem physischen Zustande der Substanz, die das Spektrum erzeugt, beziehen, und die zu lösen sind, wenn unsere Schlüsse aus den Eigentümlichkeiten der Spektren auf den Zustand der himmlischen Körper volle Sicherheit erlangen sollen. Aber wir sind auch gewiß, daß, wenn wir die richtige Antwort auf diese Fragen auf experimentellem Wege finden, wir jedesmal zu einer sehr wesentlichen Erweiterung unseres Wissens gelangen werden.

Schon ein ganz flüchtiges Studium der Fixsternspektren lehrt, daß dieselben in drei auch äußerlich leicht zu trennende Kategorien zerfallen, die schon Fraunhofer kannte, der Sirius (α Can. maj.), Capella (α Aurigae) und Beteigeuze (α Orionis) als Vertreter dieser drei Arten nannte. Genaueres Studium hat gelehrt, daß diese Unterschiede typisch sind und den verschiedenen Glühzustand der Materie charakterisieren. Dieser Gedanke liegt der Vogelschen Einteilung der Sternspektren zugrunde, die jetzt die gebräuchlichste ist.

Zur ersten Klasse Vogels gehören die weißen Sterne, das sind diejenigen, die sich im Zustande höchster Gluthitze befinden. Die chemisch wirksamen Strahlen sind hier weit überwiegend, und demnach ist das violette Ende des Spektrums stark hervortretend. Die Klasse zerfällt in drei Unterabteilungen:

Ia. Siriussterne. Das Spektrum enthält nur wenige und schwach angedeutete Metallinien; die vorhandenen gehören zum großen Teil dem Eisen an; dagegen zeichnen sich die Wasserstofflinien (C, F, H_γ, h) durch ihre bedeutende Intensität und Breite aus.

Ib. Die Wasserstofflinien sind vorhanden, aber weniger intensiv, sie sind in der Mitte aufgehellt; neben ihnen finden sich die Linien des Cleveïtgases.

Ic. Die Wasserstofflinien sind hell, außerdem treten häufig auch die Heliumlinie D_3 und die übrigen Linien des Cleveïtgases hell auf. Heliumsterne.

Zur zweiten Klasse gehören die gelblichen Sterne; sie sind von Atmosphären umgeben, die schon kräftiger absorbieren, so daß die Fraunhoferschen Linien gut zu erkennen sind. Das violette Ende zeichnet sich nicht mehr so sehr aus. Vogel unterscheidet:

IIa. Capella- oder Sonnensterne. Das Spektrum ist dem der Sonne ähnlich. Die Fraunhoferschen Linien treten besonders im Grün und Gelb kräftig und scharf hervor. Die Wasserstofflinien sind gut entwickelt, aber nicht so intensiv und breit wie in der ersten Klasse.

IIb. Wolf-Rayet-Sterne. Es ist ein kontinuierliches Spektrum mit den Fraunhoferschen Linien vorhanden, daneben treten aber einzelne helle Linien auf, deren Zugehörigkeit teilweise noch nicht bekannt ist.

Die dritte Klasse enthält die rötlichen Sterne. Diese befinden sich in verhältnismäßig niedriger Gluthitze, und ihre Atmosphäre übt eine starke, sich durch kräftige Banden verratende Absorption aus.

IIIa. Die Fraunhoferschen Linien sind sehr zahlreich und intensiv. Daneben treten Absorptionsbanden auf, die nach der dem violetten Ende des Spektrums zugekehrten Seite scharf begrenzt sind, nach der anderen Seite aber sich allmählich verlieren.

IIIb. Die Absorption überwiegt vollständig. Das violette Ende des Spektrums ist sehr schwach. Die Absorptionsbanden verhalten sich entgegengesetzt wie bei IIIa, sie sind scharf nach der roten, matt und langsam verblassend nach der violetten Seite hin.

Neben dieser Vogelschen Klassifikation wird noch häufig die ältere Secchische gebraucht. Es sind fünf Klassen, die sich aber mit Vogelschen Klassen bzw. Unterabteilungen identifizieren lassen, wie folgt:

	I	II	III	IV	V
Secchi . . .	I	II	III	IV	V
= Vogel . . .	Ia	IIa	IIIa	IIIb	Ic.

Einen rein formalen Charakter hat die in den Arbeiten der Sternwarte des Harvard College gebrauchte Einteilung der Spektren. Dieselben werden hier, indem auch auf geringere typische Unterschiede Rücksicht genommen wird, auf 15 durch die Buchstaben A bis P bezeichnete Klassen verteilt, und eine 16. Abteilung Q umfaßt besondere, nicht unter die früheren einzuordnende. Dadurch, daß für jeden der 15 Typen ein Hauptvertreter angegeben wird, ist es leicht, sich von dem Charakter des Spektrums schon aus seiner Bezeichnung eine ausreichende Vorstellung zu machen und den Stern etwa in die Vogelschen Klassen einzuordnen.

Eine von anderen Gesichtspunkten ausgehende, aber gleichfalls eine Darstellung des Entwickelungsganges anstrebende Klassifikation der Sterne nach ihrem Spektrum hat Lockyer angegeben. Er teilt die Sterne in fünf Klassen ein, deren erste wieder in zwei Abteilungen zerfällt; nämlich: 1. Gassterne; a) Proto-Hydrogen-Sterne, b) Cleveïtgas-Sterne. 2. Protometallische Sterne. 3. Metallische Sterne. 4. Sterne mit Bandenspektren. 5. Kühlste Sterne.

Proto-Hydrogen ist eine im Laboratorium bisher nicht darstellbare Modifikation des Wasserstoffs, die bei sehr hoher Temperatur und hohem Druck entsteht. Bei den protometallischen Sternen treten im Spektrum Linien auf, die wir experimentell nur im Funkenspektrum der Metalle nachweisen können. Lockyer nimmt einen doppelten Entwickelungsgang bei den Sternen als möglich an. Derselbe kann die Reihenfolge dieser fünf Klassen sowohl in absteigendem als auch in aufsteigendem Sinne durchlaufen. Einen Teil der Sterne führt die Abkühlung von den oberen in die unteren Klassen, ein anderer Teil aber geht infolge der natürlichen Entwickelung, die durch Kontraktion Wärme erzeugt, von den unteren in die oberen Klassen.

Wir werden uns im folgenden immer an die Vogelsche Anordnung der Klassen halten.

5. Die Entfernung. Die Entfernung der Fixsterne wird bestimmt durch die Messung des Winkels, unter welchem, vom Sterne aus gesehen, der Halbmesser der Erdbahn erscheint; der so definierte Winkel heißt die Parallaxe des Sternes. Es wird also der Durchmesser der Erdbahn, die größte Entfernung, die wir herzustellen imstande sind, als Basis in einem auszumessenden

Dreiecke gewählt, in dessen Spitze der Stern steht. Die ersten mit der Ausbreitung der Kopernikanischen Lehre beginnenden Versuche zur Ausmessung solcher Dreiecke gingen auf die Messung der beiden Basiswinkel aus durch Bestimmung der Koordinaten des Sternes für zwei Zeitpunkte, die so zu wählen waren, daß der Unterschied der Koordinaten möglichst groß sei. Diese Methode ergibt uns absolute Parallaxen. Sie hat nur in sehr wenigen Fällen zu einigermaßen zuverlässigen Werten geführt, weil die Bestimmung der Koordinaten der Gestirne besonders durch die Einwirkung der Lufthülle der Erde Fehlerquellen ausgesetzt ist, die, weil sie die miteinander zu vergleichenden Beobachtungen in verschiedener Weise systematisch beeinflussen, die geringe aus der Parallaxe entspringende Verschiedenheit der beiden Basiswinkel verdecken.

Ist die Entfernung der Sterne endlich, so muß der von der Erde aus gesehene Ort des Sternes, der geozentrische Ort, um den von der Sonne aus gesehenen, den heliozentrischen Ort, eine geschlossene Bahn beschreiben, die als ein Spiegelbild der Bahn der Erde zu betrachten ist. Die Gestalt dieser parallaktischen Ellipse hängt ab von der Lage des Sternes zur Ebene der Erdbahn, also vom scheinbaren Orte des Sternes an der Sphäre; die Dimensionen der Ellipse hängen aber nur ab von der Entfernung. Für Sterne in gleicher Entfernung ist die große Achse der Ellipse die gleiche, die kleine dagegen ist Funktion des scheinbaren Ortes. Es folgt daraus, daß unter sonst gleichen Umständen die Wirkung der Parallaxe auf die Rektaszensionen ein Maximum sein wird in der Nähe der Pole des Himmels, weil hier der Winkel zwischen den die Ellipse berührenden beiden Stundenkreisen, also die ganze durch die Parallaxe bewirkte Änderung der Rektaszension am größten ist. Im Pole selbst wäre der Winkel $= 180^0$. Für die Deklination ergeben sich die günstigsten Beobachtungsverhältnisse, wenn die große Achse der Ellipse zusammenfällt mit dem Stundenkreise. Das ist der Fall erstens wieder im Himmelspole, außerdem aber zweitens im Pole der Ekliptik, wo die Ellipse ja in einen Kreis übergeht, da die Exzentrizität der Erdbahn unberücksichtigt bleiben kann, und drittens auf einer diese beiden Punkte verbindenden Kurve.

Nur für diejenigen Sterne, die sich in den oder doch in der Nähe der so ausgezeichneten Positionen befinden, bieten die absoluten Methoden überhaupt Aussicht auf Erfolg, der aber durch die oben angeführten Gründe wieder in Frage gestellt und in der Tat bislang unerreichbar war. Erst als man unter Wiederaufnahme eines schon von Galilei geäußerten Gedankens versuchte, aus der perspektivischen Wirkung der Parallaxe diese selbst zu bestimmen, gelangte man zum Ziele. Ist nämlich die Entfernung der Sterne verschieden, so wird ihre scheinbare Bahn um so größer sein, je näher sie uns sind, und die Vergleichung des geozentrischen Ortes zweier Sterne bietet also ein Mittel zur Bestimmung der relativen Parallaxen, und auf Messungen solcher Art beschränken wir uns jetzt gänzlich. Eine für die Kleinheit der zu messenden perspektivischen Wirkung hinreichende Genauigkeit erreichte zuerst Bessel durch Anwendung des Heliometers, und die mit diesem Instrumente erlangten Resultate gelten auch heute noch in erster Reihe als diejenigen, denen man bei richtiger Ausführung volles Vertrauen entgegenbringen kann. Die einzige Fehlerquelle, die die Zuverlässigkeit des Resultates noch in Frage zu stellen scheint, liegt in der Dispersion der Luft. Da der Brechungsexponent der Luft für rote und blaue Strahlen ein verschiedener ist, so hätten wir für die verschieden gefärbten Sterne auch eine verschiedene Refraktion vorauszusetzen. Wie Seeliger (A. N. 3795) hervorhebt, erreicht der Unterschied der Refraktionskonstante schon mehrere Hundertstel Bogensekunden selbst dann, wenn für das Auge ein merklicher Farbenunterschied noch nicht vorhanden ist. Aus diesem Grunde hätte man also Sterne mit merklichem Farbenunterschiede bei relativen Parallaxenbestimmungen zu vermeiden. Bei den tatsächlich bei den Beobachtungen obwaltenden Verhältnissen scheint aber diese Fehlerquelle doch keine wesentliche Bedeutung zu haben. Denn da die Objektive unserer Beobachtungsfernrohre nur Lichtstrahlen bestimmter Brechbarkeit im Fokus vereinigen, kommen nur diese in Frage. So hat Comstock (A. N. 3821) durch Versuche festgestellt, daß die die Hauptwirkung auf das Auge ausübenden Strahlen sich bei weißen und stark roten Sternen nur um 20 $\mu\mu$ (= 20 Milliontel Millimeter) unterscheiden, während z. B. die Erklärung der von Hartwig gefundenen negativen Parallaxe der Nova Persei, $\pi = -0{,}16''$, einen Unterschied der Wellenlänge gegenüber den Anschlußsternen von wenigstens 80 $\mu\mu$ verlangen würde.

Von den visuellen Methoden zur Bestimmung der relativen Parallaxe durch differentiellen Anschluß hat sich neben der heliometrischen nur noch die auf der Vergleichung der Rektaszensionen beruhende bewährt, wenn man sich auf Sterne in gleichem Parallel beschränkt, zur Beobachtung Meridianinstrumente benutzt, und wenn man durch Gitter bewirkt, daß die zu vergleichenden Sterne möglichst nahe gleich hell erscheinen. Alle anderen Methoden sind systematischen, von der Lage des Instrumentes zum Meridian und von äußeren Umständen abhängigen, nicht genügend bekannten und nicht zu eliminierenden Fehlern unterworfen, die ihre Resultate illusorisch machen.

Die großen Hoffnungen, die man für die Bestimmung von Parallaxen auf die Photographie setzte, haben sich bisher nur in bescheidenem Maße verwirklichen lassen, wegen der Schwierigkeit der Vermeidung systematischer Fehlerquellen, die bei der Aufnahme in verschiedenen Stundenwinkeln sehr leicht entstehen und sich hier besonders schädlich geltend machen, weil das photographische Bild von der Wellenlänge des wirksamen Lichtes sehr stark beeinflußt wird. Auch kommt hier die Helligkeitsdifferenz in Frage, weil bei gleicher Expositionszeit beim helleren Sterne noch Strahlen wirksam werden, die beim schwächeren unwirksam bleiben. Ganz neuerdings sind am Yerkes Observatory durch F. Schlesinger (A. P. J. XX., 123) Versuche ausgeführt, die wesentlich günstigere Resultate erhoffen lassen. Die von einem Sterne ausgehenden Strahlen verschiedener Wellenlänge vereinigen sich in etwas verschiedenem Abstande vom Objektiv, und es liegen daher die verschieden gefärbten Bilder ein und desselben Objektes in verschiedenen Ebenen. Beim großen Refraktor der Yerkes-Sternwarte fallen nun die den Wellenlängen 550 $\mu\mu$ bis 600 $\mu\mu$ entsprechenden Bilder alle nahe in dieselbe Ebene, während der Fokus für Strahlen geringerer Wellenlänge schnell gegen das Objektiv hin rückt. Andererseits haben die Cramerschen isochromatischen Platten die größte Empfindlichkeit für Strahlen der Wellenlänge 570 $\mu\mu$, während ihre Empfindlichkeit nach beiden Seiten von dieser Stelle des Spektrums stark abnimmt. Ein zweites, aber geringeres Maximum der Empfindlichkeit tritt auf bei der Wellenlänge 450 $\mu\mu$. Benutzt man also solche Platten an dem Yerkes-Fernrohre und stellt sie richtig ein, so wirken nur die zwischen $\lambda = 520 \mu\mu$ und $\lambda = 570 \mu\mu$

liegenden Strahlen auf die Platte. Die Strahlen größerer Wellenlänge sind photographisch nicht mehr wirksam, und für die Strahlen geringerer Wellenlänge ist die Platte nicht empfindlich. Für die $\lambda = 450\,\mu\mu$ entsprechenden blauen Strahlen ist die Platte zwar wieder empfindlich; da der Vereinigungspunkt dieser Strahlen aber erheblich näher am Objektiv liegt, werden sie auf der Platte nicht in einem Punkte vereinigt, sondern auf eine Fläche ausgebreitet und sind daher erst bei sehr langer Belichtung wirksam, wenigstens bei Sternaufnahmen. Es kommt also immer nur derselbe kleine, bestimmt begrenzte Teil des Lichtes bei allen Sternen zur Wirkung; daher zeichnet das erhaltene Bild sich durch große Schärfe aus, die eine erheblich sicherere Einstellung als bei den gewöhnlichen photographischen Sternaufnahmen gestattet, und es fallen alle durch die Verschiedenheit der wirksamen Lichtstrahlen bedingten Fehlerquellen fort, so daß auch die Übereinstimmung verschiedener derselben Zeit angehöriger Platten eine vollkommene ist.

Bei den Doppelsternen mit bekannter Umlaufszeit bietet uns das 3. Keplersche Gesetz ein Mittel, die Entfernung theoretisch zu berechnen, wenn wir die Masse kennen. Ist T die Umlaufszeit in siderischen Jahren, M die Summe der Massen der beiden Komponenten, A die halbe große Achse der Doppelsternbahn und R der Radius der Erdbahn, so ist $MT^2 : 1 = A^3 : R^3$. Die Entfernung Δ, die Parallaxe π und der Winkel a, unter welchem die halbe große Achse der Bahn uns erscheint, ergeben die Relationen $\Delta \sin \pi = R$, $\Delta \sin a = A$, und es folgt daher

$$\pi = a \,.\, M^{-1/3} \,.\, T^{-2/3}.$$

Umgekehrt kann diese Gleichung dazu dienen, um die Masse der Sterne zu berechnen, und in dieser Weise wird sie uns nützlich sein.

Aus der relativen Parallaxe, die wir nach diesen Methoden ermitteln, können wir nur mit Hilfe von Hypothesen auf die wahre Entfernung schließen. Aus praktischen Gründen, besonders um den stets in erster Linie zu fürchtenden schädlichen Einfluß der Temperatur auf unsere Messungen zu eliminieren, wird der zu untersuchende Stern wenigstens mit zwei anderen verglichen; sein Ort wird zwischen diejenigen der beiden Anschlußsterne interpoliert. Die Übereinstimmung der aus den beiden einzelnen Sternen unter der Voraussetzung, daß ihre Parallaxe verschwindend ist, sich ergebenden Werte für die Parallaxe des zu untersuchenden Sternes ist ein erstes Erfordernis für die Berechtigung dieser Voraussetzung. Fallen die Resultate verschieden aus, und ist der Unterschied nicht durch die den Resultaten wegen der unvermeidlichen Beobachtungsfehler anhaftende Unsicherheit zu erklären, so muß wenigstens einer der Anhaltsterne eine merkliche Parallaxe haben. Führen aber beide Sterne zu derselben Parallaxe für den untersuchten Stern, so ist es schon sehr wahrscheinlich, daß ihre eigene Parallaxe 0, die bestimmte relative Parallaxe also die absolute Parallaxe des untersuchten Sternes ist. Denn da man im allgemeinen annehmen darf, daß die helleren Sterne, oder daß Sterne, die eine große Bewegung zeigen, uns näher sind als schwache, unbewegte Sterne, so wählt man natürlich letztere als Anhaltsterne, und es ist dann sehr unwahrscheinlich, daß zwei solche Sterne, die noch dazu nicht nahe beieinander stehen, eine merkliche und zwar die gleiche Parallaxe haben. Ist aber die zu bestimmende Parallaxe selbst klein, so muß man die Anzahl der Anhaltsterne größer wählen, um dem Schlusse größere Wahrscheinlichkeit zu verleihen.

6. Die Bewegung. Wollen wir entscheiden, ob ein irdischer Gegenstand sich bewegt oder nicht, so untersuchen wir zunächst, ob er sich seitlich, senkrecht zur Gesichtslinie bewegt, indem wir seine Stellung mit der anderer irdischer Gegenstände vergleichen, deren Bewegung wir kennen. Das Resultat entscheidet höchstens über das Vorhandensein einer Bewegung; die Bewegung selbst kennen wir damit noch nicht. Erst wenn wir durch andere Beobachtungen, etwa durch Messung der scheinbaren Größe, entschieden haben, ob der Gegenstand sich uns nähert oder sich von uns entfernt, kennen wir den Quadranten der Bewegung, um aber Größe und Richtung der Bewegung zu erhalten, müssen wir den linearen Betrag der beiden Komponenten ermitteln.

Genau ebenso verfahren wir bei den Sternen. Die Vergleichung der Örter der Sterne, die für zwei hinreichend weit auseinander liegende Epochen gefunden sind, ergibt die scheinbare Bewegung der Sterne senkrecht zum Visionsradius ausgedrückt in Bogenmaß. Wir nennen diese Bewegung die Eigenbewegung der Fixsterne. Alle die Genauigkeit der Örter der

Fixsternkataloge beeinflussenden Fehlerquellen treten auch in den berechneten Eigenbewegungen zutage, und sie sind hier um so schädlicher, weil die Bewegungen selbst in der Regel nur sehr klein sind. Um zuverlässige Resultate zu erlangen, muß man also Kataloge miteinander vergleichen, die möglichst gleichartig beobachtet sind, oder man muß die größte Sorgfalt verwenden auf die Befreiung der Örter von den ihnen anhaftenden systematischen Fehlern. Natürlich ist hierauf schon bei der Ausführung der Beobachtungen selbst Rücksicht zu nehmen; weil das Ziel aber niemals erreicht wird, so muß man nachträglich Verbesserungen anbringen. Man stellt zunächst einen Fundamentalkatalog auf, der eine beschränkte Anzahl hellerer Sterne enthält, die bei der Beobachtung bevorzugt werden, und bestimmt nun für die Sterne dieses Katalogs aus einer möglichst großen Zahl voneinander unabhängiger, sorgfältiger Bestimmungen recht genaue Örter und Eigenbewegungen. Mit diesem Fundamentalkataloge, dessen Sterne gleichförmig über den Himmel verteilt sein sollen, vergleicht man nun die einzelnen Kataloge und ermittelt so ihre Reduktion auf ein bestimmtes System. Arbeiten dieser Art sind in neuerer Zeit besonders von Auwers, Newcomb und Boss ausgeführt. Das Auwerssche Fundamentalsystem und die Auwersschen Reduktionen der einzelnen Kataloge auf dieses System dürfen den Anspruch der größten Zuverlässigkeit erheben und finden daher am häufigsten Verwendung. Da die Rektaszension und Deklination der Sterne unabhängig voneinander bestimmt werden, erhalten wir auch voneinander unabhängige Bewegungen in beiden Koordinaten $\Delta\alpha$ bzw. $\Delta\delta$. Die ganze angulare Bewegung und ihre Richtung bestimmt sich aus

$$\left.\begin{aligned} \Delta s \sin\varphi = \Delta\alpha\cos\delta, \quad \Delta s\cos\varphi = \Delta\delta, \\ \Delta s^2 = (\Delta\alpha\cos\delta)^2 + \Delta\delta^2 \end{aligned}\right\} \quad . \quad . \quad (5)$$

Ist $\varepsilon(x)$ der mittlere Fehler (*m. F*) von $\Delta\alpha\cos\delta$, $\varepsilon(y)$ der von $\Delta\delta$, so sind die *m. F.* der Richtung und Größe der ganzen Bewegung:

$$\left.\begin{aligned} \varepsilon(\varphi)^2 = \frac{1}{\Delta s^2}(\cos^2\varphi\,\varepsilon(x)^2 + \sin^2\varphi\,\varepsilon(y)^2) \\ \varepsilon(\Delta s)^2 = \sin^2\varphi\,\varepsilon(x)^2 + \cos^2\varphi\,\varepsilon(y)^2 \end{aligned}\right\} \quad . \quad (6)$$

Unsere Beobachtungen ergeben uns nur relative Bewegungen. Sie beruhen an sich auf der Voraussetzung, daß das Koordinatensystem, das wir durch die Umdrehungsachse der Erde und die Richtung nach dem Frühlingspunkte im Raume festgelegt haben, ein ruhendes ist. Hat der Koordinatenanfangspunkt eine Bewegung, so folgen aus dieser scheinbare Bewegungen der Sterne, die wir als parallaktische Bewegungen unterscheiden von den den Sternen selbst anhaftenden Bewegungen, die als motus peculiares oder Spezialbewegungen bezeichnet werden.

Die Bestimmung der zweiten Komponente der Bewegung, nämlich der Bewegung in der Gesichtslinie oder der Radialgeschwindigkeit, hat uns erst die Spektralanalyse ermöglicht. Die von einer Lichtquelle ausgehenden, den Lichteindruck erzeugenden Ätherwellen unterscheiden sich durch die Anzahl der in der Sekunde aufeinander folgenden Impulse, woraus, da alle Wellen sich mit derselben Geschwindigkeit ausbreiten, eine verschiedene Wellenlänge für die einzelnen Ätherwellen folgt. Diese Verschiedenheit gibt sich dem Auge in der Verschiedenheit der Farben kund. Wir haben:

	Äuß. Rot	Gelb	Grün	Blau	Violett
Anzahl der Schwingungen in der Sekunde in Billionen	395	508	577	667	769
Wellenlänge in $\mu\mu$ = 0,000001 mm	760	590	520	450	390.

Nennen wir v die Geschwindigkeit des Lichtes und betrachten Licht einer bestimmten Wellenlänge l, so ist die Anzahl der Schwingungen des Äthers für dieses Licht $n = \frac{v}{l}$. Die Lichtquelle befinde sich in S (Fig. 2), das Auge in A. Bei ruhender

Fig. 2.

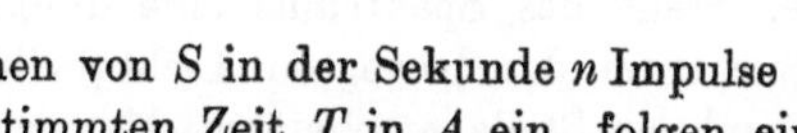

S' S A

Lichtquelle gehen von S in der Sekunde n Impulse aus; sie treffen nach einer bestimmten Zeit T in A ein, folgen einander in denselben Abständen, in denen sie von S ausgingen, und erreichen also sämtlich innerhalb einer Sekunde das Auge. Nehmen wir nun an, der Stern bewege sich in der Sekunde um das Stück $SS' = x$. Der im Anfangspunkte der Zeit von S ausgehende Impuls trifft das Auge wieder nach der Zeit T. Wenn aber der zweite Impuls von der Lichtquelle ausgeht, hat sie sich in der Richtung SS' um das Stück $\frac{x}{n}$ bewegt, der Impuls hat also den Weg $SA + \frac{x}{n}$ zurückzulegen und gebraucht dazu die Zeit $T + \frac{x}{n \cdot v}$. Der nächste Impuls geht von einem Punkte, der um $2\frac{x}{n}$ hinter S liegt, aus und kommt in A nach der Zeit $T + 2\frac{x}{n \cdot v}$ an; endlich der letzte von S' ausgehende Impuls gebraucht, um nach A zu gelangen, die Zeit $T + n\frac{x}{n \cdot v}$. Die n Impulse gelangen also in das Auge nicht in 1 Sekunde, sondern in $1 + \frac{x}{v}$ Sekunden. Die Anzahl der Impulse, die das Auge in 1 Sekunde empfängt, ist daher $\frac{n}{1 + \frac{x}{v}} = \frac{nv}{v + x}$. Die Anzahl der Impulse ist geringer, die Farbenempfindung ist nach dem roten Ende des Spektrums verschoben, und die Wellenlänge des Lichtes ist scheinbar größer geworden, nämlich $= \frac{v + x}{n}$. Doppler glaubte hieraus folgern zu können, daß Sterne, die sich von uns fortbewegen, rötlich, Sterne, die auf uns zu eilen, bläulich erscheinen müßten. Er übersah, daß die fehlenden Strahlen sich jederzeit aus dem infraroten bzw. ultravioletten Teile des Spektrums ergänzen können. Eine Farbenänderung kommt nicht zustande; wohl aber äußert sich die Bewegung der Lichtquelle in der Lage der Fraunhoferschen Linien. Denn fehlt das Licht, welches der Wellenlänge l entspricht, in der Lichtquelle, so würden wir bei ruhender Lichtquelle an dieser Stelle des Spektrums eine dunkle Linie wahrnehmen. Im Spektrum der bewegten Lichtquelle müßte diese Linie aber an anderer Stelle erscheinen, sie würde nach dem roten Ende hin verschoben sein bei zunehmender Entfernung, nach dem blauen bei sich nähernden Sternen. Das gleiche fände auch statt bei einem aus hellen Linien bestehenden Emissionsspektrum. Beobachten wir die Linie an der der Wellenlänge $l + y$

entsprechenden Stelle, so müßte sein $l + y = \frac{v + x}{n}$. Also wird, da $n = \frac{v}{l}$ ist, $x = \frac{v}{l}\, y$.

Die Aufgabe der Beobachtung besteht in der Messung von y, d. i. der Verschiebung der Spektrallinien. Die direkte Messung dieser Verschiebung im Spektrum mit dem Auge gelingt nur, wenn hinreichend starke optische Hilfsmittel zur Verfügung stehen, weil eine starke Dispersion erforderlich ist. Denn eine Bewegung $x = 300$ km $= 0{,}001\, v$ würde selbst im violetten Teile des Spektrums nur eine Verschiebung von $^3/_4\, \mu\mu$ bewirken. Die durch Vogel eingeführte photographische Beobachtung läßt auch bei geringeren optischen Hilfsmitteln das Ziel erreichen.

Das direkte Resultat der Messung ist auch hier wieder die Bewegung der Lichtquelle relativ zum Beobachter. Dieser nimmt aber teil an der Drehung der Erde um ihre Achse und an der Bewegung der Erde in ihrer Bahn. Die in die Richtung nach dem Sterne fallende Komponente dieser Bewegungen ist also von der am Sterne beobachteten Bewegung zunächst wieder abzuziehen. Ist θ die Sternzeit der Beobachtung, ϱ der Erdradius in Einheiten des äquatorealen Erdradius von 6377,4 km Länge, φ' die geozentrische Polhöhe des Beobachtungsortes, so ist

$$\frac{2\, \varrho \cos \varphi' \,.\, \pi \,.\, 6377{,}4}{86\,400} = 0{,}464\, \varrho \cos \varphi'$$

der vom Erdorte in der Sekunde zurückgelegte Weg in Kilometern, und diese Bewegung ist gerichtet auf den Punkt $AR = 90^0 + \theta$, $Decl. = 0$. Haben wir also die Bewegung eines Objektes beobachtet, dessen Ort α, δ ist, und berechnen $\cos \omega = \cos \delta \sin (\alpha - \theta)$, so ist

$$0{,}464\, \varrho \cos \varphi' \cos \delta \sin (\alpha - \theta) \quad . \; . \; . \; . \quad (7)$$

die in die Richtung nach dem Sterne fallende Komponente der Erdrotation. Ist ferner $\odot$ die dem Augenblicke der Beobachtung entsprechende, den Ephemeriden zu entnehmende Sonnenlänge, so ist die Bewegung der Erde gerichtet auf den Punkt der Ekliptik, dessen Länge $= \odot - 90^0$ ist. AR und $Decl.$ dieses Punktes finden wir nach (3) durch

$$\cos \delta' \cos \alpha' = \sin \odot \qquad \cos \delta' \sin \alpha' = - \cos \varepsilon \cos \odot$$

$$\sin \delta' = - \sin \varepsilon \cos \odot .$$

Ist $\varDelta\lambda$ die Bewegung der Sonne in einem Tage zur Zeit der Beobachtung, R der Radius der Erdbahn ausgedrückt in Einheiten der mittleren Entfernung der Erde von der Sonne, so ist $\sin \frac{\varDelta\lambda}{86400} \cdot R \cdot 149\,000\,000$ die in Kilometern ausgedrückte Bewegung der Erde in einer Zeitsekunde, und wenn wir noch berechnen

$$\cos\omega' = \sin\delta \sin\delta' + \cos\delta \cos\delta' \cos(\alpha - \alpha'),$$

so ist ω' der Winkel zwischen der Richtung dieser Erdbewegung und der Richtung nach dem Sterne α, δ; also wird, wenn wir $\varDelta\lambda$ in Bogenminuten ausgedrückt annehmen:

$$0{,}5005\, R \,.\, \varDelta\lambda \,.\, \cos\omega' \quad \ldots\ldots \quad (8)$$

die in die Richtung nach dem Sterne fallende Komponente der aus der Revolution der Erde folgenden Bewegung des Beobachters.

Befreien wir die beobachtete Bewegung von diesen beiden uns bekannten, dem Beobachter innewohnenden Bewegungen, so erhalten wir die Bewegung des Sternes bezogen auf den Sonnenmittelpunkt, da die Richtungen Erde — Stern und Erde — Sonne nur um Bruchteile einer Bogensekunde voneinander abweichen. Die so bestimmte Radialgeschwindigkeit wird positiv gerechnet bei wachsender Entfernung.

Es handelt sich nun noch um die Berechnung der wahren totalen Bewegung der Sterne aus den beiden einzelnen Komponenten, der Eigenbewegung und der Radialgeschwindigkeit. Die Berechnung ist nur ausführbar für Sterne, deren Entfernung bekannt ist, so daß wir imstande sind, die durch die Beobachtung als Winkelgröße gefundene Eigenbewegung in lineares Maß zu überführen. Es sei π die Parallaxe eines Sternes, a die halbe große Achse der Erdbahn, dann ist die lineare Entfernung des Sternes $\varrho = \frac{a}{\sin\pi}$. Mit Beibehaltung der früheren Bezeichnungen erhalten wir für die linearen Eigenbewegungen

$$\frac{\varDelta s}{\pi}, \quad \frac{\varDelta\alpha}{\pi} \quad \text{bzw.} \quad \frac{\varDelta\delta}{\pi},$$

wobei $\varDelta\alpha$, $\varDelta\delta$ und π in Bogensekunden ausgedrückt angenommen sind. Nun beziehen $\varDelta\alpha$ und $\varDelta\delta$ sich dem Gebrauche gemäß auf das Jahr als Zeiteinheit, während die Radialgeschwindigkeiten für die Sekunde als Zeiteinheit gefunden werden. Behalten wir die Sekunde als Zeiteinheit bei und drücken alle Bewegungen in Kilometern aus, indem wir $a = 149\,000\,000$ km einführen, so haben wir den Faktor

$$k = \frac{149\,000\,000}{365{,}256 \,.\, 24 \,.\, 60 \,.\, 60} = 4{,}737$$

hinzuzufügen. Aus den rechtwinkeligen Koordinaten des Sternes $x = \varrho \cos\alpha \cos\delta$, $y = \varrho \sin\alpha \cos\delta$ und $z = \varrho \sin\delta$ erhalten wir durch Differentiation:

$$\left.\begin{array}{c} \xi = \Delta x = \\ -\varrho \sin\alpha \cos\delta\, k \dfrac{\Delta\alpha}{\pi} - \varrho \cos\alpha \sin\delta\, k \dfrac{\Delta\delta}{\pi} + \cos\alpha \cos\delta\, \Delta\varrho \\ \eta = \Delta y = \\ \varrho \cos\alpha \cos\delta\, k \dfrac{\Delta\alpha}{\pi} - \varrho \sin\alpha \sin\delta\, k \dfrac{\Delta\delta}{\pi} + \sin\alpha \cos\delta\, \Delta\varrho \\ \zeta = \Delta z = \\ \varrho \cos\delta\, k \dfrac{\Delta\delta}{\pi} + \sin\delta\, \Delta\varrho \end{array}\right\} \quad (9)$$

und daraus durch Einführung der Hilfsgrößen

$$v \sin V = k \frac{\Delta\delta}{\pi} \qquad w \sin W = k \frac{\Delta\alpha}{\pi} \cos\delta$$

$$v \cos V = \Delta\varrho \qquad w \cos W = v \cos(\delta + V)$$

$$\left.\begin{array}{l} \xi = w \cos(\alpha + W) \\ \eta = w \sin(\alpha + W) \\ \zeta = v \sin(\delta + V) \end{array}\right\} \quad \cdot \cdot \cdot \cdot \cdot \quad (10)$$

Diese Ausdrücke bestimmen die relative lineare Bewegung des Sternes gegen die Sonne bezogen auf den Äquator als Fundamentalebene. Wollen wir die Bewegung bezogen auf die Milchstraße und die Richtung auf den im Ophiuchus liegenden Knoten der Milchstraße mit dem Äquator bestimmen, so haben wir zu rechnen nach den Formeln:

$$\left.\begin{array}{ll} \xi' = & w \cos(\alpha + W - \Omega) = \sigma \cos B \cos L \\ \eta' = & w \sin(\alpha + W - \Omega) \cos i + v \sin(\delta + V) \sin i \\ & = \sigma \cos B \sin L \\ \zeta' = & - w \sin(\alpha + W - \Omega) \sin i + v \sin(\delta + V) \cos i \\ & = \sigma \sin B \end{array}\right\} \quad (11)$$

Es ist dann σ die lineare totale relative Bewegung des Sternes, und L und B sind galaktische Länge und Breite des Zielpunktes dieser Bewegung.

7. Die Sternverteilung. Unsere direkte Bestimmung der räumlichen Koordinaten der Fixsterne ist wegen der Schwierigkeit der Entfernungsmessung beschränkt auf die unmittelbare Nachbarschaft unserer Sonne. Wir können daher über die Anordnung der Sterne im Raume nur Aufschluß erhalten durch das Studium der scheinbaren Verteilung der Sterne über die Sphäre. Zählen wir die Sterne in einem bestimmten Gebiete der Sphäre, so nennen wir den Quotienten aus dieser Zahl und dem Flächeninhalt des Gebietes die Dichtigkeit der Sternverteilung. Da im Fixsternsystem die Ebene der Milchstraße eine Symmetrieebene ist, so pflegen wir bei unseren Untersuchungen über die Sternverteilung die Sphäre durch Kreise, die der Milchstraße parallel laufen, in Zonen zu teilen. Wir wählen 20° breite Zonen und nennen

$$d_{+4} \quad d_{+3} \quad d_{+2} \quad d_{+1} \quad d_0 \quad d_{-1} \quad d_{-2} \quad d_{-3} \quad d_{-4}$$

die in der angegebenen Weise berechnete Dichtigkeit der Sternverteilung für die einzelnen Zonen, wobei d_{+4} sich auf die Zone vom Nordpol der Milchstraße bis $+70^0$ galaktischer Breite, d_0 auf die Milchstraßenzone zwischen $+10^0$ und -10^0 galaktischer Breite bezieht. Um das Gesetz der Sternverteilung zu erkennen, gehen wir von der absoluten Dichtigkeit über zu der relativen in bezug auf die Milchstraße. Wir bilden also die Quotienten

$$D_{+4} = \frac{d_{+4}}{d_0};\ D_{+3} = \frac{d_{+3}}{d_0};\ D_{+2} = \frac{d_{+2}}{d_0} \text{ usw.}$$

Bei gleichförmiger Verteilung der Sterne wären alle Zahlen $D = 1$. Wären aber alle Sterne in der Milchstraße vereinigt, die übrigen Regionen des Himmels sternenleer, so wäre $D_0 = 1$, alle übrigen Werte D aber $= 0$. Nach Seeliger nennt man nun die mittlere Abweichung der Werte D von der Einheit den Gradienten. Es ist das also eine immer zwischen 0 und 1 liegende Zahl; je näher sie an 0 kommt, um so gleichförmiger ist die Verteilung, je näher sie bei 1 liegt, um so stärker ist die Anhäufung der Sterne gegen die Milchstraße.

Wäre die Verteilung der Sterne im Raume eine gleichförmige, so würde die Zahl der Sterne wachsen mit der dritten

Potenz der Entfernung. Ist also $\mathfrak{A}_1$ die Anzahl der Sterne in der Kugel vom Radius 1, r_m die Entfernung der Sterne der m^{ten} Größe, und ist die scheinbare Helligkeit nur abhängig von der Entfernung, also die absolute Helligkeit der Sterne gleich, so wäre die Anzahl der Sterne von den hellsten bis zur Größe m gegeben durch die Formel

$$\mathfrak{A}_m = \mathfrak{A}_1 r_m^3. \qquad (12)$$

Nach dem photometrischen Gesetze wäre in der Entfernung r_m die Helligkeit eines Sternes, dessen Helligkeit in der Entfernung 1 H_1 ist,

$$H_m = \frac{H_1}{r_m^2}. \qquad (13)$$

In der photometrischen Größenskala ist weiter $\log H_n - \log H_m = \log \mu^2 (m - n)$, worin $\log \mu^2 = 0{,}4$ ist, und wir erhalten, wenn wir das Differential von $\mathfrak{A}_m$ und H_m durch den Wert der Funktion selbst teilen,

$$\frac{d\mathfrak{A}}{\mathfrak{A}} = 3\frac{dr}{r} \qquad \frac{dH}{H} = -2\frac{dr}{r} \qquad (14)$$

Es ist also

$$\frac{dH}{H} = -\frac{2}{3}\frac{d\mathfrak{A}}{\mathfrak{A}}.$$

Da aber nach der Definition der photometrischen Größenskala

$$\frac{dH}{H} = -\log \mu^2 \, dm \qquad (15)$$

ist, so wird auch

$$\frac{d\mathfrak{A}}{\mathfrak{A}} = \frac{3}{2} \log \mu^2 \, dm \qquad (16)$$

woraus durch Integration folgt:

$$\log \mathfrak{A}_m - \log \mathfrak{A}_n = (m - n) \log \mu^3 \qquad (17)$$

oder

$$\frac{\mathfrak{A}_m}{\mathfrak{A}_n} = \mu^{3(m-n)} \qquad (18)$$

Es würde also, wenn die Voraussetzungen richtig sind, die Anzahl der Sterne von den hellsten bis herab zu den einzelnen Größenstufen eine geometrische Reihe bilden müssen mit dem Exponenten μ^3.

Die Gleichungen (14) und (15) geben ferner

$$\frac{dr}{r} = \frac{1}{2} \log \mu^2 \, dm$$

und damit ebenso wie vorhin

$$\frac{r_m}{r_n} = \mu^{m-n} \quad \ldots \ldots \ldots \quad (19)$$

Die Entfernungen würden unter denselben Voraussetzungen eine geometrische Reihe mit dem Exponenten μ bilden. In der gebräuchlichen photometrischen Größenskala ist nun $\log \mu^2 = 0{,}4$, also ist hier

$$\log \frac{\mathfrak{A}_m}{\mathfrak{A}_n} = (m - n)\, 0{,}6 \qquad \log \frac{r_m}{r_n} = (m - n)\, 0{,}2 \quad . \; . \quad (20)$$

Da nach Gleichung (18) $\frac{\mathfrak{A}_m}{\mathfrak{A}_{m-2}} = \mu^6$ ist, erhalten wir zur Bestimmung der photometrischen Konstante die Formel

$$\mu^2 = \sqrt[3]{\frac{\mathfrak{A}_m}{\mathfrak{A}_{m-2}}} \quad \ldots \ldots \quad (21)$$

Auch die Anwendung der Lehren der Wahrscheinlichkeitsrechnung gibt Aufschluß über das Verhältnis der tatsächlichen Sternverteilung zur gleichförmigen, regellosen. Ist n_1 die Anzahl der Sterne einer bestimmten Helligkeit am ganzen Himmel, so ist die Wahrscheinlichkeit, daß ein bestimmter von ihnen in einen Raum falle, der mit dem Radius x_1 um einen gegebenen Punkt auf einer Kugel vom Radius r beschrieben wird, $\frac{x_1^2 \pi}{4 r^2 \pi}$. Drücken wir x in Bogenminuten aus und nehmen $r = 1$, so ist für $\omega = 3437{,}7$ = Anzahl der Bogenminuten auf dem Radius, der Ausdruck $= \frac{x_1^2}{4 \omega^2}$. Die Wahrscheinlichkeit, daß ein beliebiger der n_1 Sterne in den gegebenen Raum falle, wird $w_1 = n_1 \frac{x_1^2}{4 \omega^2}$. Ebenso ist $w_2 = n_2 \frac{x_2^2}{4 \omega^2}$ die Wahrscheinlichkeit, daß ein beliebiger von n_2 Sternen einer anderen Helligkeit bis auf x_2 dem gegebenen Punkte nahe komme und demnach

$$n_1 n_2 n_3 \ldots n_\mu \frac{x_1^2 x_2^2 x_3^2 \ldots x_\mu^2}{(4 \omega^2)^\mu}$$

die Wahrscheinlichkeit, daß von $n_1 n_2 \ldots n_\mu$ überhaupt vorhandenen Sternen der Helligkeiten $m_1 m_2 \ldots m_\mu$ je irgend einer bis auf $x_1 x_2 \ldots x_\mu$ sich einem bestimmten Punkte der Sphäre bei gleichförmiger Verteilung der Sterne nähere. Haben wir also n_0 Sterne einer bestimmten Helligkeit, und wollen wir die Wahrscheinlichkeit berechnen, daß irgend einem von ihnen μ Sterne verschiedener Helligkeit, deren überhaupt vorhandene Anzahl durch die Zahlen $n_1, n_2 \ldots n_\mu$ gegeben ist, bis auf $x_1 x_2 \ldots x_\mu$ bei gleichförmiger Verteilung nahe kommen, so finden wir sie durch

$$W = n_0 n_1 n_2 \ldots n_\mu \frac{x_1^2 x_2^2 x_3^2 \ldots x_\mu^2}{(4\,\omega^2)^\mu} \quad \ldots \quad (22)$$

Etwas abweichend führt Michell [1]) die Rechnung aus, gelangt aber schließlich zu einem ähnlichen Ausdrucke, nach dem er die Wahrscheinlichkeit berechnet, daß bei regelloser Verteilung der Sterne irgendwo am Himmel eine der Anordnung der sechs hellsten Plejadensterne entsprechende vorkäme. Er findet $W = 1:496\,000$, während die obige Formel mit Michells Daten $1:429\,000$ gibt.

Zweiter Abschnitt.

Die Einzelresultate.

1. Der Sternort.

Für das Studium des Baues des Fixsternsystems ist der genaue Ort der Sterne an sich ohne Bedeutung; er erhält eine solche erst durch die scheinbaren und wirklichen Änderungen, denen er unterworfen ist, und die wir zu erklären versuchen müssen. Wir haben zweierlei Verzeichnisse der Örter der Fixsterne zu unterscheiden. Die ersten sind die Sternkataloge, in denen der größte Wert auf möglichst hohe Genauigkeit des Ortes gelegt wird, die aber auf Vollständigkeit keinerlei Anspruch machen, sondern meistens eine von besonderen Gesichtspunkten geleitete Auswahl unter den Sternen treffen. Der älteste uns

[1]) Phil. Transactions 1767, p. 243.

bekannte dieser Kataloge ist der 1030 Sterne enthaltende Katalog, den Ptolemäus im Almagest gibt, und der teilweise auf 300 Jahre älteren Beobachtungen Hipparchs zu beruhen scheint. Dieser Katalog blieb fast $1^1/_2$ Jahrtausende die Grundlage der Ortsbestimmung am Himmel, indem er nur durch Al-Sufi um das Jahr 1000 und durch Ulugh Beigh in der Mitte des 15. Jahrhunderts revidiert wurde. Erst mit dem Wiedererwachen der Wissenschaften im Abendlande treffen wir auf neue Bestimmungen von Fixsternörtern unter Tycho Brahe, Halley und Hevel. Durch Picards Einführung des Fernrohres in die praktische Astronomie erhalten die Bestimmungen nun auch eine viel weiter gehende Genauigkeit. Bei Beginn der neuen Ära zu den Zeiten des Kopernikus war die obere Grenze der Genauigkeit etwa 15′, Kepler und Tycho Brahe erreichten schon eine bis auf 3′ gehende Genauigkeit. Hevel war der letzte, der mit dem Diopter beobachtete, mit dem man unter den günstigsten Verhältnissen jetzt die Genauigkeit bis auf 10″ bis 20″ steigern kann. Die von Flamsteed, dem ersten Leiter der neuen Sternwarte in Greenwich, ausgeführten Positionsbestimmungen, denen eine Genauigkeit von etwa 5″ innewohnt, eröffnen die Reihe der auch für unsere Zeit noch verwendbaren Kataloge. Bradley endlich erzielte in der Mitte des 18. Jahrhunderts eine Genauigkeit von etwa 1,5″ in der Bestimmung eines Sternortes, und diese ist dann bis in unsere Zeit weiter bis auf 0,3″ bis 0,4″ gesteigert worden. Als im Anfang des 19. Jahrhunderts die führende Rolle in der praktischen Astronomie auf Deutschland überging, machte Bessel die Beobachtungen Bradleys zum Fundamente unserer Kenntnis des Ortes und der Bewegungen der Sterne, und in dieser Stellung, die sie sich bis in die letzten Dezennien bewahrt haben, fanden sie eine erneute, der weit fortgeschrittenen Sicherung der Grundlagen einer solchen Arbeit gerecht werdende Bearbeitung durch Auwers. Auf diesen Arbeiten weiterbauend, ist dann im vorigen Jahrhundert unsere Kenntnis der genauen Positionen der Sterne in ganz außerordentlicher Weise bereichert und erweitert worden. Sie ist aufgespeichert in gegen 300 verschiedenen Verzeichnissen solcher Positionen.

Für das Studium des Fixsternsystems darf aber die zweite Art von Sternverzeichnissen die gleiche Bedeutung beanspruchen. Im Gegensatz zu den soeben besprochenen legen sie das Hauptgewicht nicht auf die Genauigkeit der Position, sondern auf die Vollständigkeit. Nach der Grenze, bis zu der diese Vollständigkeit erstrebt wird, haben wir wieder zwei Arten zu unterscheiden. Eine vollständige Aufzeichnung der dem freien Auge sichtbaren Sterne in Gestalt einer Himmelskarte, die in der Regel dann auch begleitet war von einer Wiedergabe des genäherten Ortes der Sterne, ist sehr häufig von den ältesten Zeiten bis zu uns herab unternommen worden. Wir wollen von all diesen Arbeiten hier nur die Houzeausche Uranométrie générale erwähnen. Sie entstand während eines längeren Aufenthaltes des Beobachters an einem in der Nähe des Äquators liegenden Orte und umfaßt die sämtlichen, seinem geübten Auge unter den günstigsten Bedingungen sichtbaren Sterne des ganzen Firmamentes. Sie darf deshalb wohl begründeten Anspruch erheben, eine getreue Wiedergabe des Bildes zu sein, in dem das Fixsternsystem sich unserem Auge darstellt.

Doch wie eng sind die Grenzen, bis zu denen unser Auge in den Raum einzudringen vermag, gegenüber den Tiefen des Weltenraumes, bis zu denen das Fernrohr unsere Blicke trägt. Als Galilei mit dem Fernrohre in der Hand die Anzahl der dem bewaffneten Auge erreichbaren Sterne ins Ungeheure wachsen sah, da mußte eine getreue Wiedergabe dieses Bildes eine menschlichem Vermögen entrückte Aufgabe erscheinen, und in der Tat haben erst die neuen Beobachtungsmethoden, die eine weitgehende Teilung der Arbeit ermöglichten, ihre Ausführung in den Bereich unseres Vermögens gebracht. In der Mitte des vorigen Jahrhunderts unternahm Argelander in Bonn mit seinen Mitarbeitern Krüger und Schönfeld eine Durchmusterung des nördlichen Himmels, deren Zweck eine vollständige Wiedergabe aller Sterne bis zur 9. Größe war. Eine beinahe zehnjährige rastlose Arbeit ließ durch über eine Million Einzelbeobachtungen dieses Ziel erreichen. Vom Nordpol bis zu —2° Deklination waren 324188 Sterne, jeder wenigstens zweimal, beobachtet worden. Der große, diese Beobachtungen im Bilde wiedergebende Atlas ist eine bis dahin unerreichte, getreue Wiedergabe der weiteren Umgebung unseres Sonnensystems, die für alle Zeiten von unschätzbarem Werte bleiben wird. In gleich unübertrefflicher Weise führte später Schönfeld die große Arbeit weiter bis zu dem Parallelkreis —23°. Er verzeichnete in dieser Zone des

Himmels 133659 Sterne. Beide Durchmusterungen gehen über die beabsichtigte untere Helligkeitsgrenze $9{,}0^m$ hinaus, doch ist die Vollständigkeit bis zur Größe 9,5, der unteren Grenze in der ersten, bzw. $10{,}0^m$ in der zweiten nicht mehr erreicht und auch nicht beabsichtigt. Die weitere Fortführung der Arbeit mußte den südlichen Sternwarten überlassen werden, und in der Tat machte die junge argentinische National-Sternwarte in Cordoba sie sich auch bald zur Aufgabe und hat den größten Teil derselben schon bewältigt. In dem zwischen den Parallelkreisen von -22^0 und -51^0 liegenden Teile des Himmels verzeichnet diese Durchmusterung 489827 Sterne, also eine größere Zahl als die beiden früheren Durchmusterungen zusammen, was sich daraus erklärt, daß in Cordoba die Vollständigkeit bis zur Größe 10,0 angestrebt wird.

In ein neues Stadium traten diese Arbeiten, die uns ein bleibendes, der Wirklichkeit entsprechendes Bild des Fixsternhimmels für eine bestimmte Epoche geben wollen, als es gelang, die photographische Methode soweit zu vervollkommnen, daß man ihre Hilfe in Anspruch nehmen konnte. Das erste auf diesen neuen Prinzipien beruhende Unternehmen ist die unter der Leitung von Gill am Kap der guten Hoffnung ausgeführte photographische Durchmusterung des Südhimmels, welche von 18^0 südlicher Deklination bis zum Südpole reicht. Seinen vollen Wert hat dieses Bild aber erst dadurch erlangt, daß Kapteyn sich der großen Arbeit unterzog, das Plattenmaterial der genauen Ausmessung zu unterwerfen und ein der Bonner und der Cordobaer Durchmusterung entsprechendes Sternverzeichnis anzufertigen. Dieses Verzeichnis enthält 445936 Sterne bis zur 10. Größe; diese Größe ist aber, das ist stets im Auge zu behalten, nicht ohne weiteres der der anderen Durchmusterungen gleich zu setzen, da sie ja photographisch bestimmt ist. Es ist darauf später noch näher einzugehen.

Noch sehr viel weitere Ziele aber verfolgt das jetzt in der Ausführung begriffene Unternehmen der Anfertigung einer photographischen Himmelskarte, an dem sich eine große Anzahl von Sternwarten aller Nationen beteiligt. Die Beobachtungen werden überall mit völlig gleich gebauten Instrumenten von 34 cm Öffnung ausgeführt. Der ganze Himmel ist in Zonen von 5^0 Breite geteilt, und jede der Sternwarten hat eine oder mehrere dieser Zonen übernommen und macht doppelte Aufnahmen derselben, einen Satz von Aufnahmen von 5 Minuten Dauer, einen zweiten von 50 Minuten Belichtungszeit. Die Aufnahmen sind so angeordnet, daß jede Stelle des Himmels zweimal auf ihnen vorkommt, was dadurch erreicht wird, daß die Mitte der Platten der einen Serie zusammenfällt mit dem Punkte, in dem die Ecken von vier Platten der anderen Serie zusammenstoßen. So hat jede der beteiligten Sternwarten 1200 Aufnahmen von 5 Minuten Dauer zu machen. Im Durchschnitt wird jede dieser Platten etwa 350 Sterne bis zur 11. Größe enthalten. Aber die 400 000 Sternpositionen, die sich auf diesen Platten befinden, sind nun auch zu vermessen und in Gestalt eines Katalogs zu veröffentlichen, der die Genauigkeit guter Meridianbeobachtungen haben wird. Außerdem sind dann auch noch die 1200 Aufnahmen von 50 Minuten Dauer zu machen, die schließlich als Endresultat der ganzen Arbeit einen Atlas von 21 600 Karten ergeben werden, der jede Himmelsgegend zweimal dargestellt enthalten und alle mit dem betreffenden Fernrohre überhaupt erreichbaren Sterne verzeichnen wird. Eine Reihe von Karten, von französischen, englischen und spanischen Sternwarten angefertigt, sind schon erschienen, und mehrere Sternwarten haben mit der Veröffentlichung des Katalogs schon begonnen. Vollendet wird dieses Werk ein Hilfsmittel von unvergleichlichem Werte für das Studium des Baues des Fixsternsystems sein.

2. Die Helligkeit.

Der Hauptwert des uns im Almagest des Ptolemäus überlieferten Sternkatalogs wird für alle Zeiten darin bestehen bleiben, daß er uns über die Intensitätsverhältnisse unter den dem freien Auge sichtbaren Sternen für eine für uns schon um zwei Jahrtausende zurückliegende Epoche unterrichtet. Welcher Wert einer solchen Feststellung innewohnt, erkennen wir leicht durch folgende Überlegung. Wir wissen, daß α Tauri sich in der Sekunde um 55 km von uns fortbewegt. Es ist das nicht etwa die größte an den Fixsternen überhaupt beobachtete lineare Bewegung, es ist vielmehr nur die größte bei den hellsten Sternen unserer Nachbarschaft, und wir wählen sie, um gewiß zu sein, daß wir auf sicherer Grundlage schließen. Vermöge dieser Bewegung nimmt die Entfernung des Sternes in 31,36 Tagen um einen Erdbahnhalbmesser zu. Andererseits ist der uns nächste

Stern um 300 000 Erdbahnradien von uns entfernt. Würde dieser sich nun mit derselben Geschwindigkeit wie α Tauri von uns entfernen, so würde sein Abstand nach Ablauf von nicht ganz 26 000 Jahren verdoppelt, seine Helligkeit also auf den vierten Teil gesunken sein. Während er unserem Auge jetzt als Stern der Größe 0,2 leuchtet, würde er dann nur noch die Größe 1,7 haben. Wenn nun auch der uns in Wirklichkeit zur Verfügung stehende Zeitraum von 2000 Jahren selbst in diesem günstigsten Falle nur zu einer Änderung der Größe im Betrage von $0{,}16^m$ führt, so erkennen wir doch auch daraus die große Bedeutung, die sichere Größenangaben aus weit entlegener Zeit haben müssen. Nach Pickerings Untersuchungen sind nun die Größenangaben des Ptolemäus mit einem wahrscheinlichen Fehler von $0{,}3^m$ behaftet und dürfen also zur Zeit wenigstens noch nicht zu Schlüssen in diesem Sinne benutzt werden. Eine zweite Möglichkeit der Änderung der Sterngrößen würde sich aber ergeben aus der Anschauung, daß die Sterne sich im Zustande der Entwickelung, die mit Änderungen des Glutzustandes verbunden ist, befinden. Aber dafür fehlt uns bisher noch jeder Maßstab der Zeit, die wahrnehmbare Änderungen ergeben könnte.

Einige der bemerkenswerteren Differenzen zwischen Ptolemäus und der Gegenwart seien nach Tupman (Observatory XXV, 54) hier angeführt. Früher soll α Urs. min. $= 3^m$, β Urs. min. aber $= 2^m$ gewesen sein, jetzt sind beide gleich hell. Andererseits werden α Andromedae und γ Pegasi von Ptolemäus als gleich hell und zwar $= 2-3^m$ angegeben, während jetzt α Andromedae um eine Größenklasse heller ist als γ Pegasi.

Günstiger lägen die Verhältnisse, wenn die Arbeit des Ptolemäus oder des Hipparch nicht ein einzelner Versuch geblieben wäre, sondern wenn wir auf eine sich an sie anschließende lange Reihe ähnlicher Arbeiten uns stützen könnten. Aber nicht nur ist das einzige Bindeglied zwischen unserer Zeit und jener Ausgangsepoche die schon erwähnte Revision des Ptolemäusschen Katalogs durch Al Sufi um 1000, sondern es ist bis auf unsere Tage die ganze Photometrie der Gestirne im Stillstande geblieben, weil die visuelle Größenskala eben jeder wissenschaftlichen Grundlage entbehrt. Selbst den Größenangaben in Argelanders Uranometria nova, die schon wegen der Hand, aus der sie stammte, als eine neue Grundlage photometrischer Arbeiten freudig willkommen geheißen wurde, wohnt noch ein wahrscheinlicher Fehler von $0{,}2^m$ inne. Aber der eminente Wert der durch Argelander, seine Schüler und Nachfolger in den Durchmusterungen aufgespeicherten Schätze sichert dieser Skala doch für alle Zeiten eine ganz hervorragende wissenschaftliche Bedeutung.

Die einheitlichste Ausbildung und konsequenteste Durchführung hat diese Größenskala in Goulds Uranometria Argentina gefunden. Es handelte sich um eine strenge Wiedergabe der Sternhelligkeiten des südlichen Himmels in Argelanders Auffassung durch fremde Augen. Der Zusammenhang konnte nur durch die Uranometria nova hergestellt werden. Er ist gewonnen in folgender Weise: Die Sterne der Dekl. $+ 9^0\, 39{,}4'$ haben für Bonn und Cordoba gleiche Zenitdistanz. Es wurden deshalb die zwischen $+ 5^0$ und $+ 15^0$ Dekl. liegenden Sterne zur Übertragung gewählt. Die 314 in diese Zone fallenden Sterne der Uranometria nova wurden nach Argelanders Größenangabe geordnet und unter den mit derselben Größenangabe versehenen nun diejenigen sorgfältig ausgewählt, deren Helligkeit der mittleren Helligkeit dieser Kategorie entsprach und deshalb als der beste Ausdruck der unter der betreffenden Bezeichnung von Argelander verstandenen Helligkeit gelten durfte. Nun wurde unter Festhalten dieser typischen Größen diejenige aller 314 Sterne von vier Beobachtern nach der Stufenschätzungsmethode nach 0,1 Größe geschätzt. Der so entstandenen Liste von Anhaltsternen bis zur 6. Größe wurden dann noch weitere schwächere Sterne hinzugefügt, da sich bei den günstigen klimatischen Verhältnissen eine Fortführung der Uranometrie bis zur Größe 7,0 als gut durchführbar erwies. Es entstand so eine Liste von 1800 Sternen, von der aber für das weitere nur diejenigen 722 Sterne beibehalten wurden, für die die Schätzungen aller vier Beobachter übereinstimmten. Durch direkten Anschluß an diese Normalzone wurde schließlich noch eine weiter nach Süden gelegene zweite Zone normaler Sterngrößen gebildet, und dann jeder Stern des in Cordoba sichtbaren Himmels durch Einschätzen in diese Skala bestimmt. Dieser wohldurchdachte Plan hat nicht nur einen fast vollkommenen Anschluß der Größenangaben der Uranometria Argentina an die Uranometria nova herbeigeführt, sondern auch uns eine Kenntnis über die Helligkeitsverhältnisse am Südhimmel verschafft, wie sie für den Nordhimmel erst auf Grund von Messungen mit photometrischen Instrumenten erlangt wurde.

Die folgende, aus Müllers „Die Photometrie der Gestirne" entnommene, nur für die Cordobaer Durchmusterung ergänzte Tabelle gibt die den Angaben in den einzelnen aufgeführten Katalogen entsprechende Größe nach der nördlichen Bonner Durchmusterung an.

Katalogangabe	3,0	3,5	4,0	4,5	5,0	5,5	6,0	6,5	7,0	7,5	8,0	8,5	9,0
	Größe der nördlichen Bonner Durchmusterung												
Ptolemäus . .	3,1	3,6	4,4	4,7	5,0	5,3	5,5						
Al Sufi . . .	3,0	3,5	4,1	4,6	4,9	5,1	5,4	5,9					
Uran. nova .	3,0	3,4	4,0	4,5	5,0	5,4	6,0						
Heis	3,0	3,4	4,0	4,5	5,0	5,5	6,0						
Uran. générale	2,8	3,3	3,9	4,4	4,9	5,4	5,9	6,3	6,6				
Uran. Argent.	2,9	3,4	4,0	4,4	4,9	5,4	6,0	6,5	7,0				
Bonner Durchmusterung (südl. Abt.)					4,9	5,4	6,0	6,6	7,2	7,6	8,1	8,5	9,1
Cordob. Durchmusterung									7,0	7,7	8,2	8,6	9,2

Für die Sterne heller als $7{,}0^m$ sind die Größenangaben der Cordobaer Durchmusterung direkt der Uranometria Argentina entnommen.

Neben und zum Teil an die Stelle der visuellen Größenschätzungen traten nun in der zweiten Hälfte des vorigen Jahrhunderts die Helligkeitsmessungen mit den photometrischen Instrumenten. Die Reihe derselben eröffnete Seidel, der mit Hilfe des Prismenphotometers einen Katalog der Helligkeit von 208 Fixsternen herstellte; diese Helligkeiten oder vielmehr die allein gegebenen Helligkeitsverhältnisse sind bezogen auf die von α Lyrae als Einheit. Nun folgen die grundlegenden Arbeiten Zöllners, der selbst auch eine größere Reihe von Fixsternhelligkeiten bestimmte, die Arbeit aber nicht systematisch genug durchführte, so daß die Messungen zu einem Katalog vereinigt werden könnten. Dagegen untersuchten Peirce und Wolff mit dem Zöllnerschen Astrophotometer jener 495, dieser 1130 Fixsterne.

und besonders die Peirceschen Messungen erwiesen sich als sehr zuverlässig, während die Wolffs noch durch systematische Fehler größeren Betrages entstellt sind. Von Lindemann wurden gleichfalls mit dem Zöllnerschen Photometer mehrere Arbeiten in mustergültiger Weise ausgeführt, von denen seine Untersuchung der Helligkeit der Plejadensterne und die Bestimmung der Sterngrößen der Durchmusterung Erwähnung finden mögen.

Wir wenden uns nun den großen Arbeiten zu, deren Zweck eine vollständige Übersicht über die Sterngrößen des Himmels ist. Es sind ihrer drei. Nämlich Pickerings Harvard Photometry und Southern Harvard Photometry, dann die Uranometria nova Oxoniensis von Pritchard und schließlich die Potsdamer Photometrische Durchmusterung des nördlichen Himmels durch Müller und Kempf. Die Pickeringschen Arbeiten und ihre Fortführung für den Südhimmel durch Bailey ergeben uns für den gesamten Himmel die Helligkeit aller dem freien Auge sichtbaren Sterne in der photometrischen Skala, und sie sind deshalb, wenn auch ihre innere Genauigkeit nicht ganz befriedigend ist, für unsere Zwecke von unschätzbarem Werte. Die Beobachtungen sind mit Hilfe des Meridian-Photometers ausgeführt. Die Sterne des nördlichen Himmels sind mit α Urs. min., die des südlichen mit σ Octantis verglichen, und die Konstanz der Helligkeit dieser beiden Sterne ist durch besondere Beobachtungen kontrolliert. Der Nullpunkt der Skala wurde derart festgelegt, daß das Mittel der photometrischen Helligkeit, die von Pickering zuerst in Größenklassen nach der photometrischen Skala angegeben wurde, für 100 Zirkumpolarsterne von der 2. bis 6. Größe übereinstimmt mit dem Mittel der diesen Sternen in der Bonner Durchmusterung zuerteilten Größen. Nachdem ein Zeitraum von reichlich zehn Jahren seit der ersten Beobachtung verflossen war, hat Pickering die Sterne des Nordhimmels ein zweites Mal mit demselben Instrument und nach dem gleichen Verfahren beobachtet, wodurch der Wert der Arbeit noch erheblich gestiegen ist. Endlich hat Pickering neuerdings diesen großen Arbeiten noch eine weitere hinzugefügt durch eine photometrische Durchmusterung des nördlich vom Parallel von -40^0 Dekl. liegenden Teiles des Himmels, die alle Sterne bis zur Größe 7,5 herab enthält.

Pritchards Uranometrie bezieht sich gleichfalls auf alle dem freien Auge sichtbaren Sterne des nördlichen Himmels. Sie ist im wesentlichen nach denselben Prinzipien ausgeführt wie Pickerings Arbeiten, indem auch hier α Urs. min. als Vergleichsobjekt diente und dieselbe Skala festgehalten wurde. Da als Instrument aber das Keilphotometer verwendet wurde, ist die Arbeit eine äußerst wertvolle Ergänzung und Kontrolle der Pickeringschen. Die Genauigkeit beider Messungsreihen ist etwa die gleiche; den Größenangaben wohnt ein wahrscheinlicher Fehler von etwa $0{,}1^m$ inne.

Weit umfassender und mit peinlichster Sorgfalt unter Benutzung von Zöllnerschen Photometern angestellt sind die Potsdamer Beobachtungen. Sie erstrecken sich auf alle Sterne der Bonner Durchmusterung nördlich vom Äquator, deren Helligkeit wenigstens zu $7{,}5^m$ in der Bonner Durchmusterung angegeben ist, so daß der Beobachtung im ganzen etwa 14000 Sterne zu unterwerfen sein werden. Bislang sind die Beobachtungen der Sterne zwischen 0^0 und $+60^0$ Dekl. veröffentlicht. Die Messungen bestehen in der Vergleichung der einzelnen Sterne mit Fundamentalsternen. Solcher Fundamentalsterne wurden 144, je 48 auf den Parallelen $+10^0$, $+30^0$ und $+60^0$ ausgewählt, denen später noch 8 auf dem Parallel $+80^0$ hinzugefügt wurden. Die Wahl derselben ist so getroffen, daß man bei Trennung der Sterne in drei Klassen nach der Helligkeit, nämlich a) heller als 4^m, b) 4^m bis 6^m, c) 6^m bis $7{,}5^m$, jede Gruppe von 12 bis 14 zu untersuchenden Sternen an einen in der Nähe stehenden Fundamentalstern von der mittleren Helligkeit der Gruppe anschließen könnte. Die Fundamentalsterne wurden durch besondere zahlreiche Vergleichungen untereinander verbunden und der Nullpunkt der Skala, der wieder der Intensitätslogarithmus 0,4 zugrunde liegt, so gewählt, daß die mittlere Helligkeit dieser Fundamentalsterne übereinstimmt mit dem Mittel der in der Bonner Durchmusterung ihnen beigelegten Größen.

Aus der inneren Übereinstimmung der Beobachtungen folgt, daß der wahrscheinliche Fehler einer Größenangabe im Potsdamer Katalog noch nicht ganz $0{,}04^m$ erreicht. Diese hohe Genauigkeit macht den Katalog in erster Linie geeignet, um die Beziehung der anderen Kataloge zu einer festen Größenskala zu ermitteln, und auch zur Untersuchung des Verhaltens der visuellen zur photometrischen Skala. Die visuelle Skala dürfen wir durch die Bonner Durchmusterung festgelegt annehmen. Die Vergleichung der Potsdamer und der Bonner Durchmusterung führt unter Benutzung der bisher zugänglichen 11 595 Sterne zu folgenden Werten:

Helligkeit	P. D. — B. D.	Sterne	B. — R.
> 3,0^m	+ 0,37^m	32	— 0,04^m
3,0 bis 3,4	+ 0,30	56	0,00
3,5 „ 3,9	+ 0,31	55	+ 0,07
4,0 „ 4,4	+ 0,21	117	+ 0,03
4,5 „ 4,9	+ 0,11	152	— 0,01
5,0 „ 5,4	+ 0,03	340	— 0,03
5,5 „ 5,9	— 0,01	460	— 0,01
6,0 „ 6,4	+ 0,06	1117	— 0,02
6,5 „ 6,9	+ 0,16	2414	+ 0,03
7,0 „ 7,4	+ 0,21	4463	+ 0,02
7,5	+ 0,20	2389	— 0,02

Es zeigt sich also, daß der Absicht gemäß die photometrische Skala sich bei der Größe 6,0 an die der Bonner Durchmusterung anschließt, daß aber die Größenskala der Bonner Durchmusterung selbst sich weder durch den Intensitätslogarithmus 0,4 noch durch eine andere Annahme bezüglich desselben ganz darstellen läßt. Einer Größenklasse der Bonner Durchmusterung entspricht für Sterne bis 6,0^m ein Größenunterschied von 0,881^m, für Sterne schwächer als 6,0^m aber ein solcher von 1,111^m in der Potsdamer Skala; oder es ist der Intensitätslogarithmus bis 6,0^m 0,352 und unter 6,0^m 0,445. Diese Annahme stellt die beobachteten Differenzen bis auf die in der letzten Kolumne der Tabelle angegebenen Beträge dar.

Für die Reduktion der beiden anderen photometrischen Durchmusterungen auf das Potsdamer System ergeben sich folgende Werte aus den drei veröffentlichten Zonen der P. D.

Zone	0°...+ 20°	+ 20°...+ 40°	+ 40°...+ 60°
Potsdam-Harvard Phot. . .	+ 0,17^m	+ 0,18^m	+ 0,16^m
„ -Uran. nova Oxon. .	+ 0,13	+ 0,14	+ 0,12

Es tritt also eine nur der Nullpunktsbestimmung anhaftende konstante Differenz hervor. Die Konstanz besteht nicht nur, wie die angeführten Zahlen dartun, für alle Teile des Himmels, sie besteht auch, wie die ausführlichen Vergleichungen in den Potsdamer Publikationen beweisen, für alle Größenklassen.

Außer durch Lindemann in der schon erwähnten Arbeit ist auch von Pickering das Verhalten der Größen der B. D. zur photometrischen Skala zum Gegenstande einer besonderen Beobachtungsreihe gemacht. Aus der Arbeit Lindemanns ergaben sich für den Intensitätslogarithmus folgende Werte:

Größe	3,0—5,0	$log\ \mu^2$	= 0,291
„	5,0—6,0	„ „	= 0,303
„	6,0—7,0	„ „	= 0,394
„	7,0—8,0	„ „	= 0,392
„	8,0—9,0	„ „	= 0,437

Da diese Zahlen auf verhältnismäßig wenig zahlreichen Vergleichungen beruhen, durften sie nicht ohne weiteres angenommen werden, zumal sie anderen Feststellungen widersprachen. Sie stehen aber, wie sich aus dem vorigen ergibt, in Einklang mit den neueren Ergebnissen der Potsdamer Messungen. Pickering hat nun zur Ergänzung der in der Harvard Photometry schon vorliegenden Messungen für die teleskopischen Sterne noch eine fast 17000 derselben umfassende Beobachtungsreihe ausgeführt, indem er alle in 20′ breiten und 5° von einander abstehenden Parallelkreiszonen zwischen — 20° und + 85° Deklination vorkommenden Sterne bis $9{,}0^m$ nach seinem gewöhnlichen Beobachtungsverfahren mit dem Sterne λ Urs. min. verglich. Eine gründliche Bearbeitung hat diese Messungsreihe durch Seeliger gefunden. Aus den von Seeliger berechneten Mittelwerten leitete Verfasser unter Einführung einer Korrektion der von Pickering angewandten Extinktion für die Differenz der beiden Größenangaben die Zahlen in der zweiten Kolumne der nachstehenden Tabelle ab:

Pickering — D. M.

		K.	S.		
Größe	6,5	+ $0{,}007^m$	+ $0{,}016^m$	— $0{,}023^m$	(D — 0,7)
„	7,0	+ 0,050	+ 0,058	— 0,024	„
„	7,5	+ 0,051	+ 0,067	— 0,035	„
„	8,0	+ 0,060	+ 0,067	— 0,068	„
„	8,5	+ 0,112	+ 0,118	— 0,131	„
„	9,0	+ 0,194	+ 0,199	— 0,246	„

Aus diesen Zahlen würde folgen, daß bei den teleskopischen Sternen einer Größenklasse der B. D. ein Größenunterschied von $1{,}065^m$ der photometrischen Skala entspräche, oder daß der Intensitätslogarithmus 0,426 sei. Nun hatte schon Schönfeld eine von der Lage der Sterne zur Milchstraße abhängige Ungleichheit der Größenangaben der B. D. nachgewiesen. Seeliger untersuchte die Unterschiede zwischen den Angaben der D. M. und

Pickerings Messungen nach dieser Richtung; er setzt die Sterndichte in der Milchstraße = 1 und findet, wenn D die Sterndichte einer Gegend bezeichnet, die in der dritten Kolumne der vorigen Tabelle stehenden Reduktionen der D. M.-Größen auf die photometrische Skala, welche zu den nahe übereinstimmenden Zahlen 1 Größenklasse der D. M. = 1,063 Größenklassen der photometrischen Skala, $\log \mu^2 = 0{,}425$ führen.

Für die Größenschätzung auf photographischen Aufnahmen des Sternenhimmels hat man sich bislang wegen Mangel jeden Maßstabes und wegen des Wechsels von Platte zu Platte immer so geholfen, daß man die Sterngrößen auf den einzelnen Platten durch Vergleichung mit Sternen von bekannter visueller Größe ableitete. Die Feststellung der Relation ist aber mit großen Schwierigkeiten verbunden und beträchtlicher Unsicherheit unterworfen. Die Platten der C. P. D. sollten nach der Vergleichung der helleren Sterne teils bis zur Größe 9,6, teils aber bis zur Größe 11 reichen, und dementsprechend wurden die schwächeren Sterne geschätzt. Wenn nun aber Newcomb (A. J. XXI, 153) mittels des Verhältnisses der Sternzahlen der einzelnen Größenklassen die Anzahl der Sterne 10^m berechnete aus den schwächsten Sternen der betreffenden Platten, also entweder aus den Sternen $9{,}6^m$ oder aus den Sternen 11^m, so fand er im ersteren Falle eine sehr große, im anderen eine sehr kleine Zahl. Der Widerspruch fällt nur fort, wenn man annimmt, daß alle Platten bis zu $10{,}0^m$ reichen, und daß also die Größenangaben in der C. P. D. stark fehlerhaft sind. Andererseits fand Tucker (A. P. J. VII, 330) durch Vergleichung mit der C. D. eine Differenz C. P. D. — C. D. = $0{,}14^m$, und zwar zeigte sich, daß die Sterne der C. P. D. außerhalb der Milchstraße etwa $0{,}25^m$ zu schwach geschätzt seien, während in der Milchstraße das Umgekehrte hervortritt. Ganz ähnliche Verhältnisse spielen, wie Scheiner (A. N. 3505) zeigte, auch im Potsdamer photographischen Kataloge eine wesentliche Rolle. Während in der B. D. die Sterndichte zwischen den Grenzen 1 und 3,5 schwankt, bewegt sie sich für die photographischen Aufnahmen zwischen den Grenzen 1 und 43,6. Die Extreme der Sternzahlen für das gleiche Areal sind in der B. D. 44 und 156, im Potsdamer photographischen Kataloge 42 und 1830. Das Verhältnis der Sterndichtigkeit zwischen den beiden Sternverzeichnissen ist also in der Milchstraße 11,7 mal so groß als in den sternarmen Gegenden.

Eine gleiche Zunahme der relativen Sterndichte findet sich aber immer für sternreiche Gegenden auch außerhalb der Milchstraße (A. N. 3561). Scheiner erklärt dieses wohl richtig durch den Hinweis, daß die B. D. notorisch viele Sterne als $9,5^m$ enthalte, die schwächer als $9,5^m$ sind, und daß solche Sterne dort, wo die Sterne wenig zahlreich sind, natürlich leichter in die B. D. übergegangen sind, so daß sie also hier relativ dichter ist. Ein Teil der Differenz wird aber auch auf den von Kapteyn hervorgehobenen Umstand zurückzuführen sein, daß die Sterne in der Milchstraße reicher an chemisch wirksamen Strahlen sind, wie aus den Spektren der hellen Sterne folgt. Zur Zeit sind diese Verhältnisse noch nicht völlig aufgeklärt, und es dürfen daher die photographischen Größenangaben nur mit Vorsicht benutzt werden.

Zur Feststellung der Bedeutung unserer Sonne im Fixsternsystem ist es von großem Interesse, eine Vergleichung ihrer Helligkeit mit der Leuchtkraft der Fixsterne vorzunehmen. Bei der Größe der festzustellenden Verhältniszahl ist natürlich nur eine sehr beschränkte Genauigkeit erreichbar. Das Intensitätsverhältnis Sonne : Sirius wurde geschätzt von Huyghens zu 756 Millionen, Michell 9216 Millionen, Wollaston 20000 Millionen, Steinheil 3884 Millionen, G. P. Bond 5970 Millionen, A. Clark 3600 Millionen. Im Mittel würde daraus folgen, Sonne : Sirius = 7230 Millionen, welcher Zahl eine Differenz von 24,6 in photometrischen Größenklassen entspricht. Fabry (C. R. 1903, 28. Dez.) fand durch Vergleichung einer Dezimalkerze, die in 1 m Entfernung den 100000. Teil der Intensität des Sonnenlichtes hat, mit Wega, daß beide gleich hell seien, wenn die Kerze in eine Entfernung von 780 m gerückt wird. Daraus folgt der Wert Sonne : Wega = 6082 Millionen oder die Differenz in Größenklassen = 27,0 und als photometrische Größe der Sonne $-26,7^m$.

3. Die Sternfarbe.

Die stärker gefärbten Sterne gehören sämtlich dem Vogelschen Spektraltypus III an, und es sind daher die von Dunér, F. Krüger, Espin ausgeführten Farbenschätzungen im Anschluß an spektroskopische Beobachtungen und unter Beschränkung auf diesen Spektraltypus ausgeführt. Sie haben für unsere Zwecke nur ein nebensächliches Interesse. Eine selbständige Arbeit über die Farbe der dem freien Auge sichtbaren Sterne des nördlichen Himmels ist aber in neuester Zeit von Osthoff (A. N. 3657,58) veröffentlicht. Der Katalog enthält 1009 Sterne. Der weißeste Stern wäre nach Osthoff Sirius (0,6 color), dann folgt Rigel ($0{,}9^c$) und Wega ($1{,}1^c$). Eine eigene Bedeutung haben die Farben für das Studium des Fixsternsystems noch nicht gewonnen.

Wir haben aber noch des Einflusses der Sternfarbe auf die Helligkeitsmessung zu gedenken. Versuche in dieser Richtung sind schon von Zöllner gemacht worden; aber in systematischer Weise sind sie wieder erst in Potsdam ausgeführt, wo neben und gleichzeitig mit der Bestimmung der Helligkeit auch eine solche der Farbe der Sterne bis $7{,}5^m$ ins Werk gesetzt wurde. Die Schätzungen beziehen sich nicht auf die Schmidtsche Farbenskala, es wurde vielmehr die Unterscheidung der Farben in Weiß (0), Gelblichweiß (1), Weißlichgelb (2,5), Gelb (4), Rötlichgelb (6), Gelblichrot (8), Rot (10) vorgenommen und zwischen diese Hauptstufen später noch zwei Übergangsstufen eingeschaltet. Man kann die Bezeichnungen etwa mit den in Klammern beigefügten Zahlen der Schmidtschen Farbenskala identifizieren. Aus den Potsdamer Beobachtungen folgt dann zunächst, daß die Färbung der Sterne ohne Einfluß ist auf die Genauigkeit der Beobachtungen, daß aber andererseits ein starker Einfluß der Färbung auf die photometrischen Messungen, und zwar in erster Linie die mit dem Zöllnerschen Photometer angestellten, sich ausspricht. Die Vergleichung der Gesamtheit der bisher veröffentlichten Potsdamer Beobachtungen mit anderen Messungen ergibt folgendes:

Color	P. D. — B. D.	P. D. — Harv. Ph.	P. D. — Uran. Oxon.
0,0 . . . 0,5	$+ 0{,}26^m$	$+ 0{,}29^m$	$+ 0{,}24^m$
0,5 . . . 1,5	+ 0,25	+ 0,25	+ 0,19
1,5 . . . 3,0	+ 0,10	+ 0,10	+ 0,06
3,0 . . . 10	— 0,06	— 0,04	— 0,06

Für weiße und gelblichweiße Sterne geben also die Potsdamer Messungen die Größe um 0,26 zu groß, also die Helligkeit um etwa ein Viertel Größenklasse zu klein an, während für die stärker gefärbten Sterne der Unterschied wieder kleiner wird. Sind ein weißer und ein gelb oder noch stärker gefärbter Stern für das Auge oder im Vergleich mit α Urs. min. gleich hell, so ist im Potsdamer System der weiße Stern um etwa $0{,}3^m$ schwächer als der gefärbte. Die vollständige Übereinstimmung der Schätzungen mit dem Auge allein und bei Pickering lassen die Benutzung der Harvard Photometry und der Fortführungen derselben für das Studium der Sternverteilung in Abhängigkeit von der Helligkeit am geeignetsten erscheinen.

Müller und Kempf erklären diese Unterschiede in den photometrischen Messungen im wesentlichen als eine Wirkung des Purkinje-Phänomens (vgl. S. 27). In Potsdam wurden bei den Messungen erheblich lichtstärkere Fernrohre verwendet als in Bonn und von Pickering, und diese mußten die gefärbten Sterne relativ heller zeigen. Zum Teil sind die Unterschiede aber auch persönlicher Natur.

Ein Zusammenhang zwischen dem Entwickelungsstadium und der Farbe würde sich in der Verteilung der Sterne auf die einzelnen Farben, die den verschiedenen Glühzustand repräsentieren, aussprechen können. Ordnen wir die Beobachtungen nach der Färbung, so erhalten wir:

Osthoffs Beobachtungen.

Color		Anzahl	Prozent
0,0 — 0,4	Weiß	0	0
0,5 — 1,4	Gelblichweiß	7	1
1,5 — 2,4	Weißgelb	137	14
2,5 — 3,4	Hellgelb	256	25
3,5 — 4,4	Reingelb	144	14
4,5 — 5,4	Dunkelgelb	120	12
5,5 — 6,4	Rötlichgelb	170	17
6,5 — 7,4	Rotgelb	154	15
7,5 — 8,4	Gelblichrot	18	2
8,5 — 9,4	Rot mit wenig Gelb	3	0
9,5 — 10	Rot	0	0

Potsdamer Beobachtungen.

	Anzahl	Prozent
Weiß	2294	20
Gelblichweiß	4612	40
Weißlichgelb	3080	26
Gelbrot	1609	14

Zwischen beiden Beobachtungsreihen besteht ein schwer zu erklärender Widerspruch. Durch Vergleichung der Osthoffschen Angaben mit denen anderer Beobachter, die gleichfalls die Schmidtsche Skala anwandten, hat sich zwar ergeben, daß Osthoff im allgemeinen die Sterne zu rot schätzt; es ist nämlich

Osthoff—Dunér = + 0,8^c, Osthoff—Krüger = + 1,3^c, dagegen Osthoff—Schmidt = — 0,2^c. Um die oben mitgeteilten Zahlen auch nur einigermaßen in Einklang zu setzen, müßten wir aber eine Farbendifferenz von nahezu 3^c annehmen. Eine andere Möglichkeit der Erklärung wäre durch die Mitnahme der Sterne zwischen 5,5^m (untere Grenze bei Osthoff) und 7,5^m in der Potsdamer Reihe gegeben. Diese Sterne müßten fast ausschließlich weiße oder fast weiße Sterne sein; eine sehr wenig plausible Annahme.

4. Das Spektrum.

Von den Tatsachen, die die Spektralanalyse bezüglich der Fixsterne zutage gefördert hat, kommen hier nur die allgemeinere Gesetzmäßigkeiten verratenden in Frage. Die Vogelsche Klassifizierung der Sternspektra, der wir uns anschließen, soll den Entwickelungszustand der Sterne darstellen. Es enthält, wie Scheiner an den Veränderungen einzelner Linien noch besonders nachzuweisen versucht hat, die Klasse I die heißesten Sterne, durch Abkühlung gehen sie über in Sterne II. und weiter in Sterne III. Klasse. Die Verteilung der Sterne auf die einzelnen Klassen und die Anordnung der Sterne der verschiedenen Klassen sind also Momente, die für das Studium des Baues des Sternsystems von Bedeutung sein werden. Wir werden zur Prüfung dieser Verhältnisse uns wieder auf die Sternverzeichnisse zu beziehen haben, die den Spektralcharakter angeben. Mit der Ausführung solcher spektroskopischer Durchmusterungen ist Potsdam vorangegangen durch die Beobachtung der Sterne bis 7,5^m zwischen — 1^0 und + 20^0 Deklination von Vogel und Müller. Nach Norden zu sollte die Arbeit durch Dunér fortgesetzt werden. Die Fortsetzung nach Süden bis δ = — 15^0 wurde durch Kövesligethy in O-Gyalla geliefert. Während diese Kataloge auf visuellen Beobachtungen beruhen, gab uns Pickering im Draper Katalog einen vom Nordpol bis — 25^0 Deklination reichenden Katalog, der 10351 Sterne umfaßt und auf photographischem Wege entstanden ist. Die Spektra wurden studiert auf 633 Platten, jede von 10 □^{0} Areal, die mit Hilfe eines Objektivprismas aufgenommen waren. Der photographische Prozeß erzeugt eine wechselnde Vollständigkeit des Kataloges für die verschiedenen Klassen. Klasse I zeichnet sich durch den Reichtum an chemisch wirksamen Strahlen aus, während solche Strahlen in Klasse III nur in geringem Maße vorhanden sind. Die Aufsuchung der Sterne dieser Klasse mußte daher zum Ziele besonderer Arbeiten gemacht werden, und es haben sich um dieselbe besonders d'Arrest, Dunér und Espin verdient gemacht. Der Draper Katalog diente dann als Grundlage für die besondere Untersuchung der Spektra der helleren Sterne, die durch Vogel und Wilsing in Potsdam und nahe gleichzeitig auch durch Miß Maury am Harvard-College ausgeführt wurde. Endlich lieferte uns gleichfalls die Harvard-Sternwarte eine Diskussion der Spektra der helleren Sterne des Südhimmels durch Miß Cannon.

Was nun zunächst die Verteilung der Spektra auf die einzelnen Klassen betrifft, so ergeben uns die vier zu diesem Studium geeigneten Arbeiten folgendes:

Zone	Potsdam — 1° bis + 20°	O-Gyalla 0° bis — 15°	Harvard Nordhimmel	Harvard Südhimmel
Klasse I	2165 = 58 Proz.	1048 = 52 Proz.	389 = 57 Proz.	699 = 62 Proz.
„ II	1240 = 33,5 „	867 = 43 „	232 = 34 „	368 = 33 „
„ IIIa	288 = 8 „	87 = 4 „	57 = 8 „	51 = 5 „
„ IIIb	9 = 0,3 „	3 = 0,1 „	4 = 0,6 „	0 = 0 „

Aus der vorzüglichen Übereinstimmung dieser Zahlen geht hervor, daß reichlich die Hälfte der helleren Sterne der Klasse I zugehört, daß ein Drittel von ihnen Sonnensterne sind, und daß zur dritten Klasse nur etwa 6 Proz. dieser Sterne gehören.

Bezüglich der Verteilung der Sterne der I. Klasse auf die Unterabteilungen erhalten wir Aufschluß aus der oben angeführten Bearbeitung der Spektra dieser Klasse durch Vogel und Wilsing. Von 447 untersuchten Spektren sind 409 sicher bestimmt und von diesen kommen 308 = 75 Proz. auf Klasse Ia, 100 = 25 Proz. auf Klasse Ib und 1 = 0,2 Proz. auf Klasse Ic. 9 Sterne gehören Übergangsstadien zwischen diesen Unterabteilungen an, 19 Sterne neigen zum Typus der zweiten Klasse, und für 10 ist die Einordnung in Klasse I nicht zweifelfrei. In der II. Klasse gehören zu der Unterabteilung b nur sehr wenige Sterne; von hellen Sternen nur γ Argus. Die Sterne haben jedenfalls eine ganz besondere, uns noch unbekannte Bedeutung. Es wird später noch von ihnen zu sprechen sein.

Die Verteilung der helleren Sterne auf die einzelnen Typen stellt sich demnach etwa folgendermaßen:

	Ia	Ib	Ic	IIa	IIb	IIIa	IIIb
Typus . . .	Sirius-sterne	Helium-sterne		Sonnen-sterne			
Prozentsatz d. helleren Sterne	44	15	0,1	34	—	7	0,3

Die Verteilung der Sterne der I. Klasse ist auf Grund des Draper Katalogs von verschiedenen Forschern untersucht worden; zuerst von Pickering selbst, dann von Boraston und Stratonoff. Die übersichtlichste Darstellung ist die von dem letzteren gegebene. Aber alle diese Untersuchungen leiden an dem Mangel, daß ein Unterschied zwischen den beiden Unterabteilungen nicht gemacht ist, und außerdem an der dem Draper Katalog anhaftenden Ungleichförmigkeit, die daher rührt, daß, weil die Platten in den nördlichen Regionen zwei- bis dreimal so lange exponiert sind, als in den südlichen, die Sterndichte in der Umgebung des Poles zu groß erscheint. Ordnen wir deshalb die von Vogel und Wilsing genauer untersuchten Sterne am Himmel ein in neun Zonen, welche durch Parallelkreise zur Milchstraße im Abstande von $\pm 10^0$, $\pm 30^0$, $\pm 50^0$, $\pm 70^0$ entstehen, so erhalten wir folgende Übersicht:

			Anzahl i. d. Zone		Anzahl auf 100□°		Dichte	
	Zone	Areal	Ia	Ib	Ia	Ib	Ia	Ib
Nordpol	I	1244□°	13	0	1,05	0,00	0,75	0,00
	II	3582	53	4	1,48	0,11	1,06	0,14
	III	4541	58	7	1,28	0,15	0,91	0,20
	IV	4510	48	7	1,06	0,15	0,76	0,20
Milchstraße . . .	V	4282	60	33	1,66	0,77	1,00	1,00
	VI	3652	47	42	1,29	1,15	0,92	1,49
	VII	2617	27	6	1,03	0,23	0,74	0,30
	VIII	1421	5	1	0,35	0,07	0,25	0,09

In der zweiten Kolumne steht das Areal der Zone, welches in das durchforschte Gebiet des Himmels fällt, wenn wir annehmen, daß die südliche Grenze desselben durch den Parallel von -15^0 gebildet wird. Die in der Regel behauptete Tatsache, die Sterne der I. Klasse ständen überwiegend in der Milchstraße, finden wir nur teilweise bestätigt. Die Sterne vom Typus Ia, die Siriussterne, sind ganz gleichmäßig über den Himmel verteilt, die Unterschiede in der Dichte erklären sich ungezwungen durch die geringe Zahl der vorhandenen Sterne und bezüglich der Zone VIII durch die ungünstige Lage derselben für die Beobachtung. Bei den Sternen vom Typus Ib, den Heliumsternen, dagegen ist die Ungleichheit in der Verteilung in sehr ausgesprochener Weise vorhanden. Diese stehen in der Milchstraße fünfmal so dicht wie außerhalb derselben. Die größte Dichtigkeit weist die Zone VI auf; es beruht das darauf, daß in diese Zone das Sternbild des Orion fällt, das auffallend reich ist an Sternen dieser Art. Vielleicht ist diese Abweichung aber auch nur eine Folge der geringen Zahl der Sterne. In ähnlicher Weise, wie oben der Potsdamer Katalog behandelt ist, untersucht Mac Clean die Spektra der Sterne bis $3{,}5^m$ am ganzen Himmel (A. P. J. VII, 367). Sein Verzeichnis umfaßt 170 Sterne, die zu Vogels Klasse I gehören. Wir teilen den Himmel durch Kreise, die parallel zur Milchstraße verlaufen und 30^0 von derselben abstehen, in vier Zonen gleichen Areals, die wir als Nord- und Südpolar-Kalotte bzw. Nord- und Südgalaktische Zone unterscheiden wollen. Es werden weiter noch die einzelnen Zonen in je zwei gleiche Teile durch einen größten Kreis, welcher durch die Pole der Milchstraße und die Schnittpunkte der Milchstraße und des Äquators geht, getrennt. Da wir die galaktischen Längen nach früherer Festsetzung von demjenigen dieser beiden Punkte, der im Ophiuchus gelegen ist, zählen, so umfaßt also die nördliche Hälfte der Zonen die Länge von 0^0 bis 180^0, die südliche die von 180^0 bis 360^0. In die so entstehenden acht Flächen gleichen Areals verteilen sich nun die 170 Sterne in folgender Weise:

	N. P. K.			N. G. Z.			S. G. Z.			S. P. K.		
	n	s	$n+s$	n	s	$n+s$	n	s	$n+s$	n	s	$n+s$
Klasse Ia	17	12	29	15	3	18	8	14	22	7	5	12
„ Ib	3	6	9	6	23	29	17	25	42	3	6	9

Diese Zahlen führen zu denselben Schlüssen wie die vorhin mitgeteilten. Auffällig ist das Verhalten der Sternzahlen in den beiden Hälften der nördlichen galaktischen Zone. In ihrem nördlichen, die Sternbilder Leier, Cassiopeja, Fuhrmann, Zwillinge enthaltenden Teile überwiegen die Siriussterne; in ihrem südlichen durch die Sternbilder Einhorn, Schiff, Argo, Centaur, Skorpion gehenden Teile aber die Heliumsterne. Fassen wir alles zusammen, so enthält die galaktische Zone, deren Areal gleich der

Hälfte desjenigen der ganzen Sphäre ist, von 81 Siriussternen 40 = 49 Proz. und von 89 Heliumsternen 71 = 80 Proz.

In den Harvard Annals LVI, Nr. II hat vor kurzem Pickering einen Katalog aller bisher aufgefundenen Sterne der Klasse Ib veröffentlicht, der 803 Nummern umfaßt. Werden nur diejenigen 686 dieser Sterne, die die Heliumlinien deutlich ausgeprägt zeigen, berücksichtigt, so ist die Verteilung nach galaktischer Breite folgende:

Breite	+ 90°	bis + 30°	18	Sterne	= 2,6	Proz.
„	+ 30	„ + 10	90	„	= 13,1	„
„	+ 10	„ — 10	351	„	= 51,2	„
„	— 10	„ — 30	197	„	= 28,7	„
„	— 30	„ — 90	30	„	= 4,4	„

Nach dieser Zählung fielen in die galaktische Zone sogar 93 Proz. der Heliumsterne. Außerdem liegt hier das Maximum in der Häufigkeit der Heliumsterne in der Milchstraßenzone selbst, als eine Folge des Umstandes, daß bei den neueren Arbeiten eine große Zahl solcher Sterne im Sternbild Argo aufgefunden wurde, so daß das andere Maximum im Orion nicht mehr so sehr überwiegt.

Die Spektra von Vogels Klasse Ic sind sehr selten. Unter den 447 in Potsdam diskutierten Sternen der I. Klasse fand sich nur einer, und bei drei weiteren waren die charakteristischen hellen Linien in einem sonst Ib entsprechenden Spektrum zu erkennen. Von diesen vier Sternen liegen drei in der Zone V, einer in Zone IV. Endlich waren die hellen Linien bei einem in Zone VIII stehenden Sterne neben dem Spektrum Ia vorhanden. Die Verteilung dieser Sterne dürfte daher der der reinen Heliumsterne, mit denen sie wohl unmittelbar zusammengehören, entsprechen.

Für die Sterne vom Sonnentypus (IIa) gibt Mc. Clean eine 87 Sterne umfassende Abzählung mit folgendem Resultat:

	N. P. K.			N. G. Z.			S. G. Z.			S. P. K.		
	n	s	n+s	n	s	n+s	n	s	n+s	n	s	n+s
Klasse IIa	14	9	23	8	9	17	9	16	25	13	9	22

Offenbar sind diese Sterne völlig gleichmäßig über die Sphäre verteilt.

Die Sterne vom Typus IIb, die sogenannten Wolf-Rayet-Sterne nach den Entdeckern der ersten Exemplare, zeigen wieder eine eigenartige Anordnung. Pickering hat gefunden, daß sie überwiegend stehen in einer schmalen, die Mittellinie der Milchstraße enthaltenden Zone. Nur ein Stern steht 17,2° von der Milchstraße entfernt, alle übrigen weniger als 9°. Eine zweite Gruppe dieser Sterne wurde aber später aufgefunden in den beiden Kap- oder Magellanischen Wolken; die große Wolke, die 33° von der Milchstraße entfernt ist, enthält 15, die kleinere, 45° abstehende, 1 Stern dieses Typus. Newcomb (Knowledge, September 1904) hat den größten Kreis berechnet, der sich den in der Milchstraßenzone stehenden Sternen dieses Typus am besten anschließt. Sein Pol liegt in $\alpha = 190{,}9^0$, $\delta = +26{,}7^0$, kaum 1° entfernt vom Pole der Milchstraße selbst. Campbell und Keeler beobachteten, daß die Wasserstofflinien in diesen Spektren nicht punktartige Unterbrechungen im fadenförmigen Spektrum sind, sondern darüber hinausragen; im verbreiterten Spalte sieht man die Sterne als Scheibchen von 6″ Durchmesser im Lichte dieser Wasserstofflinien, während sie im Lichte der anderen Linien punktartig bleiben. Es folgt daraus, daß die Sterne von einer mächtigen Wasserstoffatmosphäre umgeben sein müssen.

Vom Typus IIIa kommen unter den Sternen bis $3{,}5^m$, die Mc. Clean untersuchte, nur 19 vor; sie verteilen sich auf die vier Zonen so, daß auf die N. P. K. vier, auf die anderen drei Zonen je fünf Sterne entfallen. Aus diesen Zahlen läßt sich natürlich kein Schluß ziehen. Da die Sterne der dritten Klasse der Mehrzahl nach schwache Sterne sind, müssen wir besondere Verzeichnisse derselben zu Rate ziehen. Ein solches ist neuerdings von F. Krüger veröffentlicht. Es enthält die Sterne der Klasse IIIa und IIIb. Wir erhalten aus den dort gegebenen Tabellen, die sich auf die 20° breiten galaktischen Zonen beziehen, folgende Übersicht.

Sterne der Klasse IIIa.

	Zone	Anzahl	Areal	Anz. auf 100□°	Dichtigkeit IIIa	Dichtigkeit allgemein
Nordpol . . .	I	23	1399□°	1,65	0,071	0,416
	II	219	3147	6,96	0,300	0,440
	III	323	5127	6,30	0,272	0,516
	IV	662	4590	14,42	0,623	0,725
Milchstraße .	V	1047	4520	23,17	1,000	1,000
	VI	472	3971	11,89	0,513	0,807
	VII	144	2954	4,88	0,211	0,542
	VIII	24	1791	1,34	0,058	0,484

Das Areal, für welches die Sternzahlen gelten, wurde den Seeligerschen Arbeiten, die wir bei der Sternverteilung kennen lernen werden, entnommen. Die vierte Kolumne enthält die Dichtigkeit der Sterne der Klasse IIIa in den einzelnen Zonen; daneben steht in der letzten Kolumne die Dichtigkeit aller Sterne bis zur Größe 9,0 nach Seeliger. Es geht aus den Zahlen deutlich hervor, daß auch für die hier behandelten Sterne eine Zusammendrängung gegen die Milchstraße vorhanden ist.

Für die Sterne vom Typus IIIb erhalten wir einen Überblick über ihre Verteilung unter Benutzung des neuesten, den ganzen Himmel umfassenden Verzeichnisses dieser Sterne von Espin (A. P. J. X, 169). Wir teilen die Sphäre wieder in vier Zonen von gleichem Areal und finden folgende Sternzahlen:

Klasse IIIb.

N. P. K.: 15 — N. G. Z.: 99 — S. G. Z.: 94 — S. P. K.: 16.

Bei diesen Sternen ist also eine sehr entschiedene Verdichtung gegen die Milchstraße zu konstatieren.

Das Gesamtergebnis ist somit folgendes. Die stärkste Verdichtung gegen die Milchstraße zeigen die Sterne vom Typus IIb, dann folgt Typus IIIb und dann Typus Ib; eine merkliche Verdichtung ist auch bei IIIa vorhanden; gleichmäßig verteilt sind die Sterne der Typen Ia und IIa.

Über die Bedeutung dieser Tatsachen der Verteilung der Spektraltypen können wir zur Zeit nur Vermutungen aussprechen. Der Charakter der hellen Linien im Spektrum IIb ist uns noch unbekannt. Unter den Linien des Spektrums Ib will man neben denen des Cleveïtgases auch Sauerstofflinien erkannt haben, während die Erklärung anderer Linien noch ganz aussteht. Auch der Charakter des Spektrums IIIb ist noch ein vielfach umstrittener. Wir halten uns nur an die festgestellten nackten Tatsachen, die bestimmt im engsten Zusammenhange mit dem Phänomen der Milchstraße und dem Bau des Sternsystems stehen.

5. Die Entfernung.

In der Parallaxe der Fixsterne haben wir ein Hilfsmittel, welches durch die Bestimmung des wahren Ortes der Körper im Raume, zu der sie in Verbindung mit dem scheinbaren Orte führt, uns die Lösung der uns gestellten Aufgabe ermöglicht. Die Kenntnis des wahren Ortes der Körper im Raume für zwei Zeitpunkte würde uns alle Geheimnisse, die über ihre Bewegungen und ihre Anordnung noch ausgebreitet sind, in einfachster und sicherster Weise enthüllen. Aber die Schwierigkeiten, die sich der Entfernungsmessung entgegenstellen, sind so ungeheuer groß, daß es bisher nur gelungen ist, sie in den günstigsten Fällen zu überwinden. Beruhte daher unsere Kenntnis des Fixsternsystems nur auf den Resultaten dieser direkten Vermessung, so würde sie stets auf die nächste Umgebung unseres Sonnensystems beschränkt bleiben. Niemals aber würde unser Blick dringen können bis zu den Grenzen des Universums.

Die Versuche der Entfernungsbestimmung aus der Vor-Bradleyschen Zeit scheiden für uns vollständig aus, da erst Bradleys Entdeckung der Aberration und sein Beweis, daß die Wirkung der Parallaxe eine sehr viel kleinere als diese aus dem endlichen Verhältnisse der Geschwindigkeit des Lichtes zur Geschwindigkeit der Bewegung der Erde in ihrer Bahn hervorgehende jährliche periodische Änderung des scheinbaren Ortes der Gestirne sei, die Aufgabe so gestaltete, wie sie uns heute noch vorliegt.

Die S. 31 beschriebenen Methoden zur Ermittelung der absoluten Parallaxe sind besonders angewandt zur Bestimmung der Parallaxe des Polarsternes. Vereinigen wir die von Peters zusammengestellten verschiedenen Werte nach Maßgabe ihres wahrscheinlichen Fehlers, so erhalten wir als Parallaxe dieses Sternes $\pi = 0{,}078'' \pm 0{,}009''$, ein Wert, der auch neuerdings durch eine Bearbeitung der in Straßburg beobachteten Deklinationen bestätigt wurde. Der Peterssche Versuch, aus beobachteten Werten der Zenitdistanzen die Parallaxe verschiedener Sterne zu bestimmen, hatte trotz der großen Genauigkeit der Beobachtungen, die mit dem Pulkowaer Instrument erreicht wurde, keinen Erfolg. Die wahrscheinlichen Fehler haben einen die Resultate ganz in Frage stellenden Betrag. Dagegen haben die von Henderson und Maclear am Kap ausgeführten Bestimmungen der Parallaxe von α Centauri und Sirius, obwohl auch hier die Fehler den gleichen, ja einen noch größeren Betrag erreichen, zum sicheren Nachweise der Parallaxe dieser Sterne geführt dank dem Umstande, daß dieselbe gerade für diese beiden Sterne außergewöhnlich groß ist. Für diese Sterne liegen jetzt aber weit sicherere

Parallaxenbestimmungen vor, so daß wir von diesen absoluten Bestimmungen weiter keinen Gebrauch machen. Die große Sicherheit, die in neuerer Zeit in der Bestimmung der Rektaszensionen erreicht wurde, hat endlich auch die Ableitung verbürgter Werte von Parallaxen aus absoluten Rektaszensionsbestimmungen ermöglicht. Doch wohnt den von Belopolsky aus Wagners Beobachtungen abgeleiteten Werten immer noch ein wahrscheinlicher Fehler von $\pm 0{,}1''$ inne, der eine Anwendung für unsere Zwecke ausschließt. Der Hauptwert dieser absoluten Bestimmungen ruht für uns darin, daß sie in keinem Falle sich im Widerspruch befinden mit den relativen Parallaxen, die für dieselben Sterne gefunden wurden, und daß wir darin eine Berechtigung finden für die dieser relativen Parallaxenbestimmung zugrunde liegende Annahme, daß bei den schwachen Sternen sich nur ausnahmsweise eine merkbare Parallaxe vorfinde.

Das Vertrauen, das man der Besselschen Bestimmung der Parallaxe mit Hilfe des Heliometers von Anfang an entgegengebracht hat, war, wie die späteren Erfahrungen gelehrt haben, ein durchaus berechtigtes. Aus Bessels Beobachtungen folgt für die Parallaxe von 61 Cygni der Wert $\pi = 0{,}344''$. Die sichersten Bestimmungen der neueren Zeit führen dagegen zu folgenden Werten:

Peter . . .	$\pi = 0{,}272''$	Heliometer
Schur . . .	0,340	Heliometer
Kapteyn . .	0,326	Rektaszensionsdifferenzen
Wilsing . .	0,357	Photographie.

Als Mittelwert folgt $\pi = 0{,}328''$. Trotz der großen Mühe und Sorgfalt, die gerade auf die Bestimmung dieser geradezu zur Berühmtheit und zum Prüfstein der Zuverlässigkeit der Methoden, der Instrumente und der Beobachter gewordenen Parallaxe verwandt wurde, sind wir auch hier noch nicht völlig im Klaren. Der Stern 61 Cygni ist ein Doppelstern. Die Komponenten haben die Helligkeit $5{,}3^m$ und $5{,}9^m$ und stehen $20''$ voneinander entfernt. Die Rutherfurdschen und Wilsingschen photographischen Aufnahmen ergeben nun für die beiden Komponenten um $0{,}08''$ verschiedene Werte der Parallaxe, und der Unterschied konnte nicht durch Beobachtungsfehler erklärt werden. Auch die Annahme, daß die chromatische Dispersion die Ursache der Veränderlichkeit des Abstandes sei, ist bei der wenig verschiedenen

Helligkeit der beiden Sterne und bei der Übereinstimmung ihres Spektrums unwahrscheinlich. Es bliebe, wenn man nicht doch einen Fehler der photographischen Aufnahme annehmen will, nur übrig, mit Davis die Zusammengehörigkeit der beiden Sterne zu einem System zu verwerfen, oder mit Wilsing anzunehmen, daß die eine Komponente eine kurz periodische Bewegung um einen unsichtbaren Begleiter ausführe. Die früheren Heliometermessungen konnten die Frage nicht entscheiden, da man nach Bessels Vorgange stets die Mitte der beiden Sterne zum Objekte der Beobachtung gemacht hatte. Die zur Prüfung ausgeführten neuen heliometrischen Messungen von Schur und Peter, deren erstere wegen einer noch nicht aufgeklärten Abweichung bei einem der Anhaltsterne nicht ganz einwandfrei ist, ergeben für die beiden Komponenten hinreichend übereinstimmende Werte der Parallaxe. Ebenso widerspricht eine erst ganz kürzlich (A. N. 3999) veröffentlichte photographische Beobachtungsreihe von Östen-Bergstrand sowohl der Wilsingschen Annahme, wie auch der Annahme einer Differenz der Parallaxen der beiden Komponenten. Die Messungen kommen in vollkommene Übereinstimmung durch Annahme einer Differenz der Refraktionskoeffizienten im Betrage von 0,1″, wie Kapteyn schon aus Wilsings Aufnahmen abgeleitet hatte.

Die umfangreichsten heliometrischen Parallaxenbestimmungen sind in den letzten Jahrzehnten am Kap durch Gill, Elkin, Finlay und de Sitter und in Newhaven durch Elkin ausgeführt. Das Ziel dieser großen Beobachtungsreihen war die Ermittelung der Parallaxe aller Sterne der ersten Größenklasse am Himmel. Um möglichste Sicherheit zu erreichen, wurden in der Regel mehrere Beobachtungsreihen mit verschiedenen Anhaltsternen ausgeführt. Die erlangten Resultate sind in der folgenden Übersicht enthalten. Bezüglich der den Resultaten beigefügten wahrscheinlichen Fehler ist zu bemerken, daß sie für die beiden Reihen in verschiedener Weise berechnet sind, und daß Elkins Werte den wahren Betrag der in den Zahlen noch verbliebenen Unsicherheit wohl erheblich besser darstellen als Gills Werte, die den systematischen Fehlern, die in jeder einzelnen auf einem Paare von Anhaltsternen beruhenden Reihe übrig bleiben, wie Rambaut (M. N. 58, 256) hervorhebt, nicht genügend Rechnung tragen.

Beobachtungen am Kap.

	Parallaxe		Sterne	Reihen
Sirius	$\pi = 0{,}370''$	+ 0,005″	6	3
α Argus	0,000	0,010	4	2
β Orionis	0,000	0,010	4	2
α_2 Centauri	0,752	0,010	8	4
α Eridani	0,043	0,015	2	1
β Centauri	0,030	0,015	3	2
α Crucis	0,050	0,019	2	1
α Virginis	0,000	0,020	2	1
α Piscis austr.	0,130	0,014	2	1
α Scorpii	0,021	0,012	2	1
β Crucis	0,000	0,008	2	1
α Gruis	0,015	0,007	2	1

Beobachtungen in Newhaven.

	Parallaxe		Sterne	Reihen
α Tauri	0,109″	± 0,014″	18	9
α Aurigae	0,079	0,021	7	4
α Orionis	0,024	0,024	6	3
α Canis min.	0,334	0,015	13	7
β Geminor.	0,056	0,023	6	3
α Leonis	0,024	0,020	12	5
α Bootis	0,026	0,017	13	7
α Lyrae	0,082	0,016	14	7
α Aquilae	0,232	0,019	14	5
α Cygni	— 0,012	0,023	7	3

Die Beobachtungen am Kap erstrecken sich noch weiter auf eine Anzahl Sterne, die sich durch große Eigenbewegung auszeichnen. Die betreffenden Resultate haben in einer im Anhang beigefügten Tabelle Aufnahme gefunden. Die stark bewegten Sterne des nördlichen Himmels werden mit dem Leipziger Heliometer durch Peter untersucht, und seine durch gleich große Genauigkeit ausgezeichneten Werte werden gleichfalls Verwendung finden. Für einzelne Sterne der Tabelle wurden ältere Beobachtungen mit dem Königsberger bzw. Bonner Heliometer durch Schlüter, Wichmann, Auwers, Winnecke, Krüger verwandt, die den neueren Bestimmungen ebenbürtig sind, während Johnsons Beobachtungen mit dem Radcliffe-Heliometer als verfehlt zu betrachten sind.

Über die zahlreichen Versuche, durch differentielle Beobachtungen am Refraktor die Parallaxe zu bestimmen, gehen wir fort, da ihre Resultate aus den S. 33 angegebenen Gründen unzuverlässig sind, und fassen nur die durch Vergleichung der Durchgangszeiten der Sterne am Meridiankreise gewonnenen Bestimmungen ins Auge, da die von Kapteyn nach dieser Methode erhaltenen Resultate nach den ihnen beizulegenden, durch die sorgfältige Bearbeitung zuverlässig erscheinenden wahrscheinlichen Fehlern mit den heliometrischen Bestimmungen wohl vergleichbar sind. Diejenigen Werte, die wir benutzen wollen, sind:

Lalande 19022	$\pi = 0{,}064''$	$\pm\ 0{,}022''$
20 Leonis min.	0,062	0,029
Gr. 1646	0,101	0,026
Lalande 21185 (22 H. Cam.) .	0,428	0,030
8 Lyncis (Lal. 21258) . . .	0,168	0,027

Bei den zehn übrigen Sternen des Kapteynschen Verzeichnisses erscheinen die berechneten Parallaxen entweder nicht verbürgt, oder es liegen Heliometerbeobachtungen aus neuerer Zeit vor. Eine sehr umfangreiche Beobachtungsreihe nach derselben Methode ist in der jüngsten Zeit durch Flint am Washburn Observatory ausgeführt und hat zur Ableitung der Parallaxe von 97 Sternen gedient. Bei diesen Beobachtungen ist aber der Einfluß der Helligkeitsgleichung, d. h. der mit der Helligkeit des Objektes wechselnden Auffassung der Antrittszeiten der Sterne an die Fäden des Durchgangsinstrumentes, nicht eliminiert, sondern nur nachträglich aus den Resultaten durch Ausgleichung fortgeschafft. Bei der Größe der Korrektion — sie beträgt für einen Stern 0,36″, indem der beobachtete Wert $\pi = -0{,}02''$ in den definitiven $\pi = +0{,}34''$ übergeht — muß aber befürchtet werden, daß die angegebenen wahrscheinlichen Fehler erheblich zu klein sind, so daß diese Beobachtungsreihe nicht das Gewicht der übrigen beanspruchen kann.

Von den photographisch bestimmten Parallaxen benutzen wir nur einige wenige völlig verbürgt erscheinende aus den S. 33 auseinandergesetzten Gründen. Am Columbia Observatory in New York werden sorgfältige Arbeiten ausgeführt, deren Zweck die Verwertung der von Rutherfurd in den siebenziger Jahren des vorigen Jahrhunderts aufgenommenen Photographien ist. Aus diesen Aufnahmen hat z. B. Jacoby für die Parallaxe von μ Cassiopejae aus zehn Sternen $\pi = 0{,}275'' \pm 0{,}024''$ gefunden, während Bauer aus elf Sternen $\pi = 0{,}238'' \pm 0{,}014''$ findet; wenn man nun auch als Ursache der Differenz, die übrigens durch die Fehler völlig erklärt ist, mit Bauer den als Anhaltstern benutzten δ Cassiop., der selbst eine merkliche Parallaxe ($\pi = 0{,}23'' \pm 0{,}007''$) zu haben scheint, verantwortlich macht, so ist die berechnete Parallaxe doch kaum zu vereinigen mit Peters heliometrischem Werte $\pi = 0{,}13'' \pm 0{,}037''$.

Es wäre für unsere Zwecke von der größten Bedeutung, wenn wir den auf den Ort und die Helligkeit sich beziehenden Durchmusterungen entsprechende Durchforschungen des Himmels in bezug auf die Parallaxe der Sterne erlangen könnten, die uns zur vollständigen Kenntnis wenigstens unserer näheren Umgebung führen würden. Was wir jetzt über die Entfernungen wissen, ist beschränkt auf die hellen Sterne und die Sterne mit großer Eigenbewegung. Weil man diese beiden Eigenschaften als ein Zeichen einer vermutlich kleinen Entfernung ansehen darf und man immer nur bei kleiner Entfernung auf Erfolg rechnen kann, hat man sich auf solche Sterne beschränkt. In erster Linie mußte man erwarten, daß photographische Aufnahmen hier uns helfen könnten, und in der Tat hat Kapteyn auch versucht, auf diesem Wege vorwärts zu kommen. Donner in Helsingfors hatte eine Reihe von Aufnahmen angefertigt, die von jedem Sterne drei Bilder enthielten, da jede Platte zu drei verschiedenen Zeiten exponiert war. Zwei Zeitpunkte entsprachen der Maximalwirkung der Parallaxe in dem einen, der dritte der dazwischenliegenden Maximalwirkung im entgegengesetzten Sinne. Kapteyn hat nun durch Ausmessung von drei einer Gegend der Milchstraße entsprechenden Aufnahmen die Parallaxe von 248 Sternen dieser Gegend abgeleitet. Die berechneten Werte sind natürlicherweise die Unterschiede der Parallaxe des betreffenden Sternes gegen das Mittel der Parallaxen aller Sterne der Platte. Es würden also den nahen Sternen die großen positiven, den entfernten die großen negativen Werte der Parallaxe zukommen, und wir hätten in erster Linie die Sterne die große positive Werte zeigen, ins Auge zu fassen. Der wahrscheinliche Fehler der Parallaxe eines auf allen drei Platten vorkommenden Sternes ist $\pm 0{,}020''$. Vergleichen wir nun die Anzahl der beobachteten, eine bestimmte Größe überschreitenden Parallaxen mit der aus der Wahrscheinlichkeitslehre folgenden notwendigen Anzahl, so ergibt sich:

		Theorie	Beobachtung	
$\pi \gtreqless$ 0,05″	bei	25	21	Sternen
0,06	„	12,5	15	„
0,07	„	6	10	„
0,08	„	2	6	„

Wir hätten daraus zu schließen, daß unter den 196 hier benutzten Sternen vier wären, deren Parallaxe die mittlere merklich überschritte. Nun liegen die beobachteten Parallaxen zwischen den Grenzen — 0,09″ und + 0,11″. Die mittlere Parallaxe der Sterne wird also nur wenige Hundertel der Bogensekunde betragen können, und es ist sehr fraglich, ob auch nur ein einziger der Sterne eine 0,1″ erreichende Parallaxe besitzt, so daß dieser Weg vorläufig uns noch nicht weiter führt.

Am Schlusse ist eine Tabelle gegeben, in welcher diejenigen Sterne zusammengestellt sind, für welche zur Zeit verläßliche Bestimmungen der Entfernung vorliegen. Die Zahl dieser Sterne beläuft sich auf 56. Es kommen darunter mehrere Sterne vor, deren Parallaxe = 0 ist; für α Cygni ist sogar ein negativer Wert angesetzt. Der Grund liegt natürlich neben der den Werten innewohnenden Unsicherheit darin, daß die Parallaxe dieser Sterne kleiner ist als diejenige der Anhaltsterne. Aus dieser Tabelle sind in der Übersicht auf Seite 76 diejenigen Sterne zusammengestellt, deren Parallaxe wenigstens 0,05″ erreicht, also, da der wahrscheinliche Fehler einer solchen Bestimmung immer noch etwa 0,02″ bis 0,03″ ist, für die weitere Diskussion als auch dem Betrage nach gesichert gelten darf. Neben dem Namen des Sternes steht die scheinbare photometrische Größe des Sternes, dann folgt der beobachtete Wert der Parallaxe und die beobachtete jährliche Eigenbewegung. Aus der Parallaxe ergibt sich die lineare Entfernung, ausgedrückt in Erdbahnradien, durch $\sin\pi = \frac{1}{\varrho}$. Die Zahlen, die man so berechnet, und die sich auf Billionen Kilometer belaufen, entziehen sich völlig unserer Anschauung. In Kolumne 6 der Übersicht ist daher die Entfernung ausgedrückt in einer anderen linearen Einheit. Es ist dieses die Entfernung eines Sternes, dessen Parallaxe = 1″ sein würde. Wir bezeichnen sie als eine Sternweite und haben also

$$1 \text{ Sternweite} = s = 206\,264{,}8 \text{ Erdbahnradien}$$
$$= 30{,}7 \text{ Billionen Kilometer.}$$

Das Licht gebraucht zum Durchlaufen einer Entfernung gleich dem mittleren Erdbahnradius 498,5 Sekunden, damit folgt die in der siebenten Kolumne angegebene Lichtzeit durch:

$$\text{Lichtzeit} = 3{,}184 \, . \, s \text{ Jahre}.$$

In der nächsten Kolumne steht die Größe des Sternes, wenn wir ihn aus der wirklichen Entfernung in die Entfernung $s = 1$ rücken würden. Nennen wir i die Intensität des Lichtes des Sternes in seiner wirklichen Entfernung, so ist nach der Definition der photometrischen Größen $\log i = -n \log \mu^2$. Ist andererseits i_1 die Intensität des Lichtes des Sternes in der Entfernung $s = 1$, so wäre auch $\log i_1 = -n_1 \log \mu^2$; also folgt, da $s^2 . i = i_1$ ist, $(n_1 - n) \log \mu^2 = -2 \log s$ und mit $\log \mu^2 = 0{,}4$

$$n_1 = n - 5 \log s.$$

Nennen wir ferner für einen Vergleichstern, als welchen wir den Sirius wählen wollen, $i_1{}^*$ seine Intensität, $n_1{}^*$ seine Größe in der Entfernung 1, so daß also $\log i_1{}^* = -n_1{}^* \log \mu^2$ ist, so haben wir

$$\log i_1 - \log i_1{}^* = (n_1{}^* - n_1) \log \mu^2.$$

Nach dieser Gleichung sind die in der neunten Kolumne stehenden absoluten Lichtintensitäten der einzelnen Sterne, bezogen auf die $= 1000$ gesetzte Intensität des Sirius, berechnet. Die letzte Kolumne endlich bezeichnet den Spektraltypus des Sternes; dabei ist der besseren Übersicht wegen bezeichnet:

Ia durch S, Ib durch H, IIa durch ⊙, IIIa durch R.

(Siehe Tabelle auf folgender Seite.)

Um die Folgerungen zu erkennen, zu denen die Tabelle uns führt, bilden wir die Mittelwerte:

Nr.	Entfern. in Sternw.	Scheinb. Größe	E. B.	Größe in Entfern. 1	Absolute Intensität
1—13	3,15	4,9	3,58″	2,4	115
14—23	6,05	5,7	2,17	1,8	15
24—33	8,78	4,2	1,91	—0,5	192
34—43	15,21	3,8	0,68	—2,1	1762

Wir können diese Zahlen nur richtig deuten, wenn wir im Auge behalten, wie die Sterne der Tabelle zusammengestellt sind. Es sind auf Parallaxe untersucht einmal alle hellen Sterne, zwei-

Übersicht der Sterne in der Nähe der Sonne.

Lfd. Nr.	Name	Größe	Parall.	E. B.	Entfern. Sternw.	Licht-zeit Jahre	Größe für $s = 1$	Absolute Helligkeit	Spektrum
1.	α_2 Centauri . . .	0,4	0,752″	3,68″	1,3	4,3	—0,2	39	⊙
2.	22 H. Camelop. .	7,3	0,496	4,74	2,0	6,4	5,8	0,2	⊙?
3.	α Canis maj. . .	—1,6	0,370	1,32	2,7	8,6	—3,8	1000	S
4.	α Canis min. . .	0,5	0,334	1,25	3,0	9,5	—1,9	177	S?
5.	61 Cygni	5,4	0,328	5,24	3,0	9,7	3,0	2	⊙
6.	Cord. Z. C. V 243	8,5	0,312	8,72	3,2	10,2	6,0	0,1	S
7.	τ Ceti	3,6	0,310	1,92	3,2	10,2	1,1	12	⊙
8.	Σ 2398	8,7	0,290	2,29	3,4	11,0	6,0	0,1	⊙
9.	Lac. 9352	7,1	0,283	6,89	3,5	11,3	4,4	0,6	R
10.	ε Indi	4,7	0,273	4,66	3,7	11,7	1,9	6	⊙
11.	A.G.Hels.G.13170	9,1	0,273	0,70	3,7	11,7	6,3	0,1	—
12.	Lal. 21258 . . .	8,6	0,254	4,46	3,9	12,5	5,6	0,2	R
13.	α Aquilae . . .	0,9	0,232	0,65	4,3	13,7	—2,3	254	S
14.	Lal. 18115 . . .	8,2	0,20	1,70	5,0	15,9	4,7	0,4	R
15.	η Cassiopejae . .	3,6	0,18	1,22	5,6	17,7	—0,1	35	⊙
16.	σ Draconis . . .	4,8	0,175	1,83	5,7	18,2	1,0	12	⊙?
17.	AOe. 10603 . . .	7,5	0,17	1,44	5,9	18,7	3,7	1	⊙
18.	P. XIV 212 sq. .	6,3	0,167	2,08	6,0	19,1	2,4	3	—
19.	o^2 Eridani . . .	4,5	0,166	4,07	6,0	19,2	0,6	18	⊙?
20.	AOe. 11677 . . .	9,1	0,16	3,04	6,2	19,9	5,1	0,3	—
21.	70 p Ophiuchi .	4,1	0,16	1,13	6,2	19,9	0,1	28	⊙
22.	e Eridani	4,3	0,149	3,10	6,7	21,4	0,2	27	⊙
23.	ζ Tucanae . . .	4,3	0,138	2,04	7,2	23,1	0,0	31	⊙
24.	β Hydri	2,9	0,134	2,25	7,5	23,8	—1,5	120	⊙
25.	μ Cassiopejae . .	5,2	0,13	3,77	7,7	24,4	0,8	15	⊙
26.	α Piscis austr. .	1,3	0,130	0,38	7,7	24,4	—3,1	560	S
27.	Br. 3077	5,5	0,13	2,09	7,7	24,4	1,1	12	⊙
28.	Gr. 1830	6,5	0,118	7,04	8,5	27,0	1,9	6	S
29.	β Comae	4,3	0,11	1,19	9,1	28,9	—0,5	49	⊙
30.	α Tauri	1,1	0,109	0,19	9,2	29,2	—3,7	955	⊙
31.	ψ^5 Aurigae . . .	5,4	0,106	0,15	9,4	30,0	0,5	19	⊙
32.	Gr. 1646	6,7	0,101	0,90	9,9	31,5	1,7	6	S?
33.	ϑ Ursae maj. . .	3,3	0,09	1,10	11,1	35,4	—1,9	180	⊙
34.	α Lyrae	0,1	0,082	0,36	12,2	38,8	—5,3	4250	S
35.	Lal. 27298 . . .	8,0	0,08	1,10	12,5	39,8	2,5	3	⊙
36.	α Aurigae . . .	0,2	0,079	0,43	12,7	40,3	—5,3	4170	⊙
37.	α Ursae min. . .	2,1	0,078	0,04	12,8	40,8	—3,4	745	⊙
38.	Lac. 2957	6,0	0,064	1,71	15,6	49,7	0,0	30	⊙
39.	Lal. 19022 . . .	8,1	0,064	0,80	15,6	49,7	2,1	4	⊙
40.	20 Leonis min. .	6,0	0,062	0,70	16,1	51,4	0,0	33	S
41.	31 Aquilae . . .	5,3	0,06	0,98	16,7	53,1	—0,8	66	⊙?
42.	β Geminorum . .	1,2	0,056	0,63	17,9	56,9	—5,1	3310	⊙
43.	α Crucis	1,0	0,050	0,05	20,0	63,7	—5,5	5010	S
44.	Sonne	—26,7	—	—	—	—	—0,1	34	⊙

tens alle eine starke Eigenbewegung zeigenden Sterne. Nehmen wir an, die linearen Bewegungen der Sterne seien überall im Raume die gleichen, so würden die scheinbaren Bewegungen um so größer sein, je näher die Sterne uns sind. Die Auswahl nach der Größe der Bewegungen würde also die Sterne kleiner Entfernung zur Beobachtung bringen. Wir würden daher in der näheren Umgebung neben denjenigen Sternen, die wir ihrer scheinbaren Größe wegen beobachten, auch einen Prozentsatz schwacher, durch große Bewegung ausgezeichneter Sterne mit aufnehmen. Der Prozentsatz dieser schwachen Sterne nimmt aber ab mit der Entfernung, und es könnte so die mittlere scheinbare Helligkeit der auf Parallaxe untersuchten Sterne mit der Entfernung wachsen. Andererseits haben wir anzunehmen, daß die scheinbare Größe der Sterne abnimmt mit der Entfernung. Das würde nur dann nicht der Fall sein, wenn die absolute Helligkeit der Sterne mit der Entfernung von uns größer würde und zwar in stärkerem Maße, als die scheinbare Helligkeit nach dem einfachen physikalischen Gesetze mit der Entfernung abnimmt. Da wir eine solche Annahme nicht machen können, steht die scheinbare Größe der geprüften Sterne unter zwei entgegengesetzten Einflüssen. Wenn wir also in der dritten Kolumne eine geringe Zunahme der scheinbaren Größe beobachten, so können wir dieses nur als eine zufällige Wirkung der Auswahl der Sterne auffassen. Die in der fünften und sechsten Kolumne hervortretende Zunahme der wahren Größen der Sterne und ihrer absoluten Intensität mit der Entfernung ist dagegen eine notwendige Folge unserer Auswahl und berechtigt uns nicht etwa zu dem Schlusse, daß in größerer Entfernung von uns die absolut helleren Sterne häufiger seien als in unserer Nähe. Außerdem ist zu bedenken, daß, weil unsere Parallaxenwerte relative sind, die Zahlen mit Fehlern belastet sind, deren Einfluß mit der Entfernung wächst. Nehmen wir z. B. die mittlere absolute Parallaxe der Anhaltsterne zu 0,03″ an, so erhalten wir für einige der wichtigeren Sterne unserer Tabelle folgende Zahlen:

	Ang. absol. Parall.	s	Größe ($s = 1$)	Absolute Intensität
α Tauri	0,14″	7,1	—3,2	581
α Lyrae	0,11	9,1	—4,7	2350
α Crucis	0,08	12,5	—4,5	1940

Wir fühlen uns aus diesem Grunde in keiner Weise berechtigt, aus den bisher ermittelten sicheren Daten über die Entfernung der Sterne einen anderen Schluß zu ziehen, als den, daß sie den zu erwartenden Verhältnissen nicht widersprechen.

Aus der vierten Kolumne der Tabelle auf S. 75 folgt eine starke Abnahme der mittleren Eigenbewegung mit der Entfernung; hierauf werden wir im nächsten Paragraphen zurückkommen.

Den sichersten Schluß gestatten unsere bisherigen Erfahrungen uns noch in bezug auf den Spektralcharakter der Sterne. Von den 34 Sternen unserer näheren Umgebung mit sicher festgestelltem Spektrum gehören 8 zum Siriustypus, 23 zum Sonnentypus, 3 zur III. Klasse; von den 6 nicht sicher ermittelten wahrscheinlich 2 zum Sirius- und 4 zum Sonnentypus. Es tritt also ein ganz entschiedenes Überwiegen des Sonnentypus hervor; während für die Gesamtheit aller Sterne nur ein Drittel diesem Typus angehört, zählen von den Sternen unserer näheren Umgebung zwei Drittel zu diesem Typus. Statt der Hälfte der Sterne, wie im Gesamtsystem, gehört nur ein Viertel der Sterne in unserer Nähe zum Typus I a. Siriustypus und Sonnentypus stehen für die Gesamtheit der helleren Sterne im Zahlenverhältnis 3:2, für unsere Umgebung im Verhältnis 1:3. Es gelten diese Schlüsse auch noch ebenso, wenn wir nur die helleren Sterne unserer Umgebung ins Auge fassen.

Eine weitere auffällige Erscheinung ist die, daß mit Ausnahme der Sterne 6 und 28 die Sterne des Siriustypus in unserer Tabelle durch eine weit unter dem Durchschnittswerte der betreffenden Gruppe liegende Eigenbewegung hervortreten. Auch hierauf werden wir im folgenden Paragraphen zurückkommen müssen.

6. Die Bewegungen.

In dem Studium der Bewegungen der Fixsterne ist uns ein zweiter und an sich der aussichtsvollste Weg gegeben, um in die Konstitution des Fixsternsystems einzudringen. Ein inniger Zusammenhang zwischen den Gesetzen, die diese Bewegungen beherrschen, und dem Bau des Systems ist ja ohne weiteres selbstverständlich. Gelingt es uns, diese zu enthüllen, so führt uns ein sicherer Weg zu unserem Ziele. Ptolemäus, Kopernikus,

Kepler, Newton, Laplace sind diesen Weg gewandelt, und auch heute noch verfolgen unsere Bemühungen, das in seinen wesentlichen Zügen durch ihre Geistesarbeit sichergestellte Bild unseres Sonnensystems weiter zu vervollkommnen, nur den Zweck, die kleinen Abweichungen, die die beobachteten Bewegungen von den auf der Grundlage unserer Theorien von der Anordnung und der gegenseitigen Wirkung der Körper dieses Systems berechneten zeigen, zu beseitigen. Um aber das gegenseitige Verhältnis der beiden hier verglichenen Aufgaben richtig würdigen zu können, müssen wir uns an einen ihnen entsprechenden Maßstab für Raum und Zeit gewöhnen. Der aufmerksame Beobachter wird die Bewegung der Körper unseres Sonnensystems in vielen Fällen mit freiem Auge erkennen, wenn er an zwei aufeinanderfolgenden Tagen ihre Stellung mit der der Fixsterne vergleicht, und mit den feinen Hilfsmitteln der modernen praktischen Astronomie genügt ihm hierzu schon ein Zeitraum von ein paar Minuten. Das Grundmaß, nach dem wir die Entfernungen in unserem Sonnensystem messen, ist die Entfernung der Erde von der Sonne. Aber der Abstand des uns nächsten Fixsternes ist dem 300000fachen Betrage dieses Maßes gleich. Führen wir, in das Fixsternsystem übertretend, ein in gleicher Proportion vergrößertes Zeitmaß ein, setzen also an die Stelle des Tages das Jahrtausend, an die Stelle einer Zwischenzeit von $1^1/_2$ Minuten ein Jahr, so erhalten wir, wie sich zeigen wird, ganz analoge Verhältnisse.

Halley war der erste, der im Jahre 1718 in einer Abhandlung „On the change of the latitude of some of the principal fixed stars" die Bewegung einzelner Sterne nachwies. Er verglich die neuen Beobachtungen seiner Zeit mit den um zwei Jahrtausende zurückliegenden Hipparchschen im Almagest des Ptolemäus uns aufbewahrten Örtern der Sterne und bemerkte, daß Aldebaran (α Tauri) um den fünften Teil des Monddurchmessers, Sirius sogar um nahezu $1^1/_2$ Monddurchmesser von seinem früheren Orte fortgerückt sei. Eine noch etwas größere Bewegung stellte er am Arcturus, der auch sonst eine ausgezeichnete Rolle in unserer Frage spielt, fest. Bei der Unsicherheit der Identifizierung, der Epoche der Beobachtungen und der Beobachtungen an sich war es Halley nur möglich, das Vorhandensein solcher Bewegungen für eine sehr beschränkte Zahl von Sternen, bei denen sie außergewöhnlich große Beträge annimmt, als wahrscheinlich nachzuweisen. Erst Tobias Mayer verdanken wir die wirkliche Bestimmung solcher Bewegungen für eine größere Zahl von Sternen. Er leitete dieselben im Jahre 1760 aus der Vergleichung seiner Göttinger Beobachtungen mit den $^1/_2$ Jahrhundert älteren von Römer ab. Diese Bestimmungen waren es auch, die die ersten Untersuchungen über die Gesetze dieser Bewegungen veranlaßten und dadurch den Anstoß gaben, daß die Frage nach der Art und der Bedeutung dieser Bewegungen von da ab mit in den Vordergrund des Interesses der Astronomen trat. Bradleys und Maskelynes auf die Sicherung der Grundlagen der Himmelsforschung zielenden Arbeiten wirkten zunächst weniger im Sinne einer Erweiterung als vielmehr einer Festigung der Überzeugung von der Realität dieser Bewegungen und der Notwendigkeit, eine ausreichende Erklärung zu finden. Um die Wende des neuen Jahrhunderts, als Herschel durch seine großen Arbeiten die heutige Stellarastronomie schuf und sicher begründete, da lenkte die Forschung auch in die Bahnen ein, die sie noch heute verfolgt. Bessels Fundamenta astronomiae ergaben durch die Verbindung der Beobachtungen des unvergleichlichen Bradley mit den von Piazzi in Palermo erlangten, allerdings nicht gleichwertigen ein großes und durch die Hände, aus denen die Wissenschaft es empfing, des unbedingten Vertrauens würdiges Material. Bessels Schüler Argelander stellte seine hervorragende Arbeitskraft in erster Linie in den Dienst der Erforschung der Bewegungen, und sein Catalogus Aboensis gab für 390 stark bewegte Sterne mit peinlichster Sorgfalt ermittelte Bewegungen, die eine kritische Prüfung der Grundvoraussetzungen der Lösung des Problems ermöglichten. Die nun einsetzende Tätigkeit der Pulkowaer Sternwarte, die nach der Absicht ihres Gründers der speziellen Pflege der Stellarastronomie sich widmen sollte, hob die Genauigkeit der Beobachtungen und die Sicherheit der Reduktionsdaten auf eine außerordentliche Höhe. Durch die Verbindung der neuen Greenwicher auf die Epoche 1865,0 bezogenen Beobachtungen, vervollständigt durch Beckers Beobachtungen in Berlin, mit den noch immer als Ausgangspunkt unentbehrlichen Bradleyschen Beobachtungen, gab uns Auwers durch seine „Neue Reduktion der Bradleyschen Beobachtungen“ ein großes, völlig gesichertes und in sich durchaus homogenes Material für die helleren Sterne des Nordhimmels, das als Grundlage aller neueren Arbeiten in diesem

Gebiete gedient hat. Endlich schuf das große Unternehmen der internationalen „Astronomischen Gesellschaft“, die Beobachtung aller Sterne des nördlichen Himmels bis zur neunten Größe, das im letzten Viertel des vorigen Jahrhunderts in gemeinsamer Anspannung aller durch die Begeisterung für das erstrebte große Ziel geweckten Kräfte bis auf geringe Reste durchgeführt und dann auch auf den für die Sternwarten der Nordhalbkugel noch gut zugänglichen Teil des Südhimmels ausgedehnt wurde, in einem jetzt schon gegen 150000 genaue Sternpositionen enthaltenden „Katalog der astronomischen Gesellschaft“ die umfassenderen Grundlagen, auf denen nach Ablauf eines weiteren Zeitraums von einigen Dezennien eine vollkommenere Beantwortung der Frage möglich sein wird. Die Erforschung des Südhimmels steht zwar noch um ein Erhebliches hinter der des Nordhimmels zurück. Hier bilden den Ausgangspunkt Lacailles in vierjähriger Arbeit (1750 bis 1754) gewonnene Positionen von etwa 10000 Sternen, die trotz der mangelhaften Ausführung doch wertvoll sind, weil erst in den dreißiger Jahren des vorigen Jahrhunderts Hendersons Beobachtungen eine sicherere Grundlage lieferten zur Berechnung der Bewegungen der Sterne. Seit jener Zeit aber wetteifert die Sternwarte am Kap mit denen der Nordhalbkugel in der Vervollkommnung und der Vervollständigung unserer Kenntnis der Eigenbewegungen der Fixsterne, und in den letzten Jahrzehnten haben sich ihr weitere Institute in den englischen Kolonien und besonders die National-Sternwarte der Argentinischen Republik in Cordoba angeschlossen.

Die Ableitung der Eigenbewegungen der Sterne aus diesem Material erfordert nun zunächst, wie schon auf S. 36 erwähnt wurde, die Ermittelung der Beziehungen der Einzelkataloge zu einem Fundamentalsysteme, und diese letztere setzt wieder wegen der Zeitdifferenzen eine Kenntnis der Bewegungen voraus, so daß nur wiederholte Näherungen zum Ziele führen konnten. Den ersten Versuch dieser Art machte Mädler bei seiner Ermittelung der Eigenbewegungen der Bradleyschen Sterne, aber in erschöpfender Weise ist die Aufgabe erst durch Auwers gelöst. Die in der vorhin erläuterten Weise von ihm bestimmten Bewegungen der Bradleyschen Sterne dienten zunächst als Bindemittel zur Vergleichung der Kataloge untereinander und zur Aufstellung eines Fundamentalsystems, und eine zweite Vergleichung der

Einzelkataloge mit dieser ersten Annäherung und eine Ausgleichung der Differenzen ergab das schließliche Fundamentalsystem und befreite die Bewegungen von den ihnen in der ersten Annäherung durch den Fehler der Bradleyschen Ausgangswerte noch anhaftenden Ungenauigkeiten. Diese große Arbeit, niedergelegt als „Ergebnisse der Beobachtungen 1750 bis 1900 für die Verbesserung des Fundamentalkatalogs des Berliner Jahrbuchs“ in A.N. 3927—3929 ist zur Zeit der sicherste Stützpunkt für eine den Schwierigkeiten des Problems gerecht werdende Bearbeitung der Eigenbewegungen. Sie bildet andererseits auch die unentbehrliche Grundlage für die von der Berliner Akademie unternommene gewaltige Aufgabe, die sich in der „Geschichte des Fixsternhimmels“ die Reduktion aller Sternpositionen aus der Zeit 1750 bis 1900 auf eine gemeinsame Epoche zum Ziele setzt.

Im Anhange ist ein Verzeichnis gegeben, welches nach dem jetzigen Stande unserer Kenntnis alle diejenigen Sterne enthält, deren jährliche Eigenbewegung wenigstens 0,5″ beträgt. Es ist hervorgegangen aus dem von Porter in A. J. Nr. 268 zusammengestellten Verzeichnisse durch Aufnahme der seit der Zeit der Aufstellung desselben noch bekannt gewordenen Sterne mit genügend großer Bewegung.

Seit Halleys Entdeckung der Eigenbewegung vergingen noch fast $1^1/_2$ Jahrhunderte, bis uns auch die zweite Komponente der Bewegung der Sterne, die Radialgeschwindigkeit, als ebenbürtiges Hilfsmittel zur Ergründung des Baues des Fixsternsystems gegeben ward. Nach Secchis ersten fruchtlosen Versuchen gelang es 1867 Huggins, bei einzelnen Sternen solche Bewegungen nachzuweisen und sie zu messen. Trotzdem seine Resultate, sowie auch die etwas späteren von Vogel in Bothkamp erlangten, äußerst unsicher und wenig vertrauenerweckend waren, machte die Sternwarte zu Greenwich in richtiger Würdigung der hohen Bedeutung der so wenigstens möglichen Erweiterung unserer Kenntnis ihre Bestimmung zu einem der Ziele ihrer Tätigkeit. Die ersten Versuche von Vogel und Scheiner in Potsdam, die durch die photographische Aufnahme der Spektra zu einer Methode führten, deren Sicherheit und Erfolge in immer steigendem Maße Staunen und Bewunderung erregen, fallen in das Jahr 1887, und ihr Ergebnis waren die 1892 erschienenen „Untersuchungen über die Eigenbewegungen der Sterne auf spektroskopischem Wege“, die für 51

Sterne der Nordhalbkugel die zweite Komponente der Bewegung bis auf Bruchteile des Kilometers genau bestimmt angaben. Anfangs der neunziger Jahre des vorigen Jahrhunderts gelangen dann Keeler mit Benutzung der unvergleichlichen Hilfsmittel des Lick Observatory auch Geschwindigkeitsmessungen auf direktem visuellem Wege, die den gleichen Grad von Genauigkeit zu haben scheinen. Während der letzten Jahre haben eine größere Anzahl von Sternwarten die Erweiterung unserer Kenntnis in dieser Richtung betrieben, und durch das Eintreten der Kap-Sternwarte und durch eine vom Lick Observatory in Chile errichtete Beobachtungsstation ist auch der Südhimmel uns erschlossen, wenn auch freilich zur Zeit diese Resultate noch nicht zugänglich sind. Das umfangreichste Material hat Campbell am Lick Observatory zur Verfügung in den Radialgeschwindigkeiten von 280 Sternen der nördlichen Halbkugel, und die auf diesem Verzeichnis beruhenden Resultate bilden auch das Schlußstück unseres Wissens in dieser Richtung. Die Größe dieser Errungenschaft der Forschung geht aber am besten hervor aus der Gegenüberstellung der Werte des wahrscheinlichen Fehlers der Beobachtung eines Abends für die Geschwindigkeit eines Sternes; er betrug für die älteren Greenwicher Beobachtungen nach Scheiner ± 22 km, für die Potsdamer Messungen ± 2,6 km und für die Campbells, entsprechend den vollkommeneren Hilfsmitteln, deren die Potsdamer Sternwarte sich erst jetzt erfreut, nicht ganz 1 km. Der wahre Wert der Resultate der neueren Methode zeigt sich am deutlichsten in der folgenden Vergleichung der Bestimmungen für zwei Sterne. Es wurde gefunden als Bewegung im Visionsradius für:

	α Bootis	α Tauri	
Huggins	—89 km	—	visuell
Seabroke	—26 „ (15)	—	„
Greenwich	—73 „ (77)	+ 50 (68)	„
Vogel	— 7,0 „	+ 47,6	photographisch
Scheiner	— 8,3 „	+ 49,4	„
Keeler	— 6,8 „ (9)	+ 55,2	visuell
Campbell	— 5 „	+ 54,8	photographisch
Newall	— 5,8 „	+ 49,2	„
Frost	— 4,8 „	—	„
Belopolsky	— 6,1 „	—	„

Während also bei α Tauri die älteren Beobachtungen mit den neueren harmonieren, stehen sie bei α Bootis mit ihnen in denkbar größtem Widerspruch, was nur durch die auch durch die innere Übereinstimmung der Beobachtungen selbst begründete Annahme konstanter Fehler zu erklären ist, die die älteren Resultate ganz illusorisch machen.

Sobald die Überzeugung vom Vorhandensein einer, wenn auch im allgemeinen recht kleinen Bewegung der Fixsterne sich Bahn gebrochen hatte, sah man sich gezwungen, die durchaus notwendige Folgerung zu ziehen, daß auch unsere Sonne, weil ein Stern wie alle die übrigen, aller Wahrscheinlichkeit nach sich in Bewegung befinde, und es trat nun an die Astronomen die Aufgabe heran, diese Bewegung, die eine gemeinsame scheinbare Bewegung aller Fixsterne in einer der ihrigen entgegengesetzten Richtung erzeugen müsse, abzusondern. Der nächste Gedanke, der sich darbot, und den in der Tat Tobias Mayer verfolgte, um einen Beweis dieser Bewegung zu suchen, ist der folgende. Versetzen wir uns in das Innere des Raumes und nehmen zunächst die rings um uns stehenden Fixsterne als ruhend an, weil wir nur die relative Bewegung nachweisen wollen, so muß unsere eigene Bewegung bewirken, daß der scheinbare Abstand irgend zweier Sterne, auf die wir zueilen, größer wird, während umgekehrt diejenigen Sterne, von denen wir uns entfernen, sich gegenseitig nähern müssen. Es würde sich also in der Gegend des Antiapex der Sonnenbewegung eine gemeinsame Bewegung aller Sterne auf diesen Punkt zu und damit ein Aneinanderrücken der Sterne zu erkennen geben müssen, während dort, wo der Apex der Sonnenbewegung sich befindet, ein Auseinanderrücken der Sterne sich bemerkbar machen müßte. So würden sich also Apex und Antiapex leicht und sicher bestimmen lassen. Kommt nun die den Sternen selbst eigentümliche Bewegung, die Spezialbewegung, hinzu, so wird dadurch das Bild geändert, aber die Änderungen werden doch das Gesetzmäßige der Bewegungen nicht zu überdecken vermögen, solange die Bewegungen der Fixsterne regellos sind und klein gegenüber der Sonnenbewegung. Daraus, daß es nicht möglich war und noch ist, auf dem angedeuteten Wege den Zielpunkt der Sonnenbewegung zu erkennen, haben wir also schon zu schließen, daß die einfachen Voraussetzungen, von denen wir ausgingen, nicht zutreffen, daß vielmehr die Verhältnisse so verwickelt sind, daß eine so einfache Erklärung nicht ausreicht. Dieser erste Mißerfolg, weit davon entfernt, Zweifel an der Möglichkeit der Lösung des Problems zu erwecken, diente nur als neuer Ansporn zur Verdoppelung der Kräfte, um das als notwendig erkannte reichere und zuverlässigere Material zu sammeln und andere Wege zum ersehnten Ziele zu suchen. Nur eine kurze Spanne Zeit verging, und schon sehen wir in W. Herschel den glücklichen Bezwinger der Schwierigkeiten. Die Herschelschen Arbeiten, die er in den Jahren 1783, 1805, 1806 der Royal Society vortrug, enthalten auch heute noch die Grundlagen des Studiums der Frage der Bewegung des Sonnensystems im Raume. Der Gedankengang der Abhandlungen ist in sehr vielen Fällen ganz der jetzt noch übliche, wenn Herschel auch nicht imstande war, ihn so weit sicher zu verfolgen, wie es uns jetzt gegönnt ist. Endlich aber bietet die Herschelsche Darstellung den besten Einblick in das Problem.

Die Größe der parallaktischen Bewegung eines Sternes, also der im Sternort sich abspiegelnden Bewegung des Beobachters im

Fig. 3.

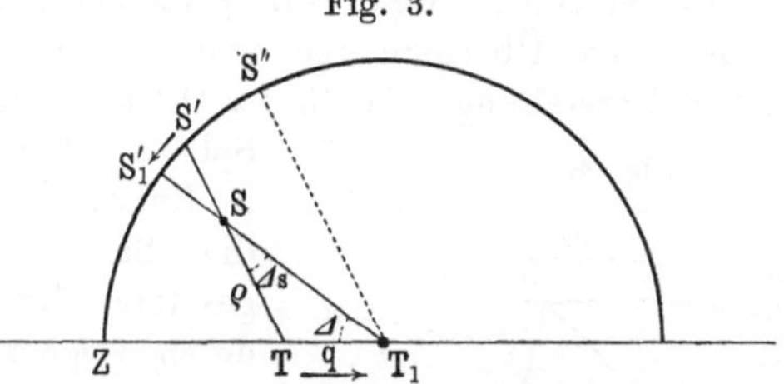

Sonnensysteme, hängt ab von der Entfernung ϱ des Sternes von der Sonne und von der Lage des Sternes gegen den Zielpunkt der Sonnenbewegung. Seien in Fig. 3 T und T_1 die Stellungen der Sonne zu Anfang und am Ende eines beliebigen Zeitintervalls, die dazwischen liegende Strecke q also die lineare Bewegung der Sonne in dieser Zeit, und Z der Antiapex der Sonnenbewegung. S sei der Ort eines Sternes im Raume. Für den Beobachter in T projiziert sich der Stern auf die Sphäre in den Punkten $S' S'_1$, und die scheinbare Bewegung des Sternes, die aus der Sonnenbewegung hervorgeht, erfolgt in dem größten Kreise $S' S'_1 Z$. Alle diese Kreise der Richtungen der parallaktischen Bewegungen der Sterne durchschneiden sich also in dem Punkte Z, dem Antiapex. Nennen wir noch ϱ die lineare Entfernung des Sternes von der Sonne, $\varDelta$ den Winkelabstand des Sternes vom Antiapex, dann wird die vom Stern ausgeführte scheinbare Bewegung gemessen durch den Bogen $S''S'_1$ zwischen den Zielpunkten der beiden Visierlinien $T_1S'' \parallel TS'$ und $T_1S'_1$. Der Beobachter in T_1 mißt diese Bewegung durch den Winkel $S''T_1S'_1 = TST_1 = \Delta s$, und wir haben wegen der Kleinheit von Δs

$$\Delta s \,.\, sin\, 1'' = \frac{q}{\varrho}\, sin \Delta.$$

Führen wir an Stelle der linearen Bewegung q die angulare, gesehen senkrecht aus der Entfernung 1, ein, so ist für q zu setzen $q\, sin\, 1''$, und es wird dann

$$\frac{q}{\varrho}\, sin \Delta = \Delta s \quad . \quad . \quad . \quad . \quad . \quad . \quad . \quad (23)$$

Dies ist die Grundgleichung, die die Sonnenbewegung, die parallaktische Bewegung und den Sternort verbindet. Machen wir über die Entfernung des Sternes eine plausible Annahme, so können wir Δs berechnen, wenn wir q kennen und umgekehrt.

Diese einfachen Überlegungen sind die Grundlagen der Herschelschen Darstellung. Sei S_1 der Ort eines Sternes an der Sphäre. Befände er sich in Ruhe, und führte nur die Sonne die vorausgesetzte Bewegung aus, deren Gegenzielpunkt der Punkt Z sei, so würde dem Sterne eine parallaktische Bewegung innewohnen, die auf dem größten Kreise S_1Z erfolgte, und deren Betrag wir nach der Formel (23) berechnen könnten, wenn q und ϱ bekannt wären. Möge nun S_1Q_1 die so gefundene parallaktische Bewegung ihrer Größe und Richtung nach darstellen. Mit ihr kombiniert sich die dem Sterne selbst innewohnende Bewegung, die Spezialbewegung. Es ist das eine Bewegung im Raume. Für uns kommt hier aber nur ihre Projektion auf die Sphäre in Frage; diese werde ihrer Größe und Richtung nach durch S_1P_1 dargestellt. Die Resultante dieser beiden Bewegungen S_1R_1 ist dann

Fig. 4.

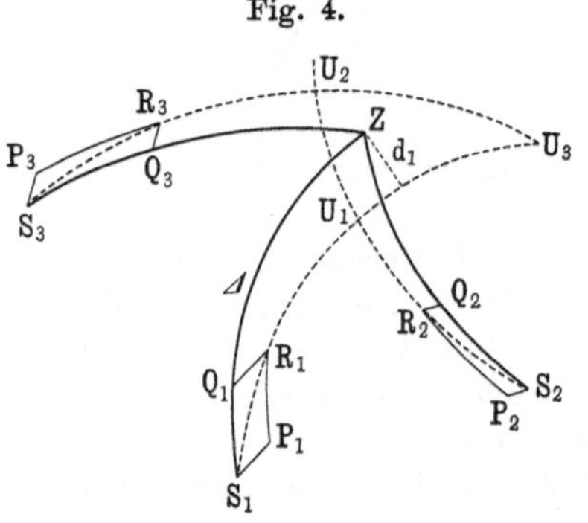

die beobachtete Eigenbewegung, und die zu lösende Aufgabe besteht darin, aus den beobachteten Richtungen SR die Richtung SQ der parallaktischen Bewegung zu bestimmen.

Dazu ist eine Hypothese über das Wesen der Spezialbewegungen nötig, und die von Herschel und seitdem bei der überwiegenden Mehrzahl der Behandlungen der Aufgabe gemachte Hypothese ist die: Die Spezialbewegungen der Sterne bevorzugen keine bestimmten Richtungen. Sie tragen weder der Richtung noch auch der Größe nach einen systematischen Charakter, und wir können ihrem Einfluß auf die Richtung der Eigenbewegungen den Charakter der zufälligen Fehler beilegen. Bei der großen Tragweite dieser Hypothese und der fundamentalen Bedeutung, die sie hat, wird es notwendig sein, ihre Zulässigkeit möglichst eingehend zu prüfen. Für eine erste Näherung wird aber die Annahme der Regellosigkeit der Spezialbewegungen jedenfalls genügen, und das erlangte Resultat wird vielleicht gestatten, zu entscheiden, ob man bei ihr stehen bleiben kann.

Geben wir die Richtigkeit der Hypothese zu, so werden die Bewegungen SR jede mögliche Lage in bezug auf SQ haben, und während alle Richtungen SQ sich in dem einen Punkte Z durchschneiden, werden die Schnittpunkte der einzelnen Richtungen SR von Z verschieden sein. Die Richtungen SR gehen nicht durch den Antiapex Z hindurch, sondern an ihm in einem Abstande d vorüber. Legen wir durch Z einen größten Kreis senkrecht zu $S_1 R_1$, nennen den Positionswinkel der Eigenbewegung φ, den der parallaktischen Bewegung ψ, so folgt

$$\sin d = \sin \Delta \sin (\varphi - \psi) \quad . \quad . \quad . \quad . \quad (24)$$

Da die Größe d die kleinste Entfernung eines angenommenen Punktes Z von den Richtungen der beobachteten Bewegungen mißt, so wäre jene Lage des Punktes Z die den Beobachtungen am besten entsprechende, die für die Gesamtheit aller Beobachtungen diese Werte d möglichst klein macht. Dem jetzigen Stande der Mathematik würde also als Ausdruck dieser Forderung die Bedingung entsprechen

$$\Sigma d^2 = \Sigma \{\arcsin [\sin \Delta \sin (\varphi - \psi)]\}^2 = \text{Minimum} \quad (25)$$

Herschels Lösung verfolgt auf dem einfacheren Wege der Konstruktion und Rechnung denselben Gedanken. Zu seinem ersten Versuche im Jahre 1783 verwandte er zwölf Sterne, deren

Eigenbewegung von Tobias Mayer bestimmt war. Denken wir uns die Fig. 4 projiziert auf die Ebene des Äquators, so erhalten wir einen Kreis, dessen Mittelpunkt die Sonne einnimmt. Den einzelnen Sternen und dem Punkte Z entsprechen bestimmte Punkte (1, 2, 3) der Fläche des Kreises, und die größten Kreise SZ, die ja ihrerseits die Projektion der geradlinigen Sonnenbewegung sind, gehen über in gerade Linien, die die Projektion der Punkte S verbinden mit der Projektion von Z. Die Winkel, die diese Linien bilden mit den Projektionen der Gesichtslinien nach den Sternen, also mit den zu den Punkten (1, 2, 3) gehörigen Kreisradien, sind die der angenommenen parallaktischen Bewegung entsprechenden Bewegungen in Rektaszension. Tragen wir also in den Punkten 1, 2, 3 an die Radien Winkel an, die den beobachteten Bewegungen in AR entsprechen, so muß sich die Richtung nach dem Punkte Z durch eine Anhäufung von Schnittpunkten dieser Linien zu erkennen geben. So wird zunächst die AR des Antiapex bekannt. Um auch die Deklination zu erhalten, hat man dieselbe Konstruktion auszuführen, indem man als Projektionsebene die Ebene des Stundenkreises des gefundenen Punktes Z benutzt.

Fig. 5.

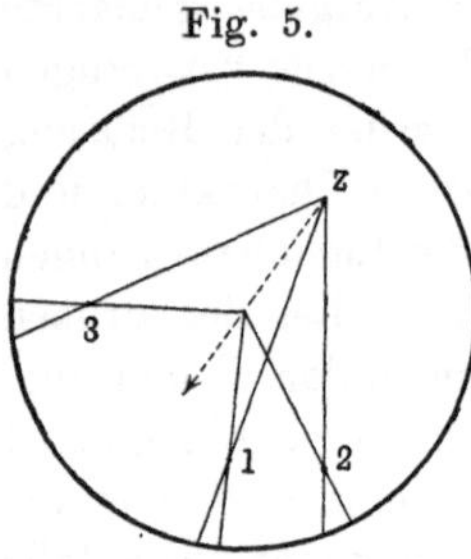

Gewiß kann man so nur in einer rohen Näherung die Sonnenbewegung bestimmen, schon wegen der stillschweigend gemachten Voraussetzung der Gleichheit der Entfernungen der Sterne, und es darf nicht wunder nehmen, daß Herschels so gefundener Apex $A = 260{,}6^0$, $D = +26{,}3^0$ nahe bei λ Herculis nur wenige überzeugte Anhänger fand. Er war aber auch nur der Stützpunkt für die weitere Untersuchung, die Herschel unternahm, sobald er die von Maskelyne bestimmten genaueren Werte der Eigenbewegungen seiner 36 Hauptsterne zur Verfügung hatte. Er zeichnete für diese die Richtungen der Eigenbewegungen, also die größten Kreise SR (Fig. 4), auf einer Kugel auf, fand, daß eine größere Anzahl von Schnittpunkten dieser Kreise in der Gegend des Sternbildes des Herkules liege, und daß der Stern λ Herculis etwa die Mitte derjenigen Himmelsgegend bezeichne, in der sich diese Anhäufung bemerkbar macht. Er berechnet nun für die sechs Sterne Sirius, α Bootis, α Aurigae, α Lyrae,

α Tauri und Procyon die Winkel $\varphi - \psi$ unter der Annahme, daß der Punkt Z nach λ Herculis falle, und zerlegt die beobachteten Eigenbewegungen Δs in zwei Komponenten, deren eine in die Richtung der parallaktischen Bewegung fällt, während die andere zu ihr senkrecht steht. Die letzteren vom Betrage $\Delta s \sin(\varphi - \psi)$ stellen den Minimalwert dar, den wir den Spezialbewegungen beilegen müßten, um den Beobachtungen zu genügen. Nun wird durch Versuche diejenige Lage des Punktes Z ermittelt, die den günstigsten Wert des Verhältnisses $\Sigma \Delta s \sin(\varphi - \psi)$ zu $\Sigma \Delta s$ ergibt. Herschel findet auf diesem Wege schließlich als Apex

$$A = 245^0\,52{,}5' \quad D = +49^0\,38'.$$

Der Punkt Z liegt dann so, daß er auf die Richtung der scheinbaren Bewegung des Arcturus fällt und den Richtungen von Sirius und Procyon gleich nahe steht.

Nachdem so der Ort des Apex gefunden, ergibt sich mit der Grundgleichung (23) die Möglichkeit, auch die Größe q, die Sonnenbewegung selbst, zu ermitteln. Herschels Verfahren zur Erreichung dieses Zieles ist gleichfalls ein rein empirisches. Der Gedanke, den er verfolgt, ist der: Es darf unserer Sonne keine irgendwie bevorzugte Stellung unter den Fixsternen eingeräumt werden. Wir müssen sie also als bewegt voraussetzen. Die Richtung der Bewegung ist bestimmt nach den soeben auseinandergesetzten Prinzipien; die Größe der Bewegung ist so zu wählen, daß sie etwa in die Mitte der Reihe der Spezialbewegungen aller benutzten Sterne fällt. Die Erfüllung dieser Forderung setzt aber die Kenntnis der Entfernung ϱ der Sterne voraus, und ein weiteres Vorwärtsdringen war also, da Entfernungen im Fixsternsystem nicht bekannt waren, und unsere Kenntnis derselben auch heutzutage noch keineswegs ausreichen würde, nur möglich auf Grund einer Hypothese, die die Entfernung mit einer der der Beobachtung zugänglichen Eigenschaften der Sterne verbindet. Herschel ging aus von der einfachsten Voraussetzung: Gleiche absolute Helligkeit aller Sterne und demnach Abnahme der scheinbaren Helligkeit proportional mit dem Quadrat der Entfernung. Eine kritische Betrachtung über die Zulässigkeit dieser Hypothese beiseite lassend, verfolgen wir Herschels Gedankengang. Von der Entfernung des Sirius als Einheit ausgehend, berechnet er für die übrigen Sterne aus der relativen Helligkeit ihre Entfernung in Siriusweiten, macht in bezug auf die Größe q eine Annahme und kennt damit die parallaktischen Bewegungen der Sterne. Diese führen durch Auflösung der Dreiecke SQR (Fig. 4) zur Kenntnis der Spezialbewegungen SP. Es werden also die Spezialbewegungen numerisch berechnet als Funktion von q, und derjenige Wert q ist der anzunehmende, der zu Werten der Spezialbewegungen führt, die q selbst möglichst symmetrisch einschließen. Bei der Bestimmung der Richtung der Bewegung ist jetzt an die Stelle der oben gebrauchten Gleichung $\Delta s \sin(\varphi - \psi) =$ Minimum natürlicherweise die vervollständigte

$$\Delta s \,.\, \varrho \,.\, \sin(\varphi - \psi) = \text{Minimum} \quad . \quad . \quad . \quad (25\,\text{a})$$

zu setzen. Herschels Resultat ist:

$$A = 245{,}9^0; \quad D = +\,40{,}6^0; \quad q = 0{,}75''.$$

Darin ist q bezogen auf die mittlere Entfernung der Sterne erster Größe als Einheit der Entfernungen.

Diese von Herschel erlangte Darstellung der Sternbewegungen bietet auch heute noch ein großes Interesse. Das uns zur Verfügung stehende gewaltig angewachsene Material führt, wenn wir bei der Behandlung von denselben Prinzipien ausgehen wie Herschel, also besonders wenn wir an der Regellosigkeit der Spezialbewegungen festhalten, zu Resultaten, die sich von den oben angeführten nicht erheblich unterscheiden. Fig. 6 erläutert das Herschelsche Resultat nach seiner eigenen Darstellung. Die Figur enthält die Bewegungen der von Herschel benutzten 36 Sterne ihrer Größe und Richtung nach von einem Punkte aus aufgetragen. Diese Spezialbewegungen der Sterne zeigen also das offenbare Bestreben, ihrer Richtung nach mit der Bewegung der Sonne zusammenzufallen, ein Verhalten, das der der ganzen Ableitung zugrunde liegenden Hypothese direkt zuwiderläuft. Schon Herschel schließt aus diesem Ergebnis auf das Vorhandensein einer Kraft, die die Gleichartigkeit der Bewegung der Sterne verursacht, und vermutet sie in der Gravitation, die zu gesetzmäßigen Bewegungen Anlaß gibt. Damit wäre ein deutlicher Fingerzeig gegeben, in welcher Richtung die weitere Untersuchung sich zu bewegen hätte.

Zunächst aber erschien der Mehrzahl der Astronomen Herschels Resultat selbst noch sehr der Bestätigung bedürftig. Ja viele, an ihrer Spitze Bessel, lehnten es vollständig ab. Auf

Grund einer, in die dynamischen Ursachen der Bewegungen der Sterne eingehenden Vorstellung derselben, auf die wir an anderer

Fig. 6.

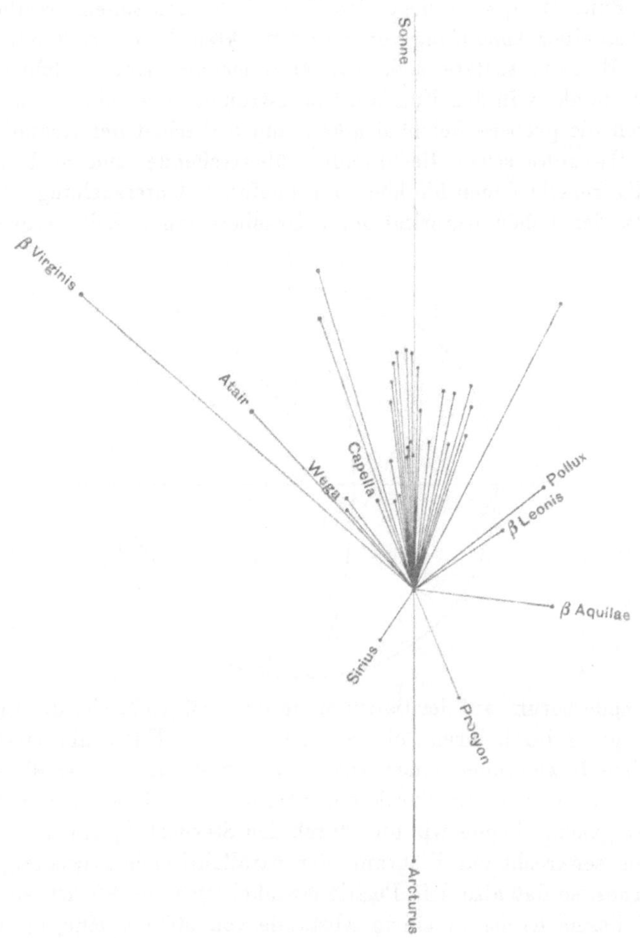

Stelle einzugehen haben werden, hält Bessel die Zerlegung der beobachteten Bewegungen in gesetzmäßige und gesetzlose für nicht statthaft. Auch Gauss beschäftigte sich mit der Frage und kam zu einem günstigeren Resultate, indem er zugab, daß die größten

Kreise der Eigenbewegungen der Sterne am Himmel eine Fläche, deren Mittelpunkt in $A = 259{,}2^0$, $D = + 30{,}8^0$ liege, bestimmen, die die charakteristischen Eigenschaften der in Fig. 4 zwischen den Punkten $u_1\, u_2\, u_3$ liegenden zeigt, d. h., daß sie eingeschlossen ist von einer Anhäufung von Schnittpunkten dieser größten Kreise.

Bessel stützte sich zur Motivierung seines ablehnenden Standpunktes in den Fundamenta Astronomiae gleichfalls auf eine durch die größere Reichhaltigkeit und Sicherheit der Grundlagen die Herschelschen Rechnungen übertreffende und nach einer völlig verschiedenen Methode durchgeführte Untersuchung. Diese trotz der hohen Autorität ihres Urhebers lange Zeit vergessene

Fig. 7.

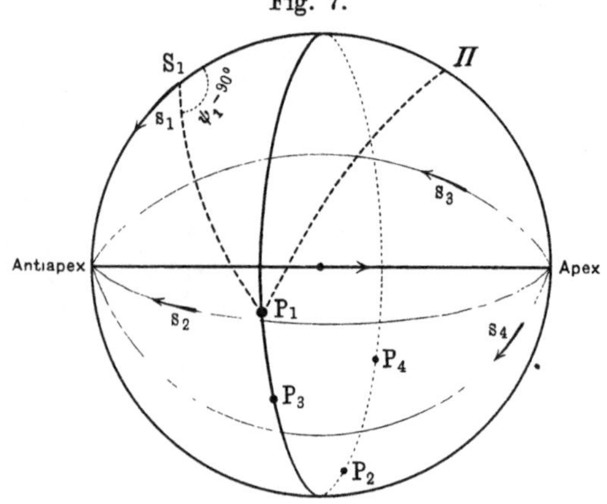

Methode beruht auf der Bestimmung der größten Kreise der Eigenbewegung durch ihren Pol. Seien $s_1\, s_2 \ldots$ in Fig. 7 die parallaktischen Bewegungen einer Anzahl von Sternen. Sie erfolgen in größten Kreisen, die durch den Sternort, durch Apex und Antiapex gehen. Legen wir nun durch den Sternort S_1 einen größten Kreis senkrecht zur Richtung der parallaktischen Bewegung des Sternes, so daß also sein Positionswinkel $= \psi - 90^0$ ist, so liegt auf diesem Kreise in einem Abstande von 90^0 der eine, in einem Abstande von 270^0 der andere Pol der Eigenbewegung des Sternes. Wir wählen den ersteren zur Bestimmung der Lage des größten Kreises. Seine AR und Deklination werde bezeichnet durch a, d. Ist Π der Pol des Äquators, so haben wir durch Auflösung des sphärischen Dreiecks $S_1\, P_1\, \Pi$ und Anwendung der Gleichungen (5)

$$\left.\begin{aligned} \Delta s \sin d &= \cos\delta \sin\psi\, \Delta s &&= \Delta\alpha \cos^2\delta \\ \Delta s \cos d \sin(a-\alpha) &= -\cos\psi\, \Delta s &&= -\Delta\delta \\ \Delta s \cos d \cos(a-\alpha) &= -\sin\delta \sin\psi\, \Delta s &&= -\Delta\alpha \cos\delta \sin\delta \end{aligned}\right\} \quad (26)$$

Es ist nun aus der Figur ohne weiteres ersichtlich, daß für alle sich in einem Punkte schneidenden Bewegungen die so bestimmten Pole auf einem größten Kreise liegen, der den Zielpunkt und Gegenzielpunkt der Bewegungen zu Polen hat. Dieser größte Kreis, für welchen die Größe Δ der Gleichung (23) $= 90^0$, also die parallaktische Bewegung bei gleicher Entfernung ein Maximum ist, wird bezeichnet als der parallaktische Äquator. Haben wir aber nicht rein parallaktische Bewegungen, so schneiden die Bogen s sich nicht in einem einzigen Punkte; es werden auch die Pole P also nicht auf einem einzigen größten Kreise liegen. An die Stelle des parallaktischen Äquators tritt eine Zone größter Dichtigkeit der Pole. Wenn aber die Hypothese von der Regellosigkeit der Spezialbewegungen statthaft ist, so wird der parallaktische Äquator sich als die Mittellinie dieser Zone größter Dichtigkeit der Pole darstellen. Bessel berechnete die Pole für 71 Sterne und fand eine seiner Ansicht nach regellose Verteilung dieser Pole über die Sphäre.

Stand auch die Wahrscheinlichkeit der Bewegung der Sonne völlig außer Zweifel, so schien doch der Mehrzahl der Astronomen die Frage nach Richtung und Größe dieser Bewegung zunächst noch nicht spruchreif, und da andere große wissenschaftliche Ereignisse in den ersten Jahrzehnten des vorigen Jahrhunderts in den Vordergrund des Interesses der Astronomen traten, so folgte eine Zeit der Ruhe und der Sammlung neuen Materials.

Erst 1837 fiel die Entscheidung, als Argelander gestützt auf 380 sicher bestimmte Bewegungen von wenigstens 0,2″ im Jahre sie von neuem angriff. Er entschied die Frage zu Herschels Gunsten.

Die Methoden, die in der Folgezeit angewandt sind, stellen wir am einfachsten analytisch im Zusammenhange dar, wie es schon Klügel im Berliner Jahrbuch für 1789 getan hat. Es seien x, y, z die rechtwinkeligen heliozentrischen Coordinaten, α, δ, ϱ die heliozentrischen Polarcoordinaten und die Entfernung eines Sternes. Zwischen ihnen bestehen die schon S. 41 angewandten Differentialgleichungen

$$\left.\begin{aligned} dx &= -\varrho \sin\alpha \cos\delta\, d\alpha - \varrho \cos\alpha \sin\delta\, d\delta + \cos\alpha \cos\delta\, d\varrho \\ dy &= \varrho \cos\alpha \cos\delta\, d\alpha - \varrho \sin\alpha \sin\delta\, d\delta + \sin\alpha \cos\delta\, d\varrho \\ dz &= \varrho \cos\delta\, d\delta + \sin\delta\, d\varrho \end{aligned}\right\} \quad (27)$$

Auf der rechten Seite sind $d\alpha, d\delta$ die beobachteten Änderungen der Koordinaten, die wir aber nach dem S. 9 Gesagten noch als abhängig von einer Korrektion dp der bei der Berechnung zugrunde gelegten Präzessionskonstante anzusehen haben. Es ist hiernach zu setzen:

$$\left.\begin{aligned} d\alpha &= \varDelta\alpha - dp\,(\cos\varepsilon + \sin\varepsilon \sin\alpha\, tg\,\delta) \\ d\delta &= \varDelta\delta - dp \sin\varepsilon \cos\alpha. \end{aligned}\right\} \quad . \quad . \quad (28)$$

$d\varrho$ ist die Radialgeschwindigkeit des Sternes.

Auf der linken Seite hätten wir nun zur Erklärung dieser beobachteten Bewegungen eine Bewegung der Sonne und die Spezialbewegungen des Sternes einzusetzen. Sei dx', dy', dz' diese letztere Bewegung in der Richtung der Koordinatenachsen, ferner A, D, q die Koordinaten des Zielpunktes und die Größe der Sonnenbewegung, so ist

$$\left.\begin{aligned} dx &= -q \cos D \cos A + dx' \\ dy &= -q \cos D \sin A + dy' \\ dz &= -q \sin D + dz' \end{aligned}\right\} \quad . \quad . \quad . \quad . \quad (29)$$

Führen wir diese Werte in die Gleichungen (27) ein und eliminieren $\varDelta\alpha$, $\varDelta\delta$ und $\varDelta\varrho$, so ergibt sich:

$$\left.\begin{aligned} \varDelta\alpha \cos\delta &= \frac{q}{\varrho} \cos D \sin(\alpha - A) \\ &\quad + (\cos\varepsilon \cos\delta + \sin\varepsilon \sin\delta \sin\alpha)\, dp + \frac{1}{\varrho}(\varDelta\alpha' \cos\delta) \\ \varDelta\delta &= \frac{q}{\varrho} \cos D \sin\delta \cos(\alpha - A) - \frac{q}{\varrho} \sin D \cos\delta \\ &\quad + \sin\varepsilon \cos\alpha\, dp + \frac{1}{\varrho}\varDelta\delta' \\ \varDelta\varrho &= -q \cos D \cos\delta \cos(\alpha - A) \\ &\quad - q \sin D \sin\delta + \varDelta\varrho' \end{aligned}\right\} \quad (30)$$

Die auf der rechten Seite vorkommenden $\varDelta\alpha' \cos\delta$, $\varDelta\delta'$, $\varDelta\varrho'$ sind die Spezialbewegungen des Sternes für die Richtungen des Parallels, des Deklinationskreises und des Visionsradius, wie sich leicht ergibt durch Koordinatentransformation. Ersetzen wir nach den Gleichungen (5) die Bewegungen in den Koordinaten durch die Größe und die Richtung der Eigenbewegungen und gebrauchen die im Dreieck Sternort, Pol des Äquators und Antiapex ($180^0 + A$, $- D$) bestehenden Gleichungen:

$$\left.\begin{aligned} \sin\Delta \sin\psi &= \cos D \sin(\alpha - A) \\ \sin\Delta \cos\psi &= -\cos\delta \sin D + \sin\delta \cos D \cos(\alpha - A), \end{aligned}\right\} \quad (31)$$

so ist auch

$$\left.\begin{aligned} \Delta s \sin\varphi &= \frac{q}{\varrho} \sin\Delta \sin\psi + (\cos\varepsilon \cos\delta + \sin\varepsilon \sin\delta \sin\alpha)\, dp \\ &\qquad + \frac{1}{\varrho} \Delta\alpha' \cos\delta \\ \Delta s \cos\varphi &= \frac{q}{\varrho} \sin\Delta \cos\psi + \sin\varepsilon \cos\alpha\, dp + \frac{1}{\varrho} \Delta\delta' \end{aligned}\right\} \quad (32)$$

Diese Gleichungen können wir nun in doppelter Weise benutzen. Gehen wir von genäherten Werten von A und D, die wir A_0 und D_0 nennen wollen, aus und berechnen den ihnen entsprechenden Positionswinkel ψ_0 der parallaktischen Bewegung, so erhalten wir durch Differentiation nach A und D, indem wir zunächst das nicht beeinflußte Glied mit dp fortlassen:

$$\begin{aligned} \Delta s \sin\varphi &= \frac{q}{\varrho} \sin\Delta_0 \sin\psi_0 - \frac{q}{\varrho} \cos D_0 \cos(\alpha - A_0)\, dA \\ &\quad - \frac{q}{\varrho} \sin D_0 \sin(\alpha - A_0)\, dD + \frac{1}{\varrho} \Delta\alpha' \cos\delta \\ \Delta s \cos\varphi &= \frac{q}{\varrho} \sin\Delta_0 \cos\psi_0 + \frac{q}{\varrho} \cos D_0 \sin\delta \sin(\alpha - A_0)\, dA \\ &\quad - \frac{q}{\varrho} [\sin D_0 \sin\delta \cos(\alpha - A_0) + \cos D_0 \cos\delta]\, dD \\ &\quad + \frac{1}{\varrho} \Delta\delta'. \end{aligned}$$

Bilden wir nun aus diesen Gleichungen die Werte von $\Delta s \sin(\varphi - \psi_0)$ bzw. $\Delta s \cos(\varphi - \psi_0)$, so erhalten wir, wie aus der Fig. 8 (Seite 96) leicht hervorgeht, die Komponenten der beobachteten Bewegungen nach der Richtung zum Antiapex bzw. senkrecht dazu; auf der rechten Seite entstehen gleichzeitig die Ausdrücke:

$$\left.\begin{aligned}\frac{1}{\varrho}(\Delta\alpha' \cos\delta \cos\psi_0 - \Delta\delta' \sin\psi_0) &= \frac{1}{\varrho}\sigma \\ \frac{1}{\varrho}(\Delta\alpha' \cos\delta \sin\psi_0 + \Delta\delta' \cos\psi_0) &= \frac{1}{\varrho}\tau,\end{aligned}\right\} \quad . \quad . \quad (33)$$

Fig. 8.

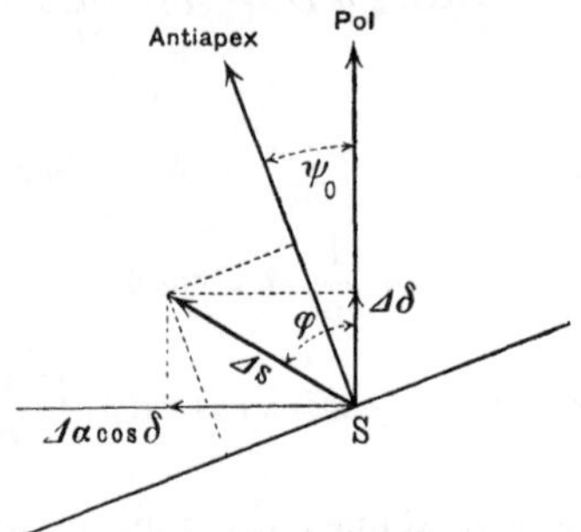

und es sind σ und τ die Komponenten der Spezialbewegung des Sternes gleichfalls nach der Richtung zum Antiapex und senkrecht dazu. Die Endgleichungen lauten:

$$\left.\begin{aligned}
&\Delta s \cos(\varphi - \psi_0) = \\
&\frac{q}{\varrho} \sin \Delta_0 - \frac{q}{\varrho} \operatorname{cotg} \Delta_0 \cos\delta \sin(\alpha - A_0) \cos D_0 \, dA \\
&+ \frac{q}{\varrho} \operatorname{cotg} \Delta_0 [\sin\delta \cos D_0 - \cos\delta \sin D_0 \cos(\alpha - A_0)] \, dD \\
&+ [\cos\varepsilon \cos\delta \sin\psi_0 + \sin\varepsilon (\sin\delta \sin\alpha \sin\psi_0 + \cos\alpha \cos\psi_0)] \, dp \\
&+ \frac{1}{\varrho}\sigma \\
&\Delta s \sin(\varphi - \psi_0) = \\
&\frac{q}{\varrho} \frac{1}{\sin \Delta_0} [\sin D_0 \cos(\alpha - A_0) \cos\delta - \cos D_0 \sin\delta] \cos D_0 \, dA \\
&+ \frac{q}{\varrho} \frac{1}{\sin \Delta_0} \cos\delta \sin(\alpha - A_0) \, dD \\
&+ [\cos\varepsilon \cos\delta \cos\psi_0 + \sin\varepsilon (\sin\delta \sin\alpha \cos\psi_0 - \cos\alpha \sin\psi_0)] \, dp \\
&+ \frac{1}{\varrho}\tau
\end{aligned}\right\} (34)$$

Wir erlangen eine einfachere Schreibweise, wenn wir einführen:

$$
\left.\begin{aligned}
\frac{d\psi}{dA} &= \frac{1}{\sin^2\Delta}\cos D_0\,[\cos\delta\sin D_0\cos(\alpha - A_0) \\
&\qquad\qquad - \sin\delta\cos D_0] \\
\frac{d\psi}{dD} &= \frac{1}{\sin^2\Delta}\cos\delta\sin(\alpha - A_0) \\
P &= \cos\varepsilon\cos\delta\sin\psi_0 + \sin\varepsilon\,(\sin\delta\sin\alpha\sin\psi_0 \\
&\qquad\qquad + \cos\alpha\cos\psi_0) \\
Q &= \cos\varepsilon\cos\delta\cos\psi_0 + \sin\varepsilon\,(\sin\delta\sin\alpha\cos\psi_0 \\
&\qquad\qquad - \cos\alpha\sin\psi_0)
\end{aligned}\right\} \cdot \quad (35)
$$

Die Gleichungen lauten dann, da nach (23) $\frac{q}{\varrho}\sin\Delta_0 = s_0$ $=$ parallaktische Bewegung des Sternes ist,

$$
\left.\begin{aligned}
\Delta s\cos(\varphi - \psi_0) &= s_0 - s_0\cos\Delta_0\frac{d\psi}{dD}\cos D_0\,dA \\
&\quad - s_0\frac{\cos\Delta_0}{\cos D_0}\frac{d\psi}{dA}dD + P\,dp + \frac{1}{\varrho}\sigma \\
\Delta s\sin(\varphi - \psi_0) &= s_0\frac{d\psi}{dA}dA + s_0\frac{d\psi}{dD}dD + Q\,dp + \frac{1}{\varrho}\tau
\end{aligned}\right\} \quad (36)
$$

Diese Gleichungen enthalten nun alle die verschiedenen Bedingungsgleichungen, die man angewandt hat, um die beobachteten Eigenbewegungen der Sterne zu erklären als Folge einer fortschreitenden Bewegung der Sonne im Raume. Wir werden sie der Reihe nach durchgehen.

Aus der Hypothese von der Regellosigkeit der Spezialbewegungen folgt, daß für eine größere Gruppe von Sternen, die am Himmel benachbart sind, die Bewegungen σ und τ im Mittel verschwinden. Wir würden also für eine solche Gruppe nach den Gleichungen (36) für den wahren Apex und verschwindendes dp haben:

$$
\left.\begin{aligned}
\Sigma\Delta s.\cos(\varphi - \psi_0) &= \Sigma s_0 = q\Sigma\frac{1}{\varrho}\sin\Delta_0 \\
\Sigma\Delta s.\sin(\varphi - \psi_0) &= 0
\end{aligned}\right\} \cdot \quad (37)
$$

Nennen wir also (Δs) das Mittel der an einer bestimmten Stelle des Himmels beobachteten Bewegungen, (Δ_0) das Mittel der Werte Δ_0, so wäre bei gleichen Werten von ϱ $(\Delta s) = q\frac{1}{\varrho}\sin(\Delta_0)$. Für den einzelnen Stern wäre diese Gleichung nicht richtig wegen der Fehler der Beobachtung und der der Hypothese. Nehmen wir sie in erster Näherung als richtig an, d. h. fassen wir die Fehler der Hypothese als zufällige Fehler auf, so lautete die zweite Gleichung (36)

$$\frac{q}{\varrho} \sin \Delta_0 \sin (\varphi - \psi_0) =$$
$$\frac{q}{\varrho} \sin \Delta_0 \frac{d\psi}{dA} dA + \frac{q}{\varrho} \sin \Delta_0 \frac{d\psi}{dD} dD + Q\,dp + \frac{1}{\varrho} \tau,$$

oder wenn wir für $\frac{d\psi}{dA}$ und $\frac{d\psi}{dD}$ wieder einsetzen und durch die Konstante q dividieren:

$$\frac{1}{\varrho} \sin \Delta_0 \sin (\varphi - \psi_0) =$$
$$\frac{1}{\varrho} \frac{1}{\sin \Delta_0} [\cos \delta \sin D_0 \cos (\alpha - A_0) - \sin \delta \cos D_0] \cos D_0\, dA$$
$$+ \frac{1}{\varrho} \frac{1}{\sin \Delta_0} \cos \delta \sin (\alpha - A_0)\, dD$$
$$+ [\cos \varepsilon \cos \delta \cos \psi_0 + \sin \varepsilon (\sin \delta \sin \alpha \cos \psi_0 - \cos \alpha \sin \psi_0)] \frac{1}{q} dp$$
$$+ \frac{1}{\varrho} \frac{\tau}{q}.$$

Aus dieser Gleichung geht unter der Annahme, daß $\varphi - \psi_0$ eine kleine Größe ist, und mit Vernachlässigung der Korrektion der Präzessionskonstante die Argelandersche Bedingungsgleichung hervor:

$$\left.\begin{aligned} &(\varphi - \psi_0) \sin \Delta_0 = \\ &\frac{1}{\sin \Delta_0} [\cos \delta \sin D_0 \cos (\alpha - A_0) - \sin \delta \cos D_0] \cos D_0\, dA \\ &+ \frac{1}{\sin \Delta_0} \cos \delta \sin (\alpha - A_0)\, dD \end{aligned}\right\} \quad (38)$$

Argelander wandte dieselbe an auf die 380 Sterne des Catalogus Aboensis, deren Bewegung zwischen 1755 und 1830 wenigstens 15″ betragen hatte, und fand die Werte

$$A_0 = 259{,}8^0 \qquad D_0 = +32{,}5^0.$$

Um den Einfluß der Verschiedenheit der Entfernung zu überblicken, hatte er die Gesamtheit der benutzten Sterne in drei

Gruppen nach der Größe der Eigenbewegung geteilt. Alle drei Gruppen führten zu nahe übereinstimmenden Werten. Die große Annäherung dieser Werte an den Herschelschen und die streng mathematische Ableitung der Methode ließen die Bestimmung als zuverlässig erscheinen, und von da ab galt die Bewegung der Sonne im Raume an sich und die ungefähre Richtung derselben als ein sicheres Gut der Wissenschaft.

Im Anschluß an Argelanders Arbeiten wurden nun in der nächstfolgenden Zeit noch eine ganze Reihe von Rechnungen nach derselben Methode ausgeführt. So erhielt

	A_0	D_0	
O. Struve . . .	261,4°	+ 37,6°	aus 400 in Dorpat neu bestimmten Bradleyschen Sternen,
Galloway . . .	260,0	+ 34,4	aus 81 südlichen Sternen,
Mädler	261,6	+ 39,9	aus der Gesamtheit der Bradleyschen Sterne.

Trotz der guten Übereinstimmung dieser Zahlen entstanden aber doch Zweifel an ihrer Richtigkeit. Sie stützten sich vornehmlich auf die Tatsache, daß bei einer größeren Zahl von Sternen sich zeigte, daß die beobachteten Bewegungen nicht auf den Antiapex gerichtet seien, wie es nach der Hypothese sein sollte, sondern auf den Apex. Bei diesen Sternen, die wir retrograde nennen, im Gegensatz zu den der Hypothese sich anpassenden als direkte bezeichneten, ist also $\varphi - \psi$ nicht eine kleine Größe, sondern nahe $= 180^0$, und es genügt eine geringe Änderung der Lage des Antiapex, um aus einem Fehler von nahe $+ 180^0$ bei einem solchen Sterne einen Fehler von nahe $- 180^0$ zu machen. Kapteyn erläutert den Einfluß dieser stark abweichenden Sterne treffend so. Hätten wir an einer Stelle n Sterne direkter Bewegung, und wir fügten einen Stern hinzu, für den $\varphi - \psi$ um die kleine Größe x kleiner ist als 180^0, so würde sich das Mittel der $(\varphi - \psi)$ ändern um $+ \frac{180^0}{n+1} - \frac{x}{n+1}$. Wäre aber für den hinzugefügten retrograden Stern das $\varphi - \psi$ um x größer als 180^0, so änderte das Mittel sich um $- \frac{180^0}{n+1} + \frac{x}{n+1}$. Eine kleine Änderung in der Annahme des Zielpunktes würde also in dem Mittel eine Änderung von $\frac{360^0}{n+1}$ hervorrufen können, und es muß sehr fraglich erscheinen, ob der Weg der Näherung in diesem Falle überhaupt zulässig ist. Fügt man die schon aus Herschels Arbeiten bekannte Tatsache hinzu, daß die übrig bleibenden Fehler der Richtungen der Bewegungen durchaus nicht das Verhalten zufälliger Fehler zeigen, so müssen die Zweifel gewiß berechtigt erscheinen.

Hierdurch veranlaßt, schlug Airy 1859 eine andere Methode vor, die auf der Benutzung der beiden ersten Gleichungen (30) beruht. Führen wir in dieselben die rechtwinkligen Koordinaten des Apex und außerdem durch v_α, v_δ zwei der Beobachtung der Rektaszensionen bzw. der Deklinationen anhaftende konstante, also auch die berechneten Eigenbewegungen in konstanter Weise beeinflussende Fehler hinzu, so lauten sie ohne Korrektion der Präzession:

$$\left.\begin{aligned} \Delta\alpha\cos\delta &= \frac{1}{\varrho}\sin\alpha\, X - \frac{1}{\varrho}\cos\alpha\, Y + \frac{1}{\varrho}(\Delta\alpha'\cos\delta) \\ &\qquad + v_\alpha\cos\delta \\ \Delta\delta &= \frac{1}{\varrho}\sin\delta\cos\alpha\, X + \frac{1}{\varrho}\sin\delta\sin\alpha\, Y - \frac{1}{\varrho}\cos\delta\, Z \\ &\qquad + \frac{1}{\varrho}\Delta\delta' + v_\delta \end{aligned}\right\} \quad (39)$$

Die Anwendung dieser Gleichungen forderte außer einer Voraussetzung über den Charakter der Spezialbewegungen noch die Kenntnis der Entfernungen, oder vielmehr, weil diese ja nicht zu erlangen ist, eine Hypothese bezüglich derselben. Man hat in dieser Hinsicht entweder die Entfernung nach dem photometrischen Gesetze aus der Helligkeit abgeleitet, also die Sterne nach ihrer scheinbaren Helligkeit in Gruppen geteilt und für die einzelnen Gruppen dann ϱ als konstant betrachtet, oder man hat die Sterne geordnet nach der Größe der beobachteten Bewegung und angenommen, daß die Entfernung im umgekehrten Verhältnisse derselben stehe, oder endlich man hat die Entfernung für jeden einzelnen Stern auf Grund besonderer Hypothesen, die später noch zu besprechen sein werden, angesetzt. Da auch bei diesen Hypothesen die Helligkeit oder die Größe der Eigenbewegung eine wesentliche Rolle spielt, so bleiben vornehmlich nur die ersten beiden Wege zu betrachten. Die Unzulässigkeit des ersten ist durch die Erfahrung klar erwiesen. Aber auch der zweite muß systematisch falsche Werte ergeben; denn betrachten wir Sterne an einer bestimmten Stelle des Himmels, nehmen an, ihre Entfernung sei gleich, so würde auch ihre parallaktische Bewegung die gleiche sein. Die beobachtete Bewegung ist aber die Resultante aus der parallaktischen und der Spezialbewegung. Sind also die letzteren gemäß unserer Hypothese regellos verteilt, so ergeben sich auch ungleiche Werte der beobachteten Eigenbewegung bei gleicher Entfernung. Daraus, daß nach Gleichung (23) die parallaktische Bewegung Funktion von $\varDelta$ und ϱ, die scheinbare Spezialbewegung nur Funktion von ϱ ist, folgt ein zweiter Grund gegen die Berechtigung dieses Vorgehens.

Trotz dieser prinzipiellen Bedenken, die gegen die Airyschen Gleichungen zu erheben sind, wurden dieselben dennoch sehr häufig angewandt und zwar in der Regel so, daß man die in den beobachteten Bewegungen übrig bleibenden Fehler nur den Spezialbewegungen zur Last legte, also die $v_\alpha \cos\delta$ und v_δ vernachlässigte und $\Sigma\left(\frac{1}{\varrho}\varDelta\,\alpha'\cos\delta\right)^2$ bzw. $\Sigma\left(\frac{1}{\varrho}\varDelta\,\delta'\right)^2$ zum Minimum machte.

Die erzielten Resultate schließen sich nun den nach Argelanders Gleichung gefundenen eng an. Einige der wichtigsten sind die folgenden:

	A_0	D_0	Sterne	
Airy	261,5°	+ 24,7°	113	
Dunkin	263,7	25,0	1167	
L. Struve	273,3	27,3	2509	
Stumpe	287,4	42,0	551	mittlere E. B. 0,23″
	279,7	40,5	340	„ „ 0,43
	287,9	32,1	105	„ „ 0,85
	285,2	30,4	58	„ „ 2,39
Porter	281,9	53,7	576	„ „ 0,23
	280,7	40,1	533	„ „ 0,45
	285,2	34,0	142	„ „ 0,90
	277,0	34,9	70	E. B. > 1,20

Bestätigen diese Resultate im großen und ganzen auch die früheren, so geben sie im einzelnen doch zu schwerwiegenden Bedenken Anlaß. Die Form der Bedingungsgleichungen gestattet uns hier, nach der Bestimmung der Sonnenbewegung die beobachteten Bewegungen zu befreien von ihrem Einflusse, also die Spezialbewegungen der einzelnen Sterne direkt zu berechnen. Wenn die Voraussetzungen richtig waren, so hätte sich eine erhebliche Verringerung der Fehlersumme ergeben müssen, und die Fehler hätten gesetzlos sein müssen; beides traf keineswegs zu. Weiter zeigte sich bei der Trennung der Sterne nach der Größe der Bewegung eine Abhängigkeit der Deklination des Apex von der Größe der Bewegung, und Stumpe fand auch bei Trennung der Sterne nach ihrer Helligkeit einen Gang in den Deklinationen des sich ergebenden Apex. Nun ist leicht einzusehen, daß die Auswahl der Sterne nach der Größe ihrer scheinbaren Bewegung das Resultat leicht systematisch verfälschen kann, weil die scheinbare Bewegung die Resultante der mit dem Orte veränderlichen parallaktischen Bewegung und der als durchschnittlich gleich groß angesehenen Spezialbewegung ist. Wegen der Änderung des Positionswinkels der parallaktischen Bewegung müssen bei gleichen Werten von $sin\,\varDelta$, also in Zonen gleicher Entfernung vom Apex, untereinander gleich gerichtete Spezialbewegungen zu verschiedenen Werten der beobachteten Eigenbewegung führen. Es gehen also in die verschiedenen Größenklassen der Eigenbewegungen Sterne mit systematisch verschiedener Spezialbewegung ein, so daß eine Beeinflussung des Resultates durchaus notwendig erscheint.

Wenn sich nun auch der Einfluß dieser Störungen auf das Resultat nicht direkt nachweisen läßt, so bleibt doch jedenfalls der Einwand berechtigt, daß die Airysche Methode neben der Voraussetzung der Regellosigkeit der Spezialbewegungen noch andere Hypothesen nötig hat. Nun sind aber die Gleichungen (36) nur Umformungen der Airyschen Gleichungen, indem nur an die Stelle von Parallel- und Deklinationskreis die Richtung zum Apex und die dazu senkrechte gesetzt sind. Man wird also auch diese Gleichungen benutzen können. Der Verfasser wandte dieselben zuerst an zur Untersuchung der Bewegung von 903 Sternen (A. N. 3451), wobei sich zeigte, daß die übrigbleibenden Fehler $\frac{1}{\varrho}\,\sigma$ und $\frac{1}{\varrho}\,\tau$ durchaus keine regellose Verteilung aufwiesen, und daß eine solche auch nicht durch Änderung der Lage des Zielpunktes zu erzielen sei. Die zweite der Gleichungen (36), die die Bedingung $\Sigma\,[\varDelta\, s\, sin\,(\varphi - \psi)]^2 =$ Minimum ergibt, führte, auf 247 Sterne angewandt, auf $D_0 = +\,10{,}5^0$. Beide Gleichungen sind aber in umfassender Weise von Kapteyn zur Untersuchung der Sonnenbewegung benutzt. Sie sind noch völlig frei von jeder Voraussetzung über die Spezialbewegungen, indem sie einfach die Forderung ausdrücken: Die Koordinaten des Apex und die Größe der Sonnenbewegung sollen so bestimmt werden, daß die in die Richtung nach dem Apex fallende Komponente der Eigenbewegung gleich wird der Summe der parallaktischen Bewegung und der in diese Richtung fallenden Komponente der Spezialbewegung, während die andere auf der Richtung nach dem Apex senkrechte Komponente der Eigenbewegung nur hervorgehen soll aus den Spezialbewegungen. Machen wir nun wieder die Voraussetzung der Regellosigkeit der Spezialbewegungen, so folgt, daß, wenn wir an irgend einer Stelle des Himmels diese Bewegungen zerlegen nach zwei zueinander senkrechten Richtungen, die beiden Resultierenden verschwinden müssen. Fügen wir noch die parallaktische Bewegung hinzu, so sind also die resultierenden Bewegungen einfach die Komponenten dieser Bewegung nach den beiden Richtungen, und da diese Komponente am größten ist, wenn die Richtung, auf welche wir projizieren, zusammenfällt mit der Richtung nach dem Antiapex, so geben die Gleichungen (36) direkt die Bedingungen:

$$\Sigma \Delta s \cos(\varphi - \psi) - \frac{1}{\varrho}\sigma = \text{Maximum}$$
$$\Sigma \Delta s \sin(\varphi - \psi) = 0.$$

Die erste dieser Gleichungen würde direkt die der betrachteten Sterngruppe entsprechende Größe der parallaktischen Bewegung bestimmen. Diese Bewegung ist nun aber nach (23) Funktion von $\sin(\Delta)$, wenn wir wieder unter (Δ) das Mittel der Abstände der Sterne vom Zielpunkte verstehen. Wollen wir die für verschiedene Stellen des Himmels beobachteten mittleren Bewegungen in dieser Weise vereinigen zur Bestimmung der Sonnenbewegung, so erhielten wir also eine Reihe von Gleichungen von der Form $a \cdot q = n$. Die Koeffizienten a hängen noch ab von der Entfernung ϱ; darauf wollen wir hier aber keine Rücksicht nehmen. Der wahrscheinlichste Wert von q wäre nach diesen Gleichungen $q = \frac{\Sigma an}{\Sigma aa}$. Das heißt, wir müssen unsere einzelnen Bedingungsgleichungen, bevor wir sie zur Bestimmung von q benutzen, noch multiplizieren mit $\sin \Delta$. Als Bedingungsgleichungen erhalten wir also schließlich:

$$\left.\begin{array}{l}\Sigma\left[\varDelta\, s\cos(\varphi-\psi)\sin\varDelta-\frac{1}{\varrho}\sigma\right]=\text{Maximum}\\ \Sigma\,\varDelta\, s\sin(\varphi-\psi)=0\end{array}\right\}\cdot\quad(40)$$

Die zweite Bedingung erfüllen wir dadurch, daß wir die Einzelwerte $\varDelta\, s\sin(\varphi-\psi)=0$ setzen und dann nach Einführung der Näherungswerte A_0, D_0 aus der Gesamtheit der Gleichungen dA und dD bestimmen. Um die erste Bedingung zu befriedigen, müssen die Differentiale von $\varDelta\, s\cos(\varphi-\psi)$ nach A und D verschwinden, also $\varDelta\, s\sin(\varphi-\psi)\,\frac{d\psi}{dA}=0$ und $\varDelta\, s\sin(\varphi-\psi)\,\frac{d\psi}{dD}=0$ sein. Wir erhalten dann aus (36) unter Benutzung der durch (35) eingeführten Bezeichnungen die Gleichungen:

Erste Bedingung:

$$\left.\begin{array}{r}s_0\sin\varDelta_0\left(\frac{d\psi}{dA}\right)^2 dA+s_0\sin\varDelta_0\frac{d\psi}{dD}\cdot\frac{d\psi}{dA}dD\\ +\,Q\sin\varDelta_0\,dp\frac{d\psi}{dA}-\varDelta\, s\sin\varDelta_0\sin(\varphi-\psi_0)\frac{d\psi}{dA}=0\\ s_0\sin\varDelta_0\frac{d\psi}{dA}\cdot\frac{d\psi}{dD}dA+s_0\sin\varDelta_0\left(\frac{d\psi}{dD}\right)^2 dD\\ +\,Q\sin\varDelta_0\,dp\frac{d\psi}{dD}-\varDelta\, s\sin\varDelta_0\sin(\varphi-\psi_0)\frac{d\psi}{dD}=0\end{array}\right\}\quad(41)$$

Zweite Bedingung:

$$\left.\varDelta\, s\sin(\varphi-\psi_0)-s_0\frac{d\psi}{dA}dA-s_0\frac{d\psi}{dD}dD-Q\,dp=0\right\}\cdot\quad(42)$$

Darin ist zu setzen:

$$s_0=\varDelta\, s\cos(\varphi-\psi_0).$$

Kapteyn hat durch die erste Bedingung (A. N. 3721) den Zielpunkt der Sonnenbewegung aus 2640 Bradleyschen Sternen bestimmt und gefunden:

$$A_0=277{,}3^0\qquad D_0=+\,28{,}3^0.$$

Alle diese verschiedenen Bedingungsgleichungen sind Ausdrücke derselben Grundgleichungen (27). Sie müßten, wenn die Spezialbewegungen der Sterne klein wären und die beobachteten Eigenbewegungen in der Art der zufälligen Beobachtungsfehler beeinflußten, zu dem gleichen Resultate führen, wenn wir sie auf das gleiche Material anwenden würden oder die etwaigen systematischen Fehler der Beobachtungen in Rechnung stellten. In Wirklichkeit sind aber die Spezialbewegungen der Sterne nicht klein im Vergleich zur parallaktischen Bewegung, wie sofort ersichtlich ist aus dem Umstande, daß die am Schlusse gegebene Tafel der Sterne mit großer Eigenbewegung nicht in der Umgebung von Apex und Antiapex Lücken aufweist. Es kommen dort vielmehr Bewegungen von etwa derselben Größe vor wie im parallaktischen Äquator. Die durchschnittliche Größe der Eigenbewegung zeigt keine merkliche Abhängigkeit vom Abstande vom Antiapex. Ein solches Verhalten ist nur zu erklären durch die Annahme, daß die Spezialbewegungen sehr erheblich sind.

Es sind nun noch die Resultate zu erörtern, die sich bei diesen Untersuchungen für die Größe der Sonnenbewegung, sowie für die Korrektion der Konstante der Präzession ergeben haben. Von bestimmten Voraussetzungen über die Entfernungen der Sterne sind bei ihren Rechnungen O. Struve und L. Struve ausgegangen. Sonst hat man die Sterne nach ihrer Helligkeit oder nach der Größe ihrer Eigenbewegung in Klassen geteilt und dann für jede der Klassen einen Wert von $\frac{q}{\varrho}$ erhalten, aus dem dann erst q abzuleiten wäre durch eine bestimmte Annahme über die ϱ. Wir wollen uns, um überhaupt vergleichbare Zahlen zu erhalten, gleichfalls an die O. Struvesche Entfernungstafel halten. Dann geben die auf einem hinreichend großen und einwandfreien Material beruhenden Rechnungen für die Größe der Sonnenbewegung, gesehen aus der Entfernung, die Struve als mittlere Entfernung der Sterne erster Größe auszeichnet, folgende Werte:

O. Struve	$q_1 = 0{,}33''$
Dunkin	0,41
L. Struve	0,34
Stumpe	2,73
Boss	2,87
Ristenpart	0,64.

Die großen Werte bei Stumpe und Boss sind eine Folge des Umstandes, daß der Rechnung meist schwache Sterne mit großer Eigenbewegung, die uns viel näher sind, als der Durchschnitt der Sterne dieser Größe, zugrunde gelegt wurden. Diese

Werte müssen jedenfalls ausgeschlossen werden. Sie illustrieren aber am besten die große Unsicherheit, die über diese Frage noch ausgebreitet ist. Es betrifft die Unsicherheit, wie sogleich bemerkt werden mag, nur die Entfernung, während die lineare Bewegung der Sonne uns gut bekannt ist.

Die Werte der Konstante der Lunisolarpräzession selbst haben hier kein spezielles Interesse. Es mögen nur die Hauptmomente erwähnt werden. Zuerst leitete O. Struve, ausgehend von der ohne direkte Berücksichtigung einer Bewegung der Sonne abgeleiteten Besselschen Konstante 50,3391″ (1900,0), die auf der Vergleichung des Bradley-Katalogs mit Piazzis Beobachtungen beruhte und die Bewegung des Äquators auf der festen Ekliptik von 1750 angibt, den neuen Wert 50,3581″ aus 400 in Dorpat neu bestimmten Bradleyschen Sternen ab, dessen genauere Begründung nicht mehr zugänglich zu sein scheint. Dieser Wert ist bis zum Ende des vorigen Jahrhunderts festgehalten worden, obwohl die späteren Rechnungen fast ausnahmslos eine beträchtliche Verkleinerung verlangten, z. B. L. Struve, gleichfalls ausgehend vom Bradley-Katalog, $dp = -0{,}0284''$. Der Wert, zu dem Kapteyn geführt wird, stimmt genau überein mit dem nach Beschluß der Pariser Konferenz vom Mai 1896 allgemein zu adoptierenden Newcombschen Werte, welcher einer Korrektion $dp = -0{,}0139''$ des O. Struveschen Wertes entspricht.

In wie hohem Grade diese Konstante abhängig ist von unseren Voraussetzungen über die Spezialbewegungen, erhellt am besten aus der Vergleichung der aus einzelnen Zonen sich ergebenden Werte. Newcomb benutzt die beiden ersten Gleichungen (30) und trennt für die Untersuchung der Rektaszensionen der Bradleyschen Sterne die Sphäre durch die um $22^1/_2{}^0$ und $67^1/_2{}^0$ vom Apex (in AR $= 285^0$ angenommen) entfernten Stundenkreise in Oktanten. Zwei derselben enthalten also Apex oder Antiapex, zwei andere Frühlingspunkt bzw. Herbstpunkt. Die für diese Zonen unter gleichzeitiger Bestimmung der Sonnenbewegung erhaltenen Korrektionen des angenommenen vorläufigen Wertes der Präzessionskonstante sind:

Zone des Apex und Antiapex	$dp = +\ 0{,}0072''$
„ „ Frühlings- und Herbstpunktes . . .	$-\ \ 31$
Übrige vier Zonen	$+\ \ 16.$

Bei der Behandlung der Deklinationen teilt Newcomb das Material in Parallelkreiszonen und leitet folgende Werte ab:

Zone $\delta =$	bis $\delta =$	$\Delta p =$
-20^0	0^0	$+0{,}0121''$
0	$+15$	$+152$
$+15$	$+30$	$+122$
$+30$	$+45$	$+75$
$+45$	$+60$	$+86$
$+60$	$+75$	$+140$
$+75$	$+90$	-4

Auf die Verschiedenheit der Entfernung der Sterne ist dabei nach Maßgabe ihrer scheinbaren Helligkeit Rücksicht genommen.

Die Eigenbewegungen enthalten nun nur eine der Komponenten der wirklichen Spezialbewegungen der Sterne. Die zweite äußert sich für uns in den Radialgeschwindigkeiten, und die vollständige Lösung des Problems erfordert, daß wir auch diese prüfen. Die Forderung, der wir sie zu unterwerfen haben, ist schon in der dritten Gleichung (30) uns gegeben. Zur Auflösung derselben ist wieder eine Hypothese über die Verteilung und Wirkung der in die Richtung des Visionsradius fallenden Komponente der Spezialbewegungen — die Größe $\Delta \varrho'$ jener Gleichung — nötig. In Übereinstimmung mit der Behandlung der Eigenbewegungen geht man auch hier von der Annahme aus, daß diese Komponente gleichfalls gesetzlos verteilt sei, daß also in allen Richtungen von uns aus sich gleichviel sich uns nähernde, wie auch sich von uns entfernende Sterne vorhanden sind. Dann enthält die Gleichung als Unbekannte nur die Koordinaten des Apex und die lineare Größe der Sonnenbewegung.

Unter Zugrundelegung der älteren nicht photographischen Bestimmung der Radialgeschwindigkeiten wurde die Lösung zweimal versucht. Die Resultate, die natürlich nur ein äußerst geringes Gewicht beanspruchen dürfen, sind:

	Sterne	A_0	D_0	q
Kövesligethy .	70	$261{,}0^0$	$+35{,}1^0$	60,8 km in der Sekunde
Homann	49	$320{,}1$	$+41{,}2$	39,3 „ „ „ „

Die von Vogel erhaltenen Bewegungen wurden von Kempf behandelt und ergaben:

	Sterne	A_0	D_0	q
Kempf	51	$206{,}1^0$	$+45{,}9^0$	18,6 km in der Sekunde.

Das zuverlässigste Resultat in dieser Beziehung ist von Campbell abgeleitet. Er konnte der Rechnung die Bewegung von 280 Sternen des Nordhimmels zugrunde legen, die auf dem Lick Observatory bestimmt waren. Die erhaltene Bestimmung ist:

	Sterne	A_0	D_0	q
Campbell . . .	280	277,5°	+ 20,0°	19,9 km in der Sekunde.

Während die drei ersten Resultate offenbar wegen des ungenügenden Materials ganz abweichen, schließt sich das letzte den aus den Eigenbewegungen abgeleiteten ziemlich gut an, so daß wir in ihm eine Bestätigung der Anschauungen zu finden hätten, die allen bisher besprochenen Versuchen zugrunde liegt. Campbell hebt aber selbst hervor, daß das Material, auf dem seine Bestimmung beruht, so ungleichförmig über den Himmel verteilt ist, daß die berechnete Deklination des Apex nicht sicher sein kann. Erst wenn auch die Sterne des Südhimmels hinzugezogen werden können, wird die Unsicherheit verringert werden.

Die sicherste Prüfung, ob die Voraussetzungen, die in der Regellosigkeit der Spezialbewegungen gipfeln, erlaubt seien, würden wir aber erlangen, wenn wir imstande wären, die Grundgleichungen (27) selbst anzuwenden. Während wir bisher immer nur eine Komponente der Bewegungen untersucht haben, würde dann also die volle Bewegung eingehen. Die Ausführung würde in folgendem bestehen. Wir berechnen zunächst nach den Formeln (9) und (10) die relative Bewegung des Sternes gegen die Sonne nach der Richtung der drei Koordinatenachsen. Um nun aus diesen Bewegungen die Sonnenbewegung zu eliminieren, sind wir wieder gezwungen, eine Annahme über die den Sternen selbst innewohnenden Bewegungen zu machen. Die plausibelste Annahme wäre die, daß der Schwerpunkt des ganzen Sternsystems sich in Ruhe befindet; es genügt auch anzunehmen, daß die Bewegungen aller Sterne des Systems relativ zum Schwerpunkt verschwinden. Dann kann der Schwerpunkt selbst, d. h. das ganze System, sich bewegen. Die Aufstellung dieser Bedingung setzte aber die Kenntnis der Masse der Sterne voraus, ist also unausführbar. Wir müssen uns mit der Annahme gleicher Masse begnügen und haben dann also die beobachtete mittlere relative Bewegung der Sterne nach den drei Achsen aufzufassen als das Ergebnis einer in der entgegengesetzten Richtung erfolgenden Bewegung der Sonne. So erhalten wir aus n Sternen:

$$q \cos D_0 \cos A_0 = - \frac{1}{n} \Sigma w \cos(\alpha + W),$$

$$q \cos D_0 \sin A_0 = - \frac{1}{n} \Sigma w \sin(\alpha + W),$$

$$q \sin D_0 = - \frac{1}{n} \Sigma v \sin(\delta + V).$$

Diese Gleichungen sind zuerst vom Verfasser angewandt auf 10 Sterne, deren Totalbewegung und Entfernung im Jahre 1895 sicher bekannt waren. Seitdem ist das Material etwas reichhaltiger geworden. Die am Schlusse gegebene Tabelle der Sterne mit bekannter Parallaxe enthält 21 Sterne, für welche auch die Bewegung im Visionsradius ermittelt ist. Berechnen wir für diese Sterne die relativen Bewegungen, so ergibt sich:

Stern	ξ	η	ζ
η Cassiopejae . . .	$\xi = +$ 11,22 km	$\eta = +$ 31,54 km	$\zeta = +$ 1,02 km
μ „ . . .	— 42,66 „	+117,38 „	—112,33 „
α Urs. min.	— 1,05 „	+ 2,00 „	— 12,99 „
τ Ceti	— 1,25 „	— 29,68 „	+ 17,45 „
o^2 Eridani	+ 30,56 „	— 77,58 „	— 91,10 „
α Tauri	+ 17,04 „	+ 48,45 „	+ 6,39 „
α Aurigae	+ 3,74 „	+ 39,45 „	+ 3,68 „
α Orionis	— 3,87 „	+ 18,70 „	+ 4,99 „
α Canis maj. . . .	+ 8,65 „	— 9,72 „	— 12,90 „
α Canis min. . . .	+ 11,18 „	— 0,67 „	— 15,15 „
β Geminorum . . .	+ 46,08 „	+ 26,54 „	— 2,53 „
ϑ Ursae maj. . . .	+ 6,26 „	+ 59,15 „	— 5,80 „
α Leonis	+ 31,12 „	+ 39,32 „	— 1,15 „
Gr. 1830	— 77,93 „	—157,20 „	—241,44 „
β Comae	+ 4,01 „	+ 37,20 „	+ 35,43 „
α Bootis	—207,48 „	+106,54 „	—343,92 „
α Scorpii	— 0,06 „	+ 8,77 „	— 2,61 „
70 p Ophiuchi . .	+ 7,06 „	+ 5,07 „	— 32,98 „
α Lyrae	+ 8,26 „	+ 25,62 „	+ 1,33 „
α Aquilae	— 7,60 „	+ 39,48 „	+ 1,95 „
61 Cygni	— 13,80 „	+ 96,82 „	— 1,73 „

Aus allen 21 Sternen folgte für die drei Komponenten der Sonnenbewegung und den Zielpunkt:

aus 21 Sternen dX: + 8,12, dY: — 20,34, dZ: + 38,30 km;
A_0: 291,8°, D_0: + 60,2°, q: 44,13 km.

Schließen wir die Sterne mit einer durch den wahrscheinlichen Fehler der Bestimmung nicht verbürgten Parallaxe aus, nämlich α Orionis, α Leonis, α Bootis, α Scorpii, so geben

17 Sterne dX: $-0{,}57$, dY: $-14{,}93$, dZ: $+27{,}16$ km;
A_0: $267{,}8^0$, D_0: $+61{,}2^0$, q: $31{,}00$ km.

Lassen wir endlich von diesen 17 Sternen noch Gr. 1830 fort, dessen ungeheuer große Bewegung von fast 300 km in der Sekunde eine sehr genaue Bestimmung der Parallaxe forderte, die noch nicht vorliegt, so ergibt sich als zur Zeit zuverlässigstes Resultat:

Komponenten der Sonnenbewegung:
dX: $-0{,}55$ km, dY: $-25{,}69$ km, dZ: $+13{,}77$ km;
Zielpunkt und Größe der Sonnenbewegung:
A_0: $268{,}8^0$, D_0: $+28{,}2^0$, q: $29{,}15$ km.

Auch dieses Resultat schließt sich also den anderen genügend an, so daß es den Anschein hat, als ob die Annahme von der Regellosigkeit der Spezialbewegungen nach all den verschiedenen Methoden auf ein und denselben Punkt führt.

Geht man aber tiefer auf die Einzelheiten der Bewegungen ein, so zeigen sich beträchtliche Schwierigkeiten. Es ist oben schon die Herschelsche Wahrnehmung erwähnt, daß die Bewegungen der Sterne offenbar das Bestreben zeigen, sich der Bewegung der Sonne der Richtung nach anzuschließen. Prüft man nun ein reichhaltigeres Material nach dieser Hinsicht, so ergibt sich, daß die Darstellung der Richtungen der Eigenbewegungen durch den Zielpunkt in der durch die bisher besprochenen Methoden gefundenen Lage durchaus nicht genügend genannt werden kann. Verfasser unterwarf einer solchen Prüfung 893 Sterne des Bradley-Katalogs (A. N. 3664) mit stärkerer Eigenbewegung. Es sollen hier von diesen Sternen nur diejenigen ins Auge gefaßt werden, für welche die Richtung der beobachteten Bewegung sich von der der parallaktischen Bewegung um höchstens 45^0 unterscheidet, weil diese Sterne, die also im wesentlichen der Hypothese günstig sind, auch ihre Beurteilung am besten gestatten. Teilen wir die Sterne nach der Rektaszension in sechs Gruppen, so ergibt sich die mittlere Abweichung der beobachteten Richtung der Bewegungen von der Richtung nach dem Antiapex folgendermaßen:

AR	0^0—60^0	60^0—120^0	120^0—180^0
$(\varphi - \psi)m$.	$-12{,}4^0$	$-3{,}0^0$	$+14{,}1^0$
AR	180^0—240^0	240^0—300^0	300^0—360^0
$(\varphi - \psi)m$.	$+14{,}0^0$	$+7{,}1^0$	$-8{,}7^0$

Die Abweichungen sind also durchaus systematischer Natur. Denken wir uns die Sphäre durch den Stundenkreis des Apex und Antiapex in zwei Halbkugeln zerlegt, so ist auf der einen $(\varphi - \psi)$ positiv, auf der anderen negativ. Der zu verlangende Wert $\varphi - \psi = 0$ würde erreicht, wenn wir den Zielpunkt nach Norden verschöben, also die Deklination des Apex verkleinerten.

Auch die Darstellung der Bewegungen im Visionsradius darf nicht als befriedigend betrachtet werden. Trennen wir die Sterne nach ihrem Abstand Δ vom Apex und berechnen die Bewegung der Sonne in der Richtung nach dem Apex relativ zu den Sternen der einzelnen Zonen, so finden wir:

Δ	q (km)	Δ	q (km)	Δ	q (km)
$\Delta = 7{,}4^0$	$q = +10{,}0$	$\Delta = 54{,}6^0$	$q = +10{,}5$	$\Delta = 124{,}4^0$	$q = +24{,}3$
15,5	+24,9	64,4	+16,2	134,4	+23,4
24,7	+19,3	79,7	+15,1	145,1	+17,8
34,8	+15,7	99,4	+48,9	156,0	+32,1
44,1	+23,1	116,3	+32,5	164,0	+ 6.2

Es ergibt sich also in allen Zonen zwar eine der Theorie entsprechende Bewegung, aber die Einzelwerte zeigen Abweichungen, die sich durchaus nicht durch die Unsicherheit der Beobachtung erklären lassen.

Diese Wahrnehmungen und auch die schon früher erwähnte Bemerkung, daß die Rechnung für Sterne mit verschieden großer Eigenbewegung in der Regel auch auf systematisch verschiedene Werte für die Deklination des Apex führt, mußte Zweifel erregen an der Zulässigkeit der der ganzen Ableitung zugrunde liegenden Hypothese von der Regellosigkeit der Spezialbewegungen der Sterne. Wir haben früher schon gesehen, daß Bessel das Herschelsche Resultat verwarf, weil er der Ansicht war, daß die gemachte einfache Annahme über den Charakter dieser Bewegungen nicht zulässig sei. Schon die geradlinige Bewegung im Raume führt auf Glieder in den Eigenbewegungen und Radialgeschwindigkeiten, die von den höheren Potenzen der Zeit abhängig sind. Die Ausdrücke, die Seeliger (A. N. 3675) hierfür gegeben hat, erhält man in folgender Weise. Denken wir uns den Koordinatenanfangspunkt in der Sonne, und sind $\frac{dx}{dt} = a$, $\frac{dy}{dt} = b$ die konstanten Geschwindigkeiten des Sternes in der Ebene des größten Kreises seiner Bewegung, so sind die Ausdrücke seiner Koordinaten

$$x = \varrho \cos\varphi = x_0 + a(t - t_0), \quad y = \varrho \sin\varphi = y_0 + b(t - t_0).$$

Hierin bezeichnet weiter ϱ die Entfernung des Sternes von der Sonne, φ den Winkel zwischen der Gesichtslinie nach dem Sterne und der zur Zeit t_0 gehörigen Richtung. Für das Flächenelement der Bahn besteht die Gleichung

$$y\,dx - x\,dy = \varrho^2 \frac{d\varphi}{dt} = const.$$

Daraus folgt durch Differentiation

$$\frac{d^2\varphi}{dt^2} = -\frac{2}{\varrho}\left(\frac{d\varrho}{dt} \cdot \frac{d\varphi}{dt}\right).$$

Andererseits folgt durch Differentiation von $\varrho^2 = x^2 + y^2$

$$\varrho \frac{d^2\varrho}{dt^2} + \left(\frac{d\varrho}{dt}\right)^2 = \left(\frac{dx}{dt}\right)^2 + \left(\frac{dy}{dt}\right)^2$$

und aus den Ausdrücken von x und y

$$\left(\frac{dx}{dt}\right)^2 + \left(\frac{dy}{dt}\right)^2 = \varrho^2 \left(\frac{d\varphi}{dt}\right)^2 + \left(\frac{d\varrho}{dt}\right)^2,$$

so daß wir erhalten

$$\frac{d^2\varrho}{dt^2} = \varrho \left(\frac{d\varphi}{dt}\right)^2.$$

Mit Hilfe dieser Ausdrücke wird bis auf die Glieder zweiter Ordnung genau

$$\varphi = \varphi_0 + \left(\frac{d\varphi}{dt}\right)_0 (t - t_0) + \frac{1}{2}\left(\frac{d^2\varphi}{dt^2}\right)_0 (t - t_0)^2$$

$$\varrho = \varrho_0 + \left(\frac{d\varrho}{dt}\right)_0 (t - t_0) + \frac{1}{2}\left(\frac{d^2\varrho}{dt^2}\right)_0 (t - t_0)^2,$$

und es sind

$$\left(\frac{d\varphi}{dt}\right)_0 + \left(\frac{d^2\varphi}{dt^2}\right)_0 (t - t_0) \quad \text{bzw.} \quad \left(\frac{d\varrho}{dt}\right)_0 + \left(\frac{d^2\varrho}{dt^2}\right)_0 (t - t_0)$$

die veränderlichen Eigenbewegungen bzw. Radialgeschwindigkeiten. Führen wir in diese Ausdrücke die numerischen Werte ein, nennen π die Parallaxe in Bogensekunden, Δs die jährliche Eigenbewegung, $\Delta \varrho$ die Radialgeschwindigkeit in der Sekunde in Kilometern und rechnen die Zeit in Jahren, so wird

$$\Delta s = \Delta s_0 - 0{,}000\,002\,047 \,.\, \pi \,.\, \Delta \varrho \,.\, \Delta s_0 (t - t_0),$$

$$\Delta \varrho = \Delta \varrho_0 + 0{,}000\,022\,96 \cdot \frac{1}{\pi} \cdot \Delta s^2_0 (t - t_0).$$

Für den Stern Gr. 1830, der seiner großen Bewegung wegen sich am besten zu einer Berechnung eignet, folgt aus diesen Formeln:

$$\Delta s = 7{,}04'' + 0{,}000\,163'' (t - t_0),$$
$$\Delta \varrho = -96\,\text{km} + 0{,}00\,96\,\text{km} (t - t_0).$$

Es würde also nach 100 Jahren die jährliche Eigenbewegung um 0,016″ größer geworden sein, und der Stern würde sich statt um 96 km dann um 95 km in der Sekunde uns nähern. Ristenpart hat versucht, das in der Eigenbewegung auftretende Glied in den zahlreichen Beobachtungen dieses Sternes nachzuweisen (V. J. S. 37, 242), jedoch ohne Resultat. Wir dürfen also, da dieser Stern bei dem jetzigen Stande unserer Kenntnisse die günstigsten Aussichten darbietet, daraus den Schluß ziehen, daß sich die Glieder höheren Grades in unseren sich nur über $1^1/_2$ Jahrhunderte erstreckenden Beobachtungen überhaupt nicht geltend machen, und daß wir berechtigt sind, an der einfachen Annahme der Proportionalität zwischen Zeit und Bewegung, auf der die ganze Behandlung der Frage beruhte, festzuhalten.

Wenn demnach also kein Anlaß vorliegt, an der mathematischen Grundlage für die bei den Rechnungen benutzten Bewegungen zu zweifeln, so könnte der Mangel noch den Beobachtungen, die zur Bestimmung der Bewegungen geführt haben, zur Last gelegt werden. Es ist schon Seite 36 hervorgehoben, daß die verschiedenen Fixsternkataloge, um miteinander vergleichbar zu sein, zuvor wegen der ihnen anhaftenden systematischen Fehler verbessert werden müssen, und es wäre also denkbar, daß in dieser Fehlerquelle die Erklärung zu finden sei. Der Einfluß derselben wird nun offenbar um so mehr zutage treten, je kleiner die Eigenbewegung selbst ist, und es wird uns deshalb eine Trennung der Sterne nach der Größe der Bewegung schon Aufschluß zu geben vermögen. So findet Kapteyn (A. N. 3860) unter Zugrundelegung von drei verschiedenen Annahmen über die systematischen Korrektionen der Eigenbewegungen aus einem großen Material für die Deklination des Zielpunktes der Sonnenbewegung die in den ersten drei Zeilen der folgenden Tabelle angegebenen Werte.

System	Sterne mit überwiegend kleiner Eigenbewegung	Sterne mit starker Eigenbewegung
Boss I	$D_0 = + 37{,}3^0$	$D_0 = + 31{,}2^0$
Boss II	$+ 42{,}0$	$+ 31{,}8$
Newcomb-Auwers . . .	$+ 32{,}2$	$+ 29{,}8$
Kapteyn . . .	$+ 30{,}1$	$+ 29{,}2$

Die vierte Zeile enthält Werte, die Kapteyn aus demselben Material ableitet, indem er die Korrektion der Eigenbewegung für verschiedene Deklinationszonen selbst unter die zu bestimmenden Unbekannten aufnimmt. Für die Sterne mit starker Bewegung zeigt sich also eine durchaus befriedigende Übereinstimmung, während die schwach bewegten Sterne zu weit auseinander liegenden Werten führen. Gerade in der allerjüngsten Zeit sind nun, wie schon S. 81 erwähnt, sehr umfangreiche Arbeiten ausgeführt, deren Zweck eine möglichst sichere Bestimmung dieser systematischen Korrektionen ist. Es bleibt abzuwarten, ob die Einführung dieser Resultate eine völlige Übereinstimmung zwischen beiden Sterngruppen herbeiführen wird. Nach dem in der vierten Zeile der obigen Tabelle angegebenen Kapteynschen Resultate scheint das wohl wahrscheinlich. Vorläufig aber ist die Unsicherheit noch sehr groß, wie am besten hervorgeht aus der Gegenüberstellung der drei in den letzten Jahren durch sorgfältige Diskussion unter Berücksichtigung allerdings nicht übereinstimmender systematischer Korrektionen aus sehr großem und teilweise sogar identischem Material nach den bislang besprochenen Methoden berechneten Zielpunkte:

Newcomb, Astronomical Papers, Vol. VIII .	$A_0 = 277{,}5^0$,	$D_0 = + 38{,}0^0$
Kapteyn, A. N. 3859	$274{,}8$	$+ 29{,}8$
Boss, A. J. 501	275	$+ 45$

Zunächst sind jedenfalls auf diesem Wege die Bedenken gegen die Zulässigkeit der Hypothese von der Regellosigkeit der Spezialbewegungen nicht zu beseitigen. Aber auch wenn es gelingen sollte, die Werte, wie sie aus der Gesamtheit der Bewegungen sich ergeben, in befriedigende Übereinstimmung zu bringen, bleiben im einzelnen immer noch sehr große Anomalien bestehen.

So ist es denn ganz erklärlich, daß die schon von Bessel geäußerten Zweifel an der Gültigkeit der gemachten Annahmen über die Eigenbewegungen nicht geschwunden sind. Bravais drückt dieses (Journ. des Math. pures et appl. VIII) so aus: „Ist es notwendig, daß die Bewegung der Fixsterne sich in jedem Sinne mit gleicher Leichtigkeit vollziehe? Und wenn man eine größere Leichtigkeit in einer bestimmten Richtung erkannt hat, ist dann die Bewegung der Sonne in entgegengesetztem Sinne die unweigerliche Folge davon?" Bravais stellt dann in dem Aufsatze, aus dem dieses Zitat entnommen ist, die Gleichungen auf, die zwischen den Bewegungen eines Systems von Massenpunkten bestehen, deren gemeinsamer Schwerpunkt in Ruhe verharren soll. Um die Gleichungen auflösbar zu machen bei dem zur Verfügung stehenden Material, ist er aber gezwungen, bezüglich der radialen Bewegungen relativ zur Sonne ein gegenseitiges Sichaufheben, bezüglich der Entfernungen Konstanz, bezüglich der Massen Gleichheit anzunehmen, und so sind seine Schlußgleichungen nicht wesentlich verschieden von denen, die man bei der Hypothese von der Regellosigkeit der Spezialbewegungen erhält.

Gibt man aber diese Annahme auf, so muß es zunächst das Natürlichste scheinen, eine Beziehung zwischen den Sternbewegungen und der Milchstraße, deren Bedeutung uns ja schon vielfach vor Augen getreten ist, anzunehmen. Diese Hypothese wurde zuerst von J. Herschel klar ausgesprochen, und auf Grundlage derselben ist die Aufgabe von Schoenfeld behandelt (V. J. S. **17**, 255). Auf seine Formeln sind dann mehrere sorgfältige Berechnungen gegründet. Schoenfeld nimmt an, daß die Bewegung der Sterne erfolge in Ebenen parallel zur Ebene der Milchstraße und zwar mit gleicher Geschwindigkeit für alle Sterne um ein in dieser Ebene selbst liegendes Zentrum. Sind r, l, b Entfernung, Länge und Breite eines Sternes in einem Koordinatensysteme, dessen Anfangspunkt im Mittelpunkte der Milchstraße liegt, dessen Grundebene mit der Ebene der Milchstraße zusammenfällt, so sind die Bedingungen dieser Rotation

$$dr = 0, \quad dl = const., \quad db = 0.$$

Die Koordinaten des Sternes in diesem Systeme, dessen Achsen nach den Festsetzungen auf S. 12 orientiert sein sollen, sind

$$r \cos b \cos l, \quad r \cos b \sin l, \quad r \sin b.$$

Nennen wir aber α_* und δ_* die AR und Deklination des Sternes vom Zentrum aus gesehen, so gelten nach (2) die Ausdrücke:

$$r\cos\alpha_* \cos\delta_* = r(\cos l \cos b \cos \Omega - \sin l \cos b \sin \Omega \cos i + \sin b \sin \Omega \sin i)$$

$$r\sin\alpha_* \cos\delta_* = r(\cos l \cos b \sin \Omega + \sin l \cos b \cos \Omega \cos i - \sin b \cos \Omega \sin i)$$

$$r\sin\delta_* = r(\sin l \cos b \sin i + \sin b \cos i).$$

Differentiieren wir diese Ausdrücke unter Berücksichtigung der Rotationsbedingungen, so ergibt sich die Bewegung des Sternes in der Richtung der drei Achsen:

$$r\cos b\,(-\sin l \cos \Omega - \cos l \sin \Omega \cos i)\,dl$$

$$r\cos b\,(-\sin l \sin \Omega + \cos l \cos \Omega \cos i)\,dl$$

$$r\cos b \cos l \sin i\,dl.$$

Die relative Bewegung des Sternes gegen die Sonne entsteht, wenn wir von dieser dem Sterne innewohnenden Bewegung die Komponenten der Bewegung der Sonne

$$q\cos D \cos A,\quad q\cos D \sin A,\quad q\sin D$$

abziehen, und durch Einsetzen der so entstehenden relativen Bewegungen in die Grundgleichungen (27) erhalten wir die Bedingungen, denen dl, A, D, q zu genügen hätten. Durch Elimination folgt daraus für die Änderung der Koordinaten:

$$\cos\delta\,d\alpha = \frac{r}{\varrho}\,[\sin l \sin(\alpha - \Omega) + \cos l \cos i \cos(\alpha - \Omega)]\cos b\,dl - \frac{q}{\varrho}\cos D \sin(A - \alpha),$$

$$d\delta = \frac{r}{\varrho}\,[\sin l \sin\delta \cos(\alpha - \Omega) - \cos l \cos i \sin\delta \sin(\alpha - \Omega) + \cos l \sin i \cos\delta]\cos b\,dl + \frac{q}{\varrho}\cos D \sin\delta \cos(A - \alpha) - \frac{q}{\varrho}\sin D \cos\delta$$

$$d\varrho = r[-\sin l \cos\delta \cos(\alpha - \Omega) + \cos l \cos i \cos\delta \sin(\alpha - \Omega) + \cos l \sin i \sin\delta]\cos b\,dl - q\cos D \cos\delta \cos(A - \alpha) - q\sin D \sin\delta.$$

Es sind nun noch die galaktozentrische Länge, Breite und Entfernung des Sternes zu ersetzen durch die nach (2) zu berechnenden heliozentrischen Werte und die Koordinaten der Sonne. Ist $r_\odot$ der Radiusvektor der Sonne, $\alpha_\odot$, $\delta_\odot$ ihre AR und Deklination vom Zentrum aus, so ist

$$r\cos l \cos b = \varrho\cos\delta\cos(\alpha - \Omega) + r_\odot \cos\delta_\odot \cos(\alpha_\odot - \Omega),$$

und entsprechende Ausdrücke gelten gemäß (2) für die beiden anderen Koordinaten.

Durch Substitution dieser Relationen entstehen dann die schließlichen Bedingungsgleichungen, die wir durch Einführung der folgenden Hilfsgrößen, auf deren Bestimmung es ankommt, übersichtlicher machen:

$$f = dp\cos\varepsilon + \cos i\, dl$$
$$g = dp\sin\varepsilon + \sin i\cos\Omega\, dl$$
$$h = \sin i\sin\Omega\, dl$$
$$F = \frac{q}{\varrho}\cos D\cos A + \frac{r_\odot}{\varrho}(\cos i\cos\delta_\odot\sin\alpha_\odot + \sin i\sin\delta_\odot\cos\Omega)\, dl$$
$$G = \frac{q}{\varrho}\cos D\sin A - \frac{r_\odot}{\varrho}(\cos i\cos\delta_\odot\cos\alpha_\odot - \sin i\sin\delta_\odot\sin\Omega)\, dl$$
$$H = \frac{q}{\varrho}\sin D - \frac{r_\odot}{\varrho}\sin i\cos\delta_\odot\cos(\alpha_\odot - \Omega)\, dl.$$

Die drei Bedingungsgleichungen nehmen damit folgende Gestalt an:

$$\left.\begin{aligned} \Delta\alpha\cos\delta &= f\cos\delta + g\sin\alpha\sin\delta - h\cos\alpha\sin\delta \\ &\quad + F\sin\alpha - G\cos a \\ \Delta\delta &= g\cos\alpha + h\sin\alpha - H\cos\delta \\ &\quad + F\sin\delta\cos\alpha + G\sin\delta\sin\alpha \\ \frac{1}{\varrho}\Delta\varrho &= -F\cos\delta\cos\alpha - G\cos\delta\sin\alpha \\ &\quad - H\sin\delta. \end{aligned}\right\} \quad (43)$$

Die sechs Hilfsgrößen, deren Wert wir aus der Gesamtheit der Beobachtungen zu bestimmen haben, enthalten, wenn wir die Ebene der Rotation als durch die sichtbare Milchstraße gegeben, also i und Ω als bekannt annehmen, wenn wir ferner ϱ, die Entfernung des Sternes von der Sonne, hypothetisch bestimmen, immer noch acht Unbekannte, nämlich dp, dl, die drei den Sonnenort bestimmenden Größen $r_\odot$, $\alpha_\odot$, $\delta_\odot$ und die drei die Bewegung der Sonne bestimmenden Größen q, A, D. Wir können also ohne Zuhilfenahme anderer Daten die Unbekannten nicht voneinander trennen. Nun ist es, wie wir später sehen werden, möglich, aus der Sternverteilung einen Schluß zu ziehen über die Lage der Sonne zum Milchstraßenzentrum, wodurch $\alpha_\odot$, $\delta_\odot$ bekannt werden. Die Größe dl, auf die es zunächst ankommt, wird aber durch die Hilfsgrößen f, g, h schon ohne weiteres bekannt, wenn wir i und ☊ als gegeben betrachten. Auf diesem Wege sind für die Konstante der galaktozentrischen Rotation von verschiedenen Berechnern folgende Werte gefunden:

Bolte aus 1031 Sternen zwischen + 15° und — 15° Dekl.	dl = — 0,0050″
Rancken aus der AR von Sternen in der Nähe der Milchstraße	+ 0,0546
Rancken aus der Dekl. von Sternen in der Nähe der Milchstraße	+ 0,0238
L. Struve aus 2509 Bradleyschen Sternen	— 0,0041
Ristenpart aus 454 Sternen der Zone + 20° bis + 25° Dekl.	— 0,0128
Stumpe aus 404 Sternen der mittl. E. B. 0,233″ . . .	+ 0,0238
„ „ 348 „ „ „ „ „ 0,387″ . . .	+ 0,0163
„ „ 243 „ „ „ „ „ 0,552″ . . .	— 0,0026

Eine Trennung nach der Helligkeit führt Stumpe auf die drei Werte + 0,0319″ für Sterne schwächer als $7{,}6^{m}$, + 0,0206″ für Sterne $5{,}6^{m}$ bis 7^{m}, — 0,0019″ für Sterne heller als $5{,}5^{m}$.

Die geringe Übereinstimmung läßt nur den Schluß zu, daß der Wert von dl jedenfalls sehr klein sein wird, wenn er überhaupt reelle Bedeutung hat. Jedenfalls aber ist auch diese Hypothese, wie die Unterschiede der drei Stumpeschen Werte zeigen, nicht geeignet, die Schwierigkeiten zu heben.

Es entstand nun die Frage, ob eine etwaige Sonderstellung der Sterne in der Milchstraße sich nicht in den Bewegungen verrate. Es war ja anzunehmen, daß eine etwa vorhandene Rotation in der Ebene der Milchstraße sich bei den in dieser Ebene liegenden Sternen am besten zu erkennen geben würde. Die Frage ist durch van de Sande Bakhuyzen (B. A. XII, 97) beantwortet worden. Er teilt die Bradleyschen Sterne in zwei Gruppen. Die erste enthält 579 Sterne, die in einer mit einem sphärischen Radius von 50° um den Nordpol der Milchstraße beschriebenen Kugelkalotte liegen; die zweite Gruppe umfaßt 526 in der Milchstraße selbst liegende Sterne. Die Berechnung erfolgte nach den Airyschen Gleichungen. Die Sterne wurden zunächst nach der Größe der Bewegungen in je zwei Gruppen behandelt. Bei den Sternen außerhalb der Milchstraße ergaben diese Gruppen hinreichend übereinstimmende Werte, während die Sterne in der Milchstraße zu stark voneinander abweichenden Zahlen führten, nämlich:

$\Delta s > 0{,}1''$	36	Sterne	$A_0 = 276{,}8°$	$D_0 = +\,31{,}4°$,
$\Delta s < 0{,}05$	430	„	$276{,}8$	$+\,8{,}8$.

Durch Einführung plausibler Werte für eine Korrektion der Präzessionskonstante und eines konstanten Fehlers der Eigenbewegungen in Deklination findet Bakhuyzen als schließliches Resultat für die Koordinaten des Apex:

Sterne außerhalb der Milchstraße $A_0 = 288{,}0$ $D_0 = +26{,}4^0$
„ in „ „ $274{,}5$ $+20{,}5$.

Bedenkt man, daß die Sterne der ersten Gruppe wegen ihrer Beschränkung auf einen verhältnismäßig kleinen Teil der Sphäre — etwa $^1/_7$ der Gesamtoberfläche — die Position des Apex nicht sehr sicher bestimmen können, und daß die Unsicherheit, weil der Apex selbst in der Milchstraße liegt, besonders die galaktische Breite des Punktes, was bei seiner Lage auf der Sphäre etwa dasselbe bedeutet wie die Rektaszension, trifft, so muß man die Übereinstimmung zwischen beiden Werten als eine genügende betrachten und kann also auf diesem Wege aus den Bradleyschen Sternen einen Unterschied zwischen galaktischen und nicht galaktischen Sternen nicht konstatieren. Es darf das aber kaum wundernehmen, da wir wissen, daß die eigentliche Milchstraße ausschließlich aus sehr schwachen Sternen gebildet wird, während die im Bradley-Katalog enthaltenen helleren Sterne wohl in weit überwiegender Zahl zu den mit unserer Sonne in engerer Beziehung stehenden Sternen gehören werden. Wegen des Zwanges, den man den Sternen im Auwers-Bradley-Katalog antun muß, um die stark und schwach bewegten Sterne in der Milchstraße in Übereinstimmung zu bringen, dürften diese Folgerungen indes immerhin noch zweifelhaft sein.

So scheint es denn schließlich notwendig zu sein, um tiefer in das Wesen der Bewegungen einzudringen, durch ein genaueres Studium der einzelnen Bewegungen selbst zu versuchen, neue Tatsachen zu gewinnen. Schon Bessel war es bekannt, daß am Himmel einzelne Sterngruppen vorkommen mit gemeinsamer Bewegung. In ihnen offenbart sich also schon das Walten besonderer Gesetze, und es ist natürlich notwendig, daß wir uns Rechenschaft geben, ob diese Erscheinung nicht eine wichtige Rolle spielt. Mädler hat zunächst die Frage weiter verfolgt, indem er durch tabellarische Zusammenstellung der Abweichung der wahren Bewegungsrichtungen gegen die Richtung der parallaktischen Bewegung sowie der Größe der Bewegungen Gesetzmäßigkeiten aufzusuchen sich bemühte. Zu positiven Ergebnissen haben diese Forschungen, auf die wir später noch zurückkommen werden, nicht geführt. Das Material ist ein so umfangreiches, die Verhältnisse, die in ihm sich ausdrücken, sind so verwickelte, daß auf dem von Mädler eingeschlagenen Wege eine Trennung der Ursachen nicht möglich war. Deshalb wählte Proctor den Weg der Zeichnung. Er trug die beobachteten Bewegungen der Sterne in Karten ein und erkannte so an verschiedenen Stellen des Himmels Gemeinsamkeit der Bewegung von Sternen, die über größere Flächen des Himmels zerstreut stehen, sog. Star-drifts. Aber die Fälle, wo bestimmten Sternen eine solche Ausnahmestellung einzuräumen war, blieben doch nur sehr seltene, und es handelte sich nur um Sterne, die keine besonders hervorragende Rolle spielten. So ist die gemeinsame Bewegung der Plejaden sehr klein, die Richtung der Bewegung, die um etwa 40^0 von der auf einen Antiapex in $\alpha = 90^0$, $\delta = -30^0$ gerichteten abweicht, läßt sich nur bis auf etwa 10^0 genau angeben. Bei der wichtigen Ursa major-Gruppe beträgt die Bewegung jährlich etwa $0{,}1''$, sie ist für den bezeichneten Antiapex eine fast genau retrograde. Endlich ist bei der aus den Sternen β, η und μ Cassiopejae gebildeten Gruppe die Bewegung fast genau auf den angegebenen Punkt gerichtet. Wenn also die festgestellte Tatsache an sich auch sehr wichtig ist, so scheint sie doch für die Bestimmung der Sonnenbewegung selbst nur von ganz untergeordneter Bedeutung, weil die Zulässigkeit der Annahme der Regellosigkeit der Spezialbewegungen für die Gesamtheit der Sterne nicht in Frage gestellt wird. Zur Diskussion dieser Frage war aber auch der Proctorsche Weg nicht geeignet.

Es gibt aber wohl kaum einen in das Wesen und den Zusammenhang der Bewegungen sicherer einführenden Weg als denjenigen, den Bessel einschlug, um sich ein Bild von ihnen zu machen. Zeichnen wir die Pole der Eigenbewegungen auf einen Globus auf, so wird sich nicht nur die parallaktische Bewegung in der S. 93 auseinandergesetzten Weise durch eine Zusammendrängung der Pole in eine Zone größter Dichtigkeit zu erkennen geben, sondern es wird sich auch jeder Parallelismus mehrerer Bewegungen, mögen die Sterne am Himmel selbst auch weit auseinanderstehen, dadurch offenbaren, daß die Pole der Bewegungen auf einem größten Kreise liegen, dessen Pole der Zielpunkt und der Gegenzielpunkt jener Bewegung oder auch der Radiationspunkt der Konvergenz bzw. der Divergenz derselben sind. Diesen Gedanken hat Klinkerfues zuerst vorgetragen und weiter verfolgt in einem Aufsatze: Über Fixsternsysteme, Parallaxen und Bewegungen. Er führte ihn sofort zu einer Reihe von Schlüssen von weittragender Bedeutung. Zweifellos bietet dieser Weg aber auch das beste Mittel, um die Hypothese von der Regellosigkeit der Spezialbewegungen zu prüfen, weil wir bei Anwendung einer geeigneten Methode zum kartographischen Einzeichnen der Pole in der Lage sind, frei von jeder Hypothese über die Richtung der Sonnenbewegung Gesetzmäßigkeiten in den Bewegungen zu erkennen. Da es in erster Linie darauf ankommt, zu erkennen, ob eine Reihe von Punkten, nämlich die eingezeichneten Pole der Eigenbewegungen, in einen größten Kreis fallen, scheint eine Projektion der Sphäre auf einen sie umschließenden und in sechs Punkten berührenden Würfel das beste Mittel zur Erreichung des Zieles zu sein, und Verfasser hat sich deshalb dieser Projektion bei den Untersuchungen, die er nach dieser Methode ausgeführt hat, stets bedient. In dieser Projektion erscheint ja jeder größte Kreis der Sphäre als gerade Linie abgebildet und ist so leicht zu erkennen. Es handelt sich nun zunächst um die mathematische Aufgabe der Bestimmung der Lage des größten Kreises, der sich einer gegebenen Anzahl von Punkten möglichst nahe anschließt. Das natürlichste Verfahren wäre das, den Kreis so zu ziehen, daß die Abstände der einzelnen Pole von demselben möglichst klein gemacht würden. Nennen wir den Abstand von dem größten Kreise ∂, so würde dieser Bestimmung also durch die Forderung $\Sigma \partial^2 =$ Minimum genügt werden. Auf dem Wege der Näherung ließe sich die dieser Bedingung entsprechende Lage des Kreises wohl finden, wenn ∂ den Charakter zufälliger Fehler hätte, was aber in der Tat nicht der Fall ist, da ∂, wenn wir zunächst nur direkte Bewegungen ins Auge fassen, zwischen den Grenzen 0^0 und 90^0 liegen kann. Ist aber in Fig. 9 S der Ort des Sternes, ST die Richtung seiner Eigenbewegung, Π der Pol des Äquators, A der Radiationspunkt

Fig. 9.

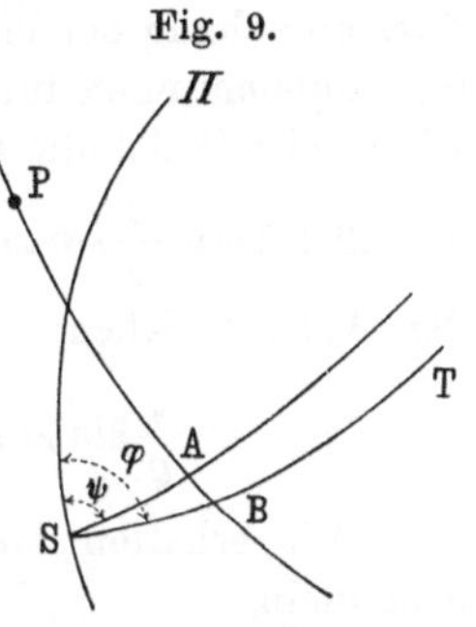

der Konvergenz der Bewegungen, also der eine Pol des größten Kreises, der die Pole der Bewegungen enthält, und legen wir durch A einen größten Kreis AB senkrecht zu SB, so liegt auf diesem Kreise 90^0 von B entfernt der Pol P der Eigenbewegung von S. PA ist der Abstand dieses Poles vom Radiationspunkte, demnach $= 90^0 - \partial$, und folglich ist $AB = \partial$. SA, den Abstand des Sternes vom Radiationspunkte, nannten wir $\varDelta$; wir erhalten also die Relation

$$\sin \partial = \sin \varDelta \sin (\varphi - \psi) \quad . \quad . \quad . \quad . \quad (44)$$

Wählt man nun diese Gleichung als Ausgangspunkt, d. h. definiert man den Radiationspunkt als den Pol des größten Kreises, für welchen $\Sigma \sin^2 \partial$ ein Minimum ist, so kann man, wie Verf. (A. N. 3163) gezeigt hat, die Koordinaten des Radiationspunktes direkt finden. Die Gleichung (44) stellt aber auch den direkten Zusammenhang der hier behandelten Aufgabe mit den allgemeinen Grundgleichungen für die Bestimmung der Sonnenbewegung her. Die zweite Gleichung (36) lautet, wenn wir für $\varDelta s$ der Hypothese gemäß setzen $\frac{q}{\varrho} \sin \varDelta$, und dA und dD fortlassen, also uns auf den Apex beziehen:

$$\frac{q}{\varrho} \sin \varDelta \sin (\varphi - \psi) = Q\, dp + \frac{1}{\varrho} \tau.$$

Wir erhalten damit, wenn wir ϱ als eine konstante Größe behandeln,

$$\left.\begin{aligned} \sin \partial = \frac{\varrho}{q} [\sin \varepsilon (\sin \alpha \sin \delta \cos \psi - \cos \alpha \sin \psi) \\ + \cos \varepsilon \cos \delta \cos \psi]\, dp + \frac{1}{q} \tau \end{aligned}\right\} \quad . \quad . \quad (45)$$

Auf den bequemsten Weg zur Auffindung der der Bedingung $\Sigma \sin^2 \partial =$ Minimum genügenden Werte A und D hat Harzer (A. N. 3173) aufmerksam gemacht. Die Koordinaten des Poles der Eigenbewegung und die des Radiationspunktes seien

$$\begin{array}{lll} x = \cos a \cos d & y = \sin a \cos d & z = \sin d \\ \xi = \cos A_0 \cos D_0 & \eta = \sin A_0 \cos D_0 & \zeta = \sin D_0. \end{array}$$

Dann ergibt der Ausdruck für den *cos* des Abstandes beider Punkte gemäß Fig. 9: $\sin \partial = x\xi + y\eta + z\zeta$, und die Aufgabe ist, ξ, η, ζ so zu bestimmen, daß $\Sigma \sin^2 \partial =$ Minimum, also

$$\frac{d}{d\xi}\Sigma \sin^2\partial = \frac{d}{d\eta}\Sigma \sin^2\partial = \frac{d}{d\zeta}\Sigma \sin^2\partial = 0$$

und zugleich $\xi^2 + \eta^2 + \zeta^2 = 1$ ist. Bezeichnen wir dem Gebrauche gemäß z. B. Σxx durch $[xx]$ und führen einen Proportionalitätsfaktor λ ein, so sind die beiden Bedingungen erfüllt, wenn

$$\begin{aligned}
\lambda\xi &= [xx]\xi + [xy]\eta + [xz]\zeta \\
\lambda\eta &= [yx]\xi + [yy]\eta + [yz]\zeta \\
\lambda\zeta &= [zx]\xi + [zy]\eta + [zz]\zeta
\end{aligned}$$

ist. Das führt zur Bestimmung von λ auf eine kubische Gleichung

$$\left.\begin{aligned}
&-\lambda^3 + C_1\lambda^2 - C_2\lambda + C_3 = 0 \\
&C_1 = \text{Anzahl der Sterne} \\
&C_2 = [xx][yy] - [xy][xy] + [yy][zz] - [yz][yz] \\
&\qquad + [zz][xx] - [zx][zx] \\
&C_3 = [xx][yy][zz] - [xx][yz][yz] - [yy][zx][zx] \\
&\qquad - [zz][xy][xy] + 2[xy][yz][zx]
\end{aligned}\right\} \quad (46)$$

Die kubische Gleichung in λ hat drei Wurzeln, und es gibt also auch in der Regel drei Punkte, die der mathematischen Bedingung Genüge leisten. Die drei Punkte liegen, wie Anding nachweist, in einem gegenseitigen Abstande von 90^0, zwei von ihnen fallen also in den größten Kreis der Pole selbst und kommen hier nicht in Frage.

Diese Methode, die sich auch ausgezeichnet zur Bestimmung des Radiationspunktes eines Sternschnuppenschwarmes eignet, würde, angewandt auf ein der parallaktischen Hypothese wenigstens nahe entsprechendes System von Bewegungen, zweifellos zu einem Zielpunkte führen, der mit dem durch die früher besprochenen Methoden aus demselben Material abgeleiteten identisch wäre. Angewandt auf das tatsächlich vorhandene Material von Eigenbewegungen war zu erwarten, daß der vom Apex 90^0 abstehende Kreis, den wir früher den parallaktischen Äquator nannten, weil er die Pole aller der parallaktischen Hypothese genügenden Sterne enthält, und weil nach den früheren Untersuchungen bei 60 Proz. der Sterne die beobachtete Bewegung um weniger als 45^0 von der parallaktischen abweichen sollte, deutlich hervortreten würde. Vom Verfasser wurde nun die hier auseinandergesetzte Methode zuerst (A. N. 2981) auf die 622 Sterne des Fundamentalkatalogs der Astronom. Gesellschaft, von denen für 236 die Richtung der

Bewegung und also auch ihr Pol hinreichend sicher bestimmt schien, angewandt. Die Einzeichnung der Pole führte zu dem überraschenden Resultate, daß eine Anhäufung von Polen in dem den älteren Bestimmungen entsprechenden parallaktischen Äquator, den wir jetzt als den Herschelschen bezeichnen wollen, und eine systematische Verteilung der Pole in bezug auf denselben nicht vorhanden sei, wie es der Hypothese von der Regellosigkeit der Spezialbewegungen gemäß vorausgesetzt werden mußte. Eine Eigentümlichkeit der Methode, die ihr häufig, aber gewiß mit Unrecht, zum Vorwurf gemacht wird, liegt darin, daß man aus der Lage der Pole in einem größten Kreise allein nicht entscheiden kann, ob ein bestimmter der beiden Pole des Kreises, der Radiationspunkt der Konvergenz oder der der Divergenz für die Sterne oder für beliebige einzelne von ihnen ist, weil ja die Pole genau entgegengesetzter Bewegungen auf demselben größten Kreise nur diametral gegenüberstehend liegen. Bei wirklich regelloser Verteilung der Bewegungen würde dieser Umstand in dem entstehenden Bilde keinen Einfluß üben können. Die der parallaktischen Hypothese ganz entsprechenden Sterne würden sämtlich Pole im parallaktischen Äquator liefern, die Sterne mit geringer Abweichung ihrer Eigenbewegung von der parallaktischen würden eine den parallaktischen Äquator umschließende Zone bestimmen. Mit wachsender Abweichung der Bewegungsrichtung von der parallaktischen würden auch die Pole vom parallaktischen Äquator sich entfernen; da $\sin \partial = \sin \varDelta \sin (\varphi - \psi)$ ist, würden zwar alle Sterne, bei denen $\sin \varDelta$ klein ist, Pole in der Nähe des parallaktischen Äquators geben, aber der mittlere Wert von ∂ würde doch mit $(\varphi - \psi)$ wachsen. Wir würden schließlich Pole finden, bei denen $\partial = 90^0$ wird, dadurch, daß $\varDelta = 90^0$ und gleichzeitig $\varphi - \psi = 90^0$ wird, und dann würde ∂ wieder abnehmen, und die genau retrograden Bewegungen würden wieder nur Pole im parallaktischen Äquator liefern. Da das Areal der Kugelzonen abnimmt, wenn wir uns vom parallaktischen Äquator entfernen, so wäre es allerdings bei entsprechender Verteilung der ∂ möglich, daß der parallaktische Äquator sich nicht durch die größte Dichtigkeit der Pole auszeichnete, wir könnten dem parallaktischen Äquator parallel laufende Zonen mit größerer Dichtigkeit erhalten, aber immer bliebe, die Gesetzlosigkeit der Spezialbewegungen vorausgesetzt, die Symmetrie in bezug auf den parallaktischen Äquator gewahrt. Das tatsächliche Ergebnis war nun, daß, wenn man die Sphäre durch den Herschelschen parallaktischen Äquator in zwei Hälften teilt, die eine 97, die andere 139 Pole enthält, daß eine Zone größter Dichtigkeit der Pole mit dem Herschelschen parallaktischen Äquator als Mittellinie nicht existiert, daß dagegen eine andere Zone, deren einer Pol in $A_0 = 266{,}1^0$, $D_0 = +0{,}4^0$ bestimmt wurde, statt 46 Proz., wie bei regelloser Verteilung der Pole zu erwarten war, deren 72 Proz. enthielt.

Fig. 10.

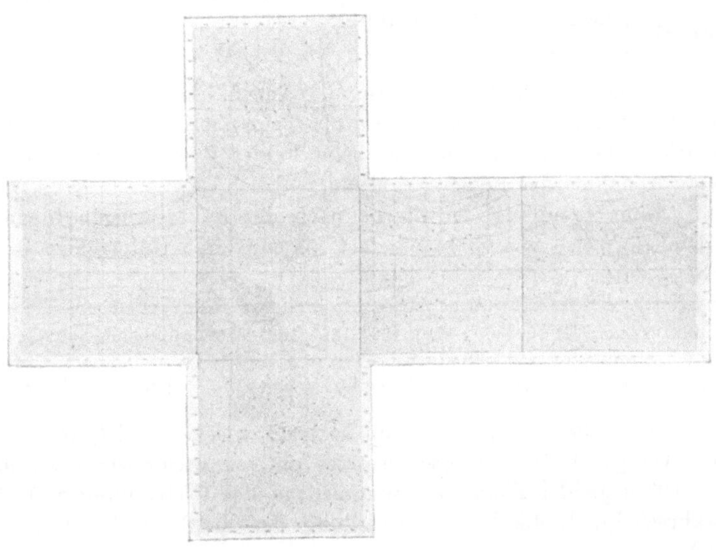

Dieses unerwartete Ergebnis war die Veranlassung, die Frage an einem größeren Material weiter zu untersuchen, und dazu benutzte Verfasser 1406 Sterne des Auwers-Bradley-Katalogs, bei welchen die Richtung der Bewegung mit einem nach (6) berechneten wahrscheinlichen Fehler von höchstens 10^0 behaftet war. Das Resultat, wie es im Anschluß an die nebenstehende Karte der Pole der 1406 Sterne sich ergab, war eine vollständige Bestätigung der aus der ersten Untersuchung gezogenen Schlüsse. Der Pol des parallaktischen Äquators wurde gefunden in $A_0 = 266{,}5$, $D_0 = -3{,}1^0$. Eine Abhängigkeit der Lage des Poles von der Größe der Eigenbewegung war nicht vorhanden. Die retrograden

Bewegungen machten für den neuen Zielpunkt 26 Proz. aller Bewegungen aus, während man bei Annahme des alten Zielpunktes 21 Proz. hatte. Vergleicht man die Darstellung der Richtung der Bewegungen in den beiden Hypothesen, die wir im folgenden unterscheiden wollen als A (Argelander), Zielpunkt bei $A_0 = 270^0$, $D_0 = +30^0$ und K (Kobold), Zielpunkt bei $A_0 = 270^0$, $D_0 = 0^0$, so entsteht folgende Übersicht:

Fehler (Mittel)		5^0	15^0	25^0	35^0	45^0	55^0	60^0 - 120^0	120^0—180^0
Anzahl	Zielp. A .	175	168	161	155	165	101	300	181
	„ K .	300	248	135	93	78	57	207	288

Beim Zielpunkt A ist also die Anzahl der Fehler bis 50^0 nahe konstant und nimmt dann ab, beim Zielpunkt K liegt ein starkes Maximum der Anzahl beim Fehler 0, dann tritt sofort eine Abnahme der Fehleranzahl ein.

Eine Trennung der Sterne nach der Rektaszension in der gleichen Weise wie S. 110 liefert als mittleren Unterschied der $(\varphi - \psi)$:

Rektaszens.	0^0–60^0	60^0–120^0	120^0–180^0	180^0–240^0	240^0–300^0	300^0–360^0
$(\varphi - \psi)m$	$+6,7^0$	$-5,7^0$	$-4,0^0$	$-8,2^0$	$+1,6^0$	$+5,8^0$

Die Fehler sind etwa halb so groß wie beim Zielpunkt A. Der Gang ist der entgegengesetzte, und es würde ein etwa in $+10^0$ liegender Zielpunkt entsprechend der Feststellung S. 102 wahrscheinlich die beste Darstellung der mittleren Richtungen geben.

Eine Ausdehnung der Untersuchung auf Sterne der südlichen Halbkugel wurde gleichfalls vom Verfasser (A. N. 3435) ausgeführt. Der Rechnung wurden die 523 Sterne des Auwersschen südlichen Fundamentalkatalogs unterworfen. Für 213 dieser Sterne war die Bewegung hinreichend sicher bestimmt. Dieselben führten auf den Radiationspunkt $A_0 = 274,4^0$, $D_0 = +0,4^0$. Die Vereinigung der beiden letzten Resultate zu einem einzigen ergab, wenn alle Sterne mit gleichem Gewicht benutzt wurden, $A_0 = 268,0^0$, $D_0 = -2,9^0$.

Welche Schlüsse waren nun zu ziehen? Ist der Radiationspunkt der Konvergenz der Sternbewegungen derselbe an allen

Stellen der Sphäre, so kann das durch drei Ursachen erklärt werden:

1. Es überwiegt die parallaktische Bewegung so sehr, daß die Spezialbewegungen wie zufällige Fehler wirken.

2. Es ist das Umgekehrte, ein Überwiegen einer gemeinsamen Bewegung der Sterne, der Fall.

3. Es ist eine parallaktische und eine in gleicher Weise wirkende gemeinsame Bewegung vorhanden, deren Resultante beobachtet wird.

Ist dagegen der Radiationspunkt ein verschiedener, so sind, wenn eine parallaktische Bewegung vorhanden ist, die Spezialbewegungen von gleicher Ordnung mit der Sonnenbewegung, und ihr Einfluß ist ein verschiedener, entweder, weil die Sterne in den verschiedenen Richtungen verschieden weit entfernt sind, also die parallaktische Komponente verschieden groß ist, oder weil der systematische Teil der Spezialbewegungen in den verschiedenen Regionen verschiedene Richtung hat.

Wird drittens der Radiationspunkt für die Sterne mit verschieden großer mittlerer Bewegung in den einzelnen Regionen identisch gefunden, dann müssen die Spezialbewegungen gesetzförmig wirken; wird er verschieden gefunden, dann könnte dieses wieder durch Verschiedenheit der Entfernungen erklärt werden.

Daß das Vorhandensein des parallaktischen Äquators unbedingt als der Ausdruck eines in den beobachteten Bewegungen wirksamen Gesetzes zu betrachten ist, lehrt am klarsten die folgende Tabelle, in der die Verteilung von 1709 Sternen nach dem Werte von $(\varphi - \psi)$ und nach dem Abstande vom parallaktischen Pole dargestellt ist.

$\varphi - \psi$	Abstand vom parallaktischen Äquator			
	0^0 bis $\pm 30^0$	$\pm 30^0$ bis $\pm 60^0$	$\pm 60^0$ bis $\pm 90^0$	Summe
0^0 bis 30^0	469	288	80	837
30^0 „ 60^0	128	115	41	284
60^0 „ 90^0	54	62	24	140
90^0 „ 120^0	39	40	14	93
120^0 „ 150^0	78	61	25	164
150^0 „ 180^0	105	63	23	191

Es überwiegen hiernach überall am Himmel die kleinen Werte von $(\varphi - \psi)$, d. h. die Mehrzahl der Sterne bewegt sich scheinbar ungefähr in der Richtung auf den Punkt $A = 90^0$, $D = 0^0$, der dem angenommenen Zielpunkte der Sonnenbewegung gegenüberliegt. Die Anzahl der Pole, die nur dadurch in unseren parallaktischen Äquator fallen, daß $\sin \varDelta$ klein ist, während $(\varphi - \psi)$ einen beträchtlichen Wert hat, ist verschwindend klein. Trennt man die Sterne in vier große Gruppen entsprechend den mittleren Abweichungen $(\varphi - \psi) = 0^0 = +90^0 = -90^0 = 180^0$, so ergibt sich: Die Sterne mit direkter Bewegung $(\varphi - \psi = 0^0)$ sind über den ganzen Himmel ziemlich gleichmäßig verteilt, sie überwiegen aber in einer vom Nord- zum Südpol des Äquators über den Herbstpunkt gehenden Zone, wo sie 75 Proz. aller Bewegungen bilden. Die retrograden Bewegungen $(\varphi - \psi = 180^0)$ finden sich besonders in der Umgebung des Frühlingspunktes und sind dort ebenso häufig wie die direkten Bewegungen. Die durch $\varphi - \psi = \pm 90^0$ charakterisierten Bewegungen finden sich am häufigsten in der Nähe des über den Apex und Antiapex laufenden Stundenkreises. Diese Verhältnisse stellen sich dar als deutlicher Beweis, daß die Annahme der Regellosigkeit der Spezialbewegungen nicht zulässig ist.

Der systematische Charakter der Eigenbewegungen äußert sich noch in einer anderen besonders auffälligen Weise. Verfasser behandelte (A. N. 3961) 144 Sterne, deren jährliche Bewegung wenigstens 0,75″ beträgt. Vergleicht man die Richtungen derselben mit denjenigen, welche dem der Hypothese der Regellosigkeit der Spezialbewegungen entsprechenden Zielpunkt zugehören, so verteilen die Abweichungen sich wie folgt:

$\varphi - \psi$	$-180^0 \cdots -60^0$	$-60^0 \cdots 0^0$	$0^0 \cdots +60^0$	$+60^0 \cdots +180^0$
Sterne	24	55	49	16

Die Verteilung darf einigermaßen befriedigend genannt werden. Bei der bislang festgehaltenen Anordnung der Abweichungen $(\varphi - \psi)$ im Sinne des Positionswinkels entspricht nun aber den von der Richtung der parallaktischen Bewegung nach derselben Seite, z. B. nach Norden zu, abweichenden Bewegungen auf der Hemisphäre des Frühlingspunktes ein positiver, auf der anderen Hemisphäre aber ein negativer Wert von $(\varphi - \psi)$. Es wäre offenbar mehr sinngemäß, wenn wir die nach der gleichen Seite abweichenden Bewegungen zusammenfaßten. Bei regelloser Verteilung der Spezialbewegungen dürfte dadurch, wenn der Zielpunkt richtig ist, eine Störung der regelmäßigen Verteilung nicht eintreten. Führen wir diese Neuordnung aus, wozu wir nur nötig haben, auf der einen Hemisphäre das Vorzeichen von $(\varphi - \psi)$ zu ändern, so finden wir folgende Verteilung der Abweichungen:

$(\varphi - \psi)'$	$-180^0 \cdots -60^0$	$-60^0 \cdots 0^0$	$0^0 \cdots +60^0$	$+60^0 \cdots +180^0$
Sterne	10	66	38	30

Es ist klar, daß die ganz unzulässige starke Ungleichheit der Anzahl der kleineren positiven und negativen Abweichungen nur veranlaßt ist durch den systematischen Charakter der stark abweichenden Bewegungen, denen überwiegend große positive Werte zukommen.

Aus der unerwartet großen Abweichung der Resultate dieser Untersuchungen von den früheren mußte geschlossen werden, daß tiefer liegende Gründe den Widerspruch veranlaßten, daß also die Voraussetzungen, auf denen die Lösung aufgebaut war, nicht zutreffen. Da diese Voraussetzungen aber bei der Bestimmung der Eigenbewegungen selbst eine wesentliche Rolle spielen, indem die Präzessionskonstante davon abhängt, so war es notwendig, eine auch hierauf Rücksicht nehmende Berechnung durchzuführen. Die Resultate einer solchen wurden vom Verfasser A. N. 3591 gegeben; sie sind gegründet auf 2262 über die ganze Sphäre verteilte Sterne. Den benutzten Auwersschen Eigenbewegungen lag die O. Struvesche Präzessionskonstante zugrunde. Das Material, nach der Größe der Eigenbewegung in drei Gruppen verteilt, ergab folgende Werte:

Δs	Anzahl	A_0	D_0	Δp
$> 0{,}1''$	905	269,6	$-0{,}4^0$	$+0{,}0034''$
$0{,}05''$ bis $0{,}1''$	583	267,6	$-3{,}9$	$+$ 45
$0{,}02''$ „ $0{,}05''$	774	270,8	$-3{,}1$	$-$ 48

und aus der Gesamtheit der 2262 Gleichungen $A_0 = 269{,}6^0$ $D_0 = -2{,}3^0$, $\Delta p = -0{,}0027''$. Im Gegensatz zu den Berechnungen nach den früheren Methoden führt also diese Rechnung zu einer nahen Bestätigung des O. Struveschen Wertes der

Präzessionskonstante, und demnach bleibt die Lage des Zielpunktes auch bei Einführung einer Korrektion dieser Konstante unverändert. Um nun das Verhalten und den Einfluß des vorhin nachgewiesenen systematischen Charakters der Spezialbewegungen zu prüfen, wurden die Sterne nach ihrer Verteilung am Himmel in Gruppen zerlegt durch die vom parallaktischen Pole um $\pm 45^0$ abstehenden Stundenkreise. Halten wir uns nur an die Sterne mit stärkerer Bewegung, so stellt das Resultat sich so:

Region	Charakteristische Bewegungen	A_0	D_0	$\varDelta p$
Antiapex	$\varphi - \psi = \pm 90^0$	$265{,}5^0$	$-\ 6{,}1^0$	$+0{,}0223''$
Herbstpunkt . . .	direkt	268,4	$-10{,}9$	$+0{,}0924$
Apex	$\varphi - \psi = \pm 90^0$	272,0	$+\ 5{,}3$	$-0{,}0219$
Frühlingspunkt .	retrograd	269,9	$-\ 8{,}3$	$-0{,}0648$

Das Verhalten der schwächer bewegten Sterne ist völlig übereinstimmend, nur für $\varDelta p$ ergeben sich kleinere, sonst aber ebenso verlaufende Werte. Diese Zahlen führen das systematische Verhalten der Spezialbewegungen deutlich vor Augen. Um dasselbe aus dem Gesamtresultate möglichst zu eliminieren, ohne eine Hypothese zu machen, bleibt zur Zeit nur übrig, die Bedingungsgleichungen einer gleichförmigen Verteilung der Sterne über die Sphäre anzupassen. Bei den stärker bewegten Sternen, die einigermaßen gleichförmig verteilt über den Himmel vorliegen, wird das dadurch erreicht, daß die ganze Sphäre in 122 Flächen von gleichem Areal geteilt wird, und daß alle Sterne jeder dieser Flächen zu einer einzigen Gleichung zusammengefaßt werden. Bei den schwächer bewegten Sternen, die zur Zeit nur dem Bradley-Katalog entnommen werden können, erreicht man etwas annähernd Ähnliches dadurch, daß man die Sterne nach den Oktanten der Rektaszension zusammenfaßt. In dieser Weise behandelt, führt das Material schließlich auf die definitiven Werte:

$$\text{Kobold 2262 Sterne: } A_0 = 270{,}4,\quad D_0 = -0{,}2^0,\quad \varDelta p = -0{,}0013''.$$

Aus den Gleichungen (30) folgt, wenn wir $\varDelta \alpha \cos \delta = \varDelta s \sin \varphi$, $\varDelta \delta = \varDelta s \cos \varphi$ einführen:

$$\left.\begin{aligned}\Delta s = \frac{q}{\varrho} \sin\Delta \cos(\varphi - \psi) + dp \cos\beta \sin(\varphi + \gamma) \\ + \frac{1}{\varrho}(\Delta\alpha' \cos\delta \sin\varphi + \Delta\delta' \cos\varphi),\end{aligned}\right\} . \quad (47)$$

worin $(\varphi + \gamma)$ den Positionswinkel der beobachteten Eigenbewegung bezogen auf den Breitenkreis bezeichnet, so daß auch, wenn b die Breite des Sternes ist, gesetzt werden kann $\cos\beta \sin(\varphi + \gamma) = \sin b$. Die Gleichung (47) diente dem Verfasser zur Untersuchung der Größe der Sonnenbewegung im Anschluß an die hier verfolgte Annahme. Am angegebenen Orte wurden 782 Sterne diskutiert, deren Größe zwischen den Grenzen $5{,}7^m$ und $6{,}3^m$ liegt, und als Endwert $\frac{q}{\varrho} = 0{,}0660''$ gefunden, was übergehend auf die Struveschen Entfernungen für die Sonnenbewegung, gesehen aus Struves mittlerer Entfernung der Sterne erster Größe, gibt

Kobold 782 Sterne $q_1 = 0{,}51''$.

Die diesen Wert des q ergebende Ausgleichung führt aber gleichzeitig auf die große Korrektion $\Delta p = -0{,}0400''$ der Präzessionskonstante. Setzt man dagegen den oben gegebenen Wert Δp ein und trennt wieder den Himmel in vier Zonen, so werden die Einzelresultate:

	$\frac{q}{\varrho}$	q_1
Region des Frühlingspunktes	$= 0{,}0299''$,	$= 0{,}23''$
„ „ Antiapex	0,1031	0,79
„ „ Herbstpunktes	0,1030	0,79
„ „ Apex	0,0330	0,25

Bei der Rechnung wurde vorausgesetzt, daß das die Spezialbewegungen enthaltende letzte Glied der Gleichung (47) für die Gesamtheit der Sterne der einzelnen Regionen sich aufhebt. Das Resultat zeigt, daß das nicht der Fall ist, daß vielmehr die Spezialbewegungen vollständig gesetzmäßig einwirken. Das tritt am deutlichsten hervor, wenn wir die Sphäre durch den Stundenkreis des Apex und Antiapex in zwei Hälften teilen; dann haben wir nämlich:

	$\frac{q}{\varrho}$	q_1
Hemisphäre des Frühlingspunktes	$= 0{,}0282''$,	$= 0{,}22''$
„ „ Herbstpunktes	0,1072	0,82.

Zur näheren Prüfung der Frage nach den Gesetzmäßigkeiten in den Spezialbewegungen verwendet man zweckmäßig zunächst nur große Bewegungen. Wie die vorhin angeführten Zahlen beweisen, sind die Koordinaten des Radiationspunktes im Gegensatz zu den Verhältnissen bei den früher behandelten Methoden hier unabhängig von der Größe der Eigenbewegungen, die man zu ihrer Bestimmung heranzieht. Es werden also bezüglich der Spezialbewegungen im wesentlichen die gleichen Verhältnisse bei den stark wie bei den schwach bewegten Sternen vorliegen. Bei den stark bewegten Sternen tritt aber der Fehler der Präzessionskonstante erheblich zurück, und der Einfluß der systematischen Fehler der Kataloge verschwindet wohl ganz. Im Anhange sind daher für die 307 Sterne mit einer 0,5″ erreichenden jährlichen Eigenbewegung die Koordinaten der Pole der Eigenbewegung angegeben und diese Pole sind dann in die beigefügten Karten eingetragen, die ebenso wie die Karte auf S. 125 der Projektion der Sphäre auf einen sie in den Polen und den Punkten 0°, 90°, 180°, 270° des Äquators berührenden Würfel entsprechen. Auch aus diesen Karten ist die Zone größter Dichtigkeit der Pole, deren Mittellinie etwa mit dem Stundenkreise 0° 180° zusammenfällt, leicht zu erkennen. Die gebrochene Linie, die den Äquator in AR = 176° und 356° durchschneidet, ist der Herschelsche parallaktische Äquator, der bei regelloser Verteilung der Spezialbewegungen als Mittellinie der Zone größter Dichtigkeit der Pole auftreten sollte. Das Studium dieser stark bewegten Sterne führte den Verfasser nun zu der Wahrnehmung, daß diejenigen Sterne, deren Bewegung von der parallaktischen um 90° abweicht, und deren besondere Bedeutung schon S. 128 erwähnt wurde, am Himmel nicht regellos verteilt sind. Unter den 307 Sternen kommen 67 vor, bei denen die beobachtete Eigenbewegung von der parallaktischen um 60° bis 120° abweicht. Eine sehr auffallende Anhäufung dieser Sterne befindet sich in der Umgebung des Punktes AR = 200°, Dekl. = + 10°. Von diesem Punkte ausgehend sind die Sterne aber weiter nach zwei Richtungen hin angeordnet und so entsteht eine sich um die Sphäre herumziehende Zone, die die Mehrzahl dieser Sterne enthält. Der Pol der Mittellinie dieser Zone wurde in $A_1 = 159{,}8^0$, $D_1 = -54{,}7^0$ gefunden. Von 46 Sternen, deren Bewegungsrichtung um 60° bis 100° von der auf den Radiationspunkt abweicht, entfernen sich 19 um weniger als 10°, 28 um weniger als 20° und 35 um weniger als 30° von dieser Mittellinie. Daß diesen Sternen eine ganz besondere Bedeutung zukommt, geht vor allem aus dem Umstande hervor, daß von 67 Sternen mit einer zur parallaktischen nahezu senkrechten Bewegung 61 sich auf den oben angegebenen Punkt, der dicht bei η Argus liegt, bewegen, während nur 6 eine entgegengesetzt gerichtete Bewegung aufweisen. Es tritt also hier ganz der gleiche Gegensatz zwischen der direkten und retrograden Bewegung hervor, wie bei derjenigen, die wir als eine parallaktische auffassen. Wir haben zwei zueinander senkrechte Bewegungen derselben Art, zwei Sternschwärme, die sich durchdringen.

Aber auch sonst verraten unsere Karten uns an vielen Stellen parallele Bewegungen. Es mag nur folgendes Beispiel aufgeführt werden:

Nr.	Name	Gr.	Sternort	Δs	Pol der E. B.
46	ε Fornacis	6	44,3° — 28,5°	0,50″	115,8° + 30,4°
102	Lac. 3122	6	119,0 — 60,0	0,58	101,0 + 28,7
235	χ Draconis	4	275,7 + 72,7	0,64	58,8 + 14,0
268		8,5	315,1 + 6,7	0,54	45,5 + 3,5
285	ζ Pegasi	4,5	340,4 + 11,7	0,56	75,1 + 21,6

Als Resultat dieser Darstellung der Bewegungen der Fixsterne ergibt sich die Annahme, daß unter den Spezialbewegungen zwei Richtungen vorherrschen. Beide sind der Bewegung der Sonne parallel. Die eine ist eine mit ihr gleichgerichtete, die andere aber eine in entgegengesetzter Richtung erfolgende, und diese beiden Bewegungen sind in verschiedenen Himmelsrichtungen in ungleicher Weise gemischt. Neben diesen Hauptbewegungsarten treten aber noch weitere Gruppen paralleler, anders gerichteter Bewegungen hervor und unter diesen eine große Gruppe von Sternen, die in einer zur Ebene der Milchstraße senkrecht verlaufenden, durch den Zielpunkt und Gegenzielpunkt der Sonnenbewegung hindurchgehenden Zone stehen und in einer zur Bewegung der Sonne senkrechten Richtung sich fortbewegen.

Diese Hypothese, die wir also als eine Deutung der Anordnung der Pole der Eigenbewegung aufzufassen haben, widerspricht direkt der Voraussetzung, von der die anderen Methoden der

Untersuchung der Sonnenbewegung ausgingen, und sie erklärt auch den großen Unterschied zwischen den beiderseitigen Resultaten hinreichend. Gegen das aus den Polen der Eigenbewegung abgeleitete Resultat sind nun verschiedene Bedenken erhoben. Der Mangel der Methode, daß sie zwischen direkten und retrograden Bewegungen nicht zu unterscheiden gestattet, daß die der Hypothese einer fortschreitenden Bewegung der Sonne genau entsprechenden und die ihr vollständig widersprechenden in gleicher Weise zum schließlichen Resultate beitragen, kann, wenn die angegebene Erklärung der Bewegungen die richtige ist, nicht mehr als ein solcher gelten. Denn wenn die Sterne und die Sonne sich in gleicher Richtung bewegen, nur mit verschiedener Geschwindigkeit, so daß ein Teil der Sterne der Sonne vorauseilt, ein Teil zurückbleibt, so hat der Radiationspunkt der Konvergenz für die einen und der der Divergenz für die anderen denselben Anspruch auf die Bestimmung der Richtung der Bewegungen. Anding hat außerdem direkt nachgewiesen, daß, falls zwei nahezu entgegengesetzte Bewegungsrichtungen vorhanden sind, die Polmethode ihrer mathematischen Grundlage nach den Zielpunkt derjenigen Bewegung ergibt, der die Mehrzahl der Sterne entspricht, während die auf der Gesetzlosigkeit der Spezialbewegungen fußenden Methoden als Zielpunkt denjenigen Punkt des die beiden Zielpunkte der einzelnen Bewegungsarten verbindenden größten Kreises ergeben, der diesen Bogen im umgekehrten Verhältnis der Sternzahl der einzelnen Bewegungsarten teilt. Es kommt noch hinzu, daß, wie Verfasser (A. N. 3961) dargelegt hat, die wichtige Sterngruppe, für welche die Bewegungsrichtung senkrecht zur parallaktischen Bewegung steht, weil diese Bewegungen mit wenigen Ausnahmen gleichgerichtet sind, eine beträchtliche Wirkung auf die Bestimmung des Zielpunktes bei Voraussetzung regelloser Spezialbewegungen ausüben muß, während sie bei der Polmethode ohne Einfluß bleibt. Anding wies andererseits einen erheblichen Einfluß einer etwaigen ungleichen Verteilung der Sterne auf das Resultat der Polmethode nach, der aber auch dem Verfasser nicht entgangen war, und den er durch Benutzung möglichst gleichförmig über den Himmel verteilter Sterne zu umgehen suchte. Es ließ sich aber auch direkt nachweisen (A. N. 3317), daß die Verteilung der Bradleyschen Sterne, die eine merkliche Eigenbewegung zeigen, zwar gesetzmäßig ist, daß diese

Ungleichheit indes zur Erklärung der Abweichung des Resultates der Polmethode nicht dienen kann. Bei der definitiven Bestimmung wurde schließlich, wie schon erwähnt, der Einfluß völlig eliminiert dadurch, daß die Gleichungen so zusammengefaßt wurden, daß sie einer gleichförmigen Verteilung der Sterne entsprachen, wodurch das Resultat aber nicht merklich geändert wurde. Neuerdings hat Anding die mathematischen Grundlagen der verschiedenen Methoden kritisch untersucht und die Notwendigkeit, daß die Resultate verschieden ausfallen müssen, klar dargelegt.

Der Unterschied der beiden Behandlungen des Problems tritt am leichtesten und am deutlichsten an einem Beispiele hervor. Nehmen wir an, wir bestimmten für einen beliebigen Zeitpunkt die Richtung der scheinbaren Bewegungen einer Anzahl von Körpern unseres Sonnensystems und stellten uns die Aufgabe, aus denselben die Richtung der Bewegung unserer Erde zu ermitteln. Würden wir die Richtungen ausgleichen und benutzten dabei nur rückläufige Bewegungen, so erhielten wir den in der Richtung der Bewegung der Erde liegenden Punkt der Ekliptik, d. h. den wahren Zielpunkt der Erdbewegung. Aus nur rechtläufigen Bewegungen würden wir aber den gerade gegenüberliegenden Punkt erhalten, wenn wir sie durch eine Bewegung der Erde erklären wollten. Wenn man aber bei einem aus beiden Bewegungsarten gemischten Beobachtungsmaterial mit der Forderung, daß die Bewegungen in jedem Sinne gleich wahrscheinlich sein sollten, die Bedingungsgleichungen aufstellte, so würde man für die Bewegungsrichtung der Erde eine mit der Tangente an die Erdbahn nicht zusammenfallende Richtung erhalten müssen, ja, wenn man ebenso viel Planeten in der Nähe der Opposition wie außerhalb derselben wählte, so müßte man auf eine mit dem Radiusvektor der Erdbahn zusammenfallende Erdbewegung geführt werden. Denken wir uns auf die gleiche Aufgabe die Gleichungen (36) angewandt, die wir aber zuvor auf die Ebene der Ekliptik als Fundamentalebene transformiert annehmen wollen, so daß also φ der Positionswinkel der beobachteten Bewegungen gegen den Breitenkreis ist und an die Stelle von Rektaszension und Deklination überall Länge und Breite tritt. Die τ wären die Bewegungen senkrecht zur Ekliptik. Da die Neigungen der Bahnen der Planeten klein und regellos sind, so haben die τ den Charakter zufälliger Beobachtungsfehler; wir werden also, wenn wir die

Gleichungen in der gewöhnlichen Weise auflösen, aus den von τ abhängigen die richtigen Werte der Koordinaten des Zielpunktes der Erde erhalten und auf einen Punkt in der Ekliptik geführt werden, da diese Gleichungen nur die Breite des Zielpunktes bestimmen, weil der Koeffizient von $d\lambda$ verschwindet, sobald diese Breite klein ist. Die Länge des Zielpunktes kann also nur aus der ersten Gleichung bestimmt werden, die von den σ, den scheinbaren Bewegungen parallel zur Ekliptik oder in der Ebene der Bewegungen, abhängt. Sie muß verschieden ausfallen, je nachdem ob wir die σ als zufällige, regellose, im Gesamtresultat verschwindende Größen ansehen, oder ob wir ihnen einen gesetzmäßigen Charakter, wie bei der Polmethode, beilegen.

Schließen wir analog im Falle der Sternbewegungen, so bestimmt uns die Gleichung der τ die Ebene der Bewegung des Sonnensystems richtig; die Richtung der Bewegung in dieser Ebene ist zu bestimmen durch die Gleichung der σ, und sie wird verschieden ausfallen je nach der Hypothese, die wir über die σ machen. Nun lehrt ein Blick auf die nebenstehende Karte, in welcher die von den verschiedenen Bearbeitern des Problems der Sonnenbewegung gefundenen Zielpunkte eingezeichnet sind, daß diese Zielpunkte verteilt sind längs des Nordrandes der Milchstraße. Der Verfasser hat, als er diese Wahrnehmung machte, für eine Reihe von Zielpunkten den größten Kreis gesucht, dem sie sich anschließen (A. N. 3287), und wurde auf einen gegen die Milchstraße unter einem Winkel von 17° geneigten, sie in der Nähe ihres aufsteigenden Knotens mit dem Äquator schneidenden Kreis geführt. Wir erhalten also eine hinreichende Erklärung der beobachteten scheinbaren Bewegungen, wenn wir bezüglich der Spezialbewegungen annehmen, daß sie in der Ebene der Milchstraße in verschiedener Richtung vor sich gehen, und daß die Bewegung der Sonne in einer gegen die Ebene der Milchstraße wenig geneigten Ebene erfolgt und auf einen Punkt in der Nähe ihres aufsteigenden Knotens mit dem Äquator gerichtet ist.

Eine wesentliche Stütze findet diese Annahme nun noch durch die besonderen Sterngruppen, von denen auf S. 132, 133 die Rede war. Der Zielpunkt der die Sonnenbahn senkrecht durchkreuzenden Sterne liegt in $A_1 = 159{,}8^0$, $D_1 = -54{,}7^0$; er ist wieder ein Punkt der Milchstraße. Die Glieder der anderen Gruppe von fünf Sternen bewegen sich fast genau parallel auf den Punkt

Fig. 11.

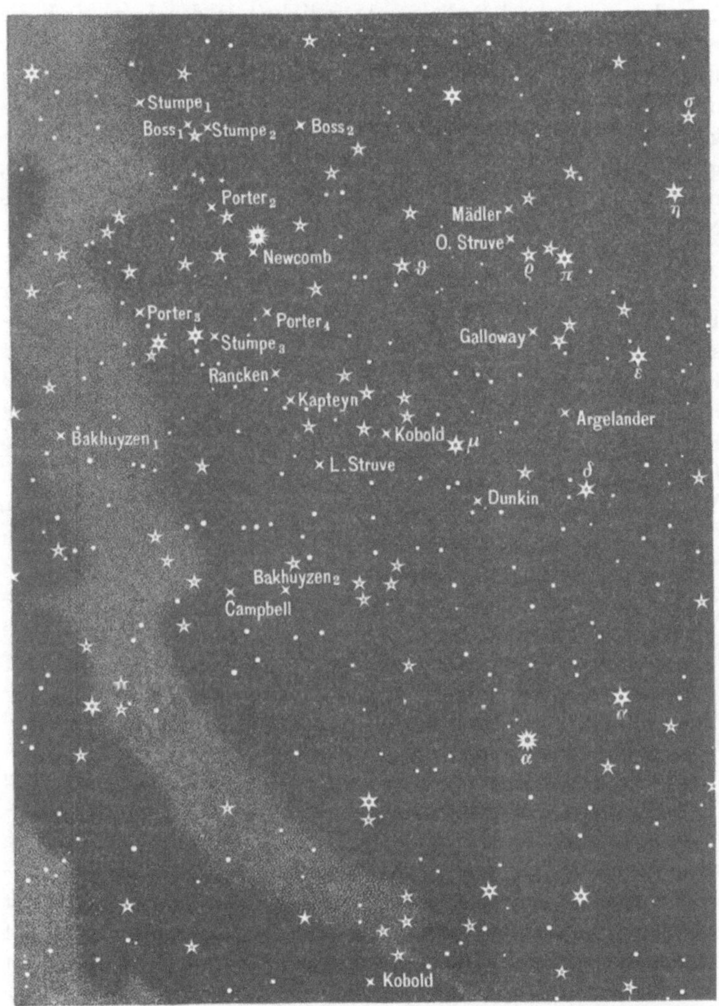

Karte der Zielpunkte der Sonnenbewegung.

$A_2 = 132^0$, $D_2 = -56^0$ zu, und auch dieser Punkt liegt in der Milchstraße. Es gibt uns das Veranlassung, die Bewegung derjenigen Sterne, für die wir durch die Kenntnis von Parallaxe, Eigenbewegung und Radialgeschwindigkeit in der Lage sind, die relative Bewegung zur Sonne ihrem linearen Betrage und ihrer Richtung im Raume nach vollständig zu berechnen, genauer zu untersuchen. Auf Seite 109 haben wir die linearen Geschwindigkeiten dieser Sterne nach der Richtung der drei Achsen schon angegeben. Führen wir die Rechnung aus nach den Formeln (11), indem wir den Knoten der Milchstraße in $\Omega = 280,33^0$, ihre Neigung $i = 62,83^0$ annehmen, so ergeben sich folgende Zahlen.

(Siehe nebenstehende Tabelle.)

Die beiden letzten Kolumnen geben die Komponenten der Bewegung, und zwar die vorletzte die in die Ebene der Milchstraße fallende, die letzte die zu dieser Ebene senkrecht gerichtete Komponente. Im allgemeinen ist die in die Milchstraße fallende Komponente die überwiegende. Ausnahmen bilden Sirius und Procyon, dann β Geminorum und α Leonis, bei welchen die große Entfernung und die damit verbundene Unsicherheit der linearen Werte wohl zur Erklärung dienen könnten, endlich p Ophiuchi, dessen Parallaxe, obwohl ziemlich groß, doch nur unsicher bestimmt ist. Vergleichen wir nun zunächst die in Kolumne 8 angegebenen Größen der Bewegung der Sterne mit der der Sonne. Wir sahen schon S. 110, daß die Bewegung der Sonne gegen das Mittel der sicher bestimmten Sterne zu 29 km in der Sekunde anzunehmen ist. Weiter beträgt nach Campbells Messungen die Bewegung der Sonne selbst gegen das Mittel vieler Sterne in meist sehr großer Entfernung 20 km in der Sekunde. Auch in dieser Angabe hätten wir ein Maß für die wirkliche Bewegung der Sonne nur unter der Annahme, daß das Mittel der Spezialbewegungen der 280 Sterne für die Richtung der Sonnenbewegung verschwindet. Für den Winkel, unter welchem die jährliche Bewegung der Sonne aus der mittleren Entfernung der Sterne erster Größe im Struveschen Sinne erscheint, haben wir ein paar gut übereinstimmende Bestimmungen kennen gelernt, die den Wert dieser Größe als nahe bei 0,4″ liegend ergeben. Wir sind aber nicht imstande, hieraus die lineare Größe der Bewegung zu berechnen, weil die mittlere Entfernung der Sterne erster Größe ein völlig vager Begriff ist. Über die Richtungen der Bewegungen

Name	Parallaxe	Galakt. Sternort		Entfernung	Rechtw. galakt. Koordinaten		Bewegung			Galakt. Komp. d. Bewegung	
					$\Delta \cos \beta$	$\Delta \sin \beta$	Größe	Richtung		$\sigma \cos B$	$\sigma \sin B$
		λ	β	Sternw.	Sternw.	Sternw.	km	L	B	km	km
1. η Cassiopejae	0,18″	90,2°	— 5,6°	5,55	5,53	— 0,54	33,5	163,6°	— 25,4°	30,2	— 14,4
2. μ „	0,13	93,0	— 8,3	7,69	7,61	— 1,11	178,1	221,6	— 11,2	146,9	— 32,8
3. α Urs. min.	0,078	90,2	+ 26,0	12,82	11,52	+ 5,61	13,2	259,7	— 23,8	12,1	— 5,3
4. τ Ceti	0,310	144,4	— 72,8	3,22	0,95	— 3,08	34,4	23,4	+ 23,6	31,6	+ 13,8
5. o^2 Eridani	0,166	168,8	— 36,9	6,03	4,82	— 3,62	123,5	318,0	— 27,0	110,1	— 56,0
6. α Tauri	0,109	148,9	— 19,5	9,17	8,65	— 3,07	51,7	158,8	— 22,4	47,8	— 19,7
7. α Aurigae	0,079	130,0	+ 4,9	12,66	12,61	+ 1,09	39,8	167,9	— 11,4	39,0	— 7,9
8. α Orionis	0,024	167,4	— 7,9	41,67	41,26	— 5,75	19,7	167,5	+ 7,8	19,6	+ 2,7
9. α Canis maj.	0,370	194,8	— 7,6	2,70	2,68	— 0,36	18,4	323,1	— 40,4	14,0	— 11,9
10. α Canis min.	0,334	181,1	+ 14,2	2,99	2,90	+ 0,74	18,8	287,4	— 61,7	8,9	— 16,6
11. β Geminor.	0,056	159,4	+ 24,3	17,85	16,27	+ 7,36	53,2	130,9	— 59,2	27,3	— 45,7
12. ϑ Urs. maj.	0,09	131,7	+ 46,1	11,11	7,71	+ 8,00	59,8	177,5	— 17,1	57,1	— 17,6
13. α Leonis	0,024	193,7	+ 50,2	41,67	26,67	+ 32,00	50,2	154,0	— 42,7	36,8	— 34,0
14. Gr. 1830	0,118	131,7	+ 74,0	8,47	2,33	+ 8,42	298,5	298,2	— 3,3	298,0	— 16,9
15. β Comae	0,11	13,5	+ 84,2	9,09	0,93	+ 9,04	51,5	134,6	+ 7,5	51,1	+ 6,7
16. α Bootis	0,026	344,8	+ 68,1	38,46	14,32	+ 35,75	415,6	250,0	+ 1,0	415,5	+ 7,6
17. α Scorpii	0,021	319,8	+ 14,5	47,62	46,10	+ 11,93	9,2	190,7	— 16,1	8,8	— 2,5
18. p Ophiuchi	0,16	357,6	+ 10,2	6,25	6,15	+ 1,13	34,1	261,8	— 40,3	26,0	— 22,0
19. α Lyrae	0,082	34,9	+ 18,0	12,20	11,60	+ 3,77	26,9	163,6	— 23,4	24,7	— 10,7
20. α Aquilae	0,232	15,2	— 10,2	4,31	4,24	— 0,76	40,2	177,8	+ 1,8	40,2	+ 1,2
21. 61 Cygni	0,328	49,8	— 6,9	3,05	3,03	+ 0,37	97,8	179,8	— 2,4	97,7	— 4,2

nun belehrt uns am besten die nebenstehende Zeichnung, die den auf die Ebene der Milchstraße projizierten Ort der Sterne und die Richtung und Größe ihrer Bewegungen in dieser Ebene darstellt. Die Bewegungen und Entfernungen sind im Verhältnis 3 Billionen : 1 gezeichnet. Es würde also die Zeichnung der Ortsänderung in nahe 100 000 Jahren entsprechen unter der Voraussetzung, daß die Größe und Richtung der Bewegungen selbst unveränderlich sind. In den Richtungen spricht sich nun eine Gesetzmäßigkeit in sehr auffälliger Weise aus. Auf fast die Hälfte des Umkreises, nämlich zwischen $L = 323^0$ und $L = 131^0$, fällt nur eine einzige Bewegungsrichtung, die von τ Ceti. Alle übrigen fallen in die andere Hälfte des Umkreises. Das einfache Mittel aller Längen der Bewegungsrichtungen wäre $200{,}5^0$. Wollen wir die Bewegungen erklären durch eine Bewegung der Sonne, so müßten wir dieselbe auf den Punkt $20{,}5^0$ gerichtet annehmen. In der Tat ist die Länge des Zielpunktes, wie man ihn unter der Voraussetzung der Regellosigkeit der Spezialbewegungen bestimmt hat, wenn wir uns an Kapteyns Wert halten, $= 25{,}1^0$, also nahe entsprechend. Es dürfte diese in der Zeichnung eingetragene Sonnenbewegung aber kaum als eine genügende Erklärung der relativen Bewegungen der Sterne erscheinen. Denn von den 21 Bewegungen sind 9 fast parallel und gleichgerichtet; ihre Richtungen liegen zwischen $L = 154^0$ und $L = 180^0$. Zwei — β Geminorum und β Comae — zielen nach $L = 132^0$, zwei andere, α Scorpii (unsicher) und μ Cassiopejae, weichen nach der anderen Seite hin ab; vier sämtlich sehr nahe Sterne: Sirius, Procyon, o^2 Eridani, τ Ceti, verfolgen die entgegengesetzte Richtung der Hauptgruppe, und die letzten vier Sterne, die weniger sicheren Bewegungen von α Urs. min. und p Ophiuchi und die ganz außerordentlich großen Bewegungen von α Bootis und Gr. 1830, stehen etwa senkrecht zur Bewegung der Hauptgruppe. Die nach der Polmethode gefundene Bewegung der Sonne, gerichtet auf den Punkt $L = 355{,}4^0$, ist ziemlich genau die der Bewegung der Hauptgruppe entgegengesetzte, und es kann in diesen völlig bekannten Bewegungen wohl nur eine Bestätigung derjenigen Anschauungen gefunden werden, die dieser Bestimmung der Sonnenbewegung zugrunde liegen, während es andererseits ganz unmöglich ist, sie mit der Voraussetzung der Regellosigkeit der Spezialbewegungen in Einklang zu bringen.

Fig. 12.

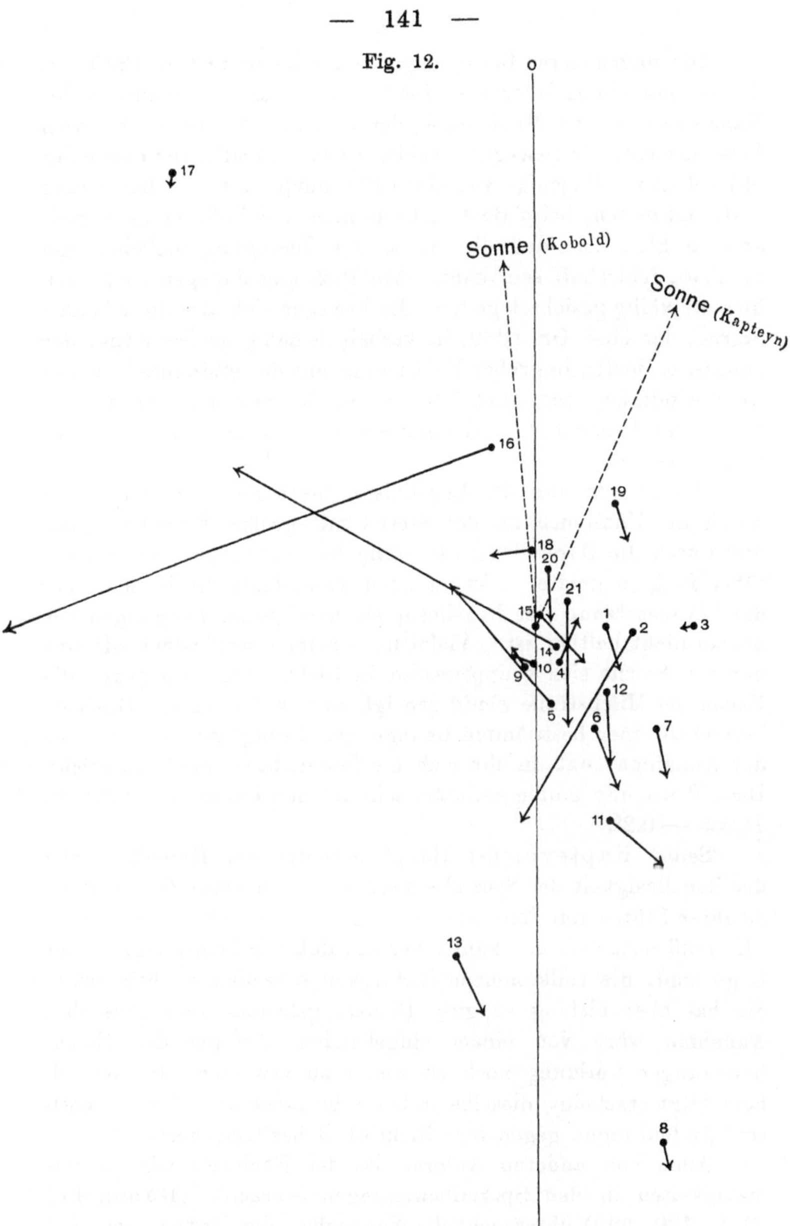

Die totalen relativen Bewegungen von 21 Sternen.

Die ungeheueren Bewegungen von α Bootis und Gr. 1830 verdienen besonderes Interesse. Beide Sterne stehen für uns in der Nähe des Poles der Milchstraße, der eine 22°, der andere 16° vom Pole entfernt; die Bewegung beider ist fast parallel zur Ebene der Milchstraße. Diejenige von Gr. 1830 dürfte als ziemlich sicher bestimmt gelten; bei α Bootis ist das nicht der Fall, da die Parallaxe so klein ist, daß die Größe der Bewegung vielleicht um 60 Proz. fehlerhaft sein kann; ihre Richtung dagegen darf auch hier als völlig gesichert gelten. Es bewegen sich also diese beiden Sterne, der eine, Gr. 1830, in verhältnismäßig großer Nähe, der andere, α Bootis, in großer Entfernung mit der erstaunlich großen Geschwindigkeit von etwa 300 km in der Sekunde parallel zur Ebene der Milchstraße und senkrecht zur vermutlichen Bahn des Sonnensystems.

Fassen wir nun die Ergebnisse zusammen, zu denen wir durch die Untersuchung der Sterne mit großer Eigenbewegung und durch die Darstellung der völlig bekannten Bewegungen geführt sind, so dürfte es kaum noch zweifelhaft erscheinen, daß die Voraussetzung der Regellosigkeit der Spezialbewegungen der Sterne nicht haltbar ist. Vielmehr scheinen wenigstens die uns näheren Sterne sich gruppenweise in Richtungen, die gegen die Ebene der Milchstraße wenig geneigt sind, zu bewegen. Das Vorherrschen einer bestimmten Bewegungsrichtung berechtigt uns zu der Annahme, daß in ihr sich die Sonnenbewegung ausspricht. Diese Bewegung müßte gerichtet sein auf den Punkt $A_0 = 270{,}4^\circ$, $D_0 = -0{,}2^\circ$.

Selbst Kapteyn, der Hauptverfechter der Hypothese von der Regellosigkeit der Spezialbewegungen in neuerer Zeit, vermag zu ihrer Stütze nur folgendes zu sagen (A. N. 3860, pag. 352): „Es muß natürlich anerkannt werden, daß wir keineswegs in der Lage sind, die vollkommene Richtigkeit derselben zu behaupten. Sie hat aber bislang so gute Dienste geleistet, und ohne ihre Annahme wäre von einem eingehenden Studium der Eigenbewegungen vorläufig noch so wenig zu erwarten, daß es voll berechtigt erscheint, dieselbe so lange beizubehalten, bis wir positive Andeutungen gegen ihre Richtigkeit besitzen werden."

Auch von anderen Autoren ist der Nachweis von Gesetzmäßigkeiten in den Spezialbewegungen erbracht. Duponchel (C. R. **130**, 229) untersucht die Vorzeichen der Bewegungen der

Sterne in AR und Dekl., weil diese allein schon die Richtung der Bewegung, also die beiden Komponenten, richtig bestimmen. Er teilt den Himmel durch die vollen Stundenkreise in Zonen und findet, daß bei der AR das Zeichen + auf der linken, das Zeichen — auf der rechten Seite des Stundenkreises 6^h — 18^h überwiegt, während in Dekl. in allen 24 Stunden das Zeichen — vorherrscht und das Maximum der Bewegungen bei 18^h auftritt. Er schließt daraus, daß die Sonne sich in der Ebene des Stundenkreises 6^h — 18^h bewege, daß die Bewegung gegen 18^h und nach der Nordseite des Äquators gerichtet sei. Ist N die Anzahl der untersuchten Sterne, n die Anzahl derjenigen Sterne, die der parallaktischen Hypothese entsprechen, so wird, wenn die durchschnittliche Bewegung aller Sterne die gleiche ist, der Quotient $n:N$ konstant sein, variiert aber die Geschwindigkeit, so wird auch der Quotient $n:N$ sich ändern. Duponchel findet nun für 3343 Bewegungen in AR $n:N = 0,376$, für 2428 Bewegungen in Dekl. $n:N = 0,516$. Trennt er aber die Sterne nach der Größe der Bewegungen in AR in zwei Gruppen, so folgt:

1. Sterne, bei denen $\Delta\alpha > 0,025^s$ ist:

358 Beweg. in AR: $\frac{n}{N} = 0,718$; 473 Beweg. in Dekl.: $\frac{n}{N} = 0,245$.

2. Sterne, bei denen $\Delta\alpha < 0,010^s$ ist:

814 Beweg. in AR: $\frac{n}{N} = 0,174$; 772 Beweg. in Dekl.: $\frac{n}{N} = 0,720$.

Aus dem widersprechenden Verhalten der Bewegungen in den beiden Koordinaten folgt, daß die parallaktische Hypothese allein nicht genügt. Die Sterne mit großer Bewegung in AR verlangten, weil bei 72 Proz. die parallaktische Hypothese genügt, daß die Sonne eine sehr große Bewegung hätte. Das spricht sich aber in den anderen Zahlen nicht aus. Es ist also die Sonnenbewegung nicht die Ursache der an den stark bewegten Sternen beobachteten Bewegungen. Diese dürften wir nur bei den schwach bewegten Sternen zu erkennen versuchen, bei denen sie besonders stark hervortritt in der Bewegung in Deklination. Duponchel nimmt zur Erklärung an, daß die Sonne zu einer Gruppe von Sternen gehöre, die im allgemeinen rascher laufen, als die Sonne selbst. Die Glieder der Gruppe haben eine in Wirklichkeit gleichartige und gleichgerichtete Bewegung um eine Achse der Gruppe oder um ein gemeinsames Zentrum, die aber scheinbar zu beiden Seiten der Sonnenbewegung entgegengesetzt ist.

Andererseits fand Gill (A. N. 3800) durch Vergleichung der Kapkataloge von 1880 und 1900, daß die AR der helleren Sterne im Vergleich mit der der schwächeren zugenommen habe, und schließt daraus auf eine reelle Rotation des Systems der helleren Sterne in bezug auf die Gesamtheit der schwächeren. Aber eine von Christie vorgenommene Vergleichung zwischen den Beobachtungen Groombridges und den neueren Greenwicher, sowie eine solche von Turner (M. N. 63, 56) bestätigen Gills Folgerung nicht, und so darf man wohl mit Seeliger (A. N. 3865) behaupten, daß es bislang nicht gelungen ist, diesen Satz zahlenmäßig festzustellen.

Es wäre noch die Frage aufzuwerfen, ob nicht die Sterne nach ihrem Spektralcharakter sich in zwei Systeme mit verschiedener Bewegung trennen lassen. Dieser Gedanke ist zuerst von Pannekoek und später noch einmal von Veenstra verfolgt worden. Beide Untersuchungen führten aber zu negativen Resultaten. Ein Unterschied war nicht nachweisbar.

Ebenso wie wir die Karten der Pole der Eigenbewegungen benutzt haben, um die allgemeinen Gesetze der Spezialbewegungen zu ermitteln, können sie uns auch dienen, spezielle, sich nur auf engere Sternsysteme beschränkende Gesetzmäßigkeiten zu ermitteln, und in diesem Sinne hat schon Klinkerfues sie benutzt. Wir finden in den Karten der Pole sehr häufig eine Anhäufung von Polen in mehr oder weniger geschlossenen Gruppen. Das ist besonders der Fall bei den die Zone größter Dichtigkeit bildenden Polen. Da nun jeder Punkt des parallaktischen Äquators der geometrische Ort der Pole der parallaktischen Bewegung aller Sterne eines bestimmten größten Kreises ist, so müssen die Pole der parallaktischen Bewegungen einer Sterngruppe am Himmel wieder eine geschlossene Gruppe bilden, und bei näherem Vergleichen findet man, daß die beobachteten Polanhäufungen sich auf diesem Wege als durchaus notwendige herausstellen. Sie beweisen nur, daß entweder die beobachteten Bewegungen völlig ausreichend durch die parallaktische Hypothese erklärt werden, oder daß die betreffende Sterngruppe eine gemeinsame, ihrer Richtung nach mit der Sonnenbewegung zusammenfallende Bewegung besitzt.

Etwas anders liegt die Sache bei den fünf bekanntlich mit gemeinsamer Bewegung ausgestatteten Sternen des großen Bären. Die Elemente der Eigenbewegung dieser fünf Sterne sind folgende:

Ursa major-Gruppe.

	Δs	Pol d. E. B.	$\varepsilon(\varphi)$	$\Delta\varrho$	π	Q	π
β	0,083″	21,7° + 26,4°	± 3,8°	— 29,3 km	0,0134 *cotg* Q	13,1°	0,058″
γ	0,085	2,5 + 35,1	4,2	— 26,6	0,0151	20,8	0,040
δ	0,105	4,1 + 31,9	3,5	—	—	22,9	—
ε	0,096	356,5 + 32,1	5,4	— 30,2	0,0151	28,4	0,028
ζ	0,115	5,8 + 33,3	3,1	— 31,2	0,0175	33,7	0,026

Neben den Koordinaten des Poles ist die seiner Lage wegen der Beobachtungsfehler anhaftende mittlere Unsicherheit angegeben. Mit Ausnahme des ersten fallen die Pole so dicht zusammen, daß die Abweichung von einer mittleren Lage ganz auf die Unsicherheit der Bestimmung der Koordinaten der Pole geschoben werden kann. Das ist, da die Sterne selbst am Himmel weit auseinander stehen, nur möglich, wenn sie auf einem größten Kreise stehen, und wenn ihre Bewegung in diesem Kreise selbst erfolgt; da außerdem der Mittelpunkt der fünf Pole ein Punkt des parallaktischen Äquators ist, so muß auch der betreffende Kreis ein parallaktischer größter Kreis, d. h. ein durch den Apex und Antiapex gehender sein. Das ist in der Tat der Fall; die fünf Sterne stehen in einer durch die Richtung der Sonnenbewegung gehenden, gegen die Ebene der Milchstraße unter einem Winkel von 60° geneigten Ebene, und die Bewegungen der Sterne erfolgen in dieser Ebene. Nun hat Klinkerfues schon die Beziehungen dargestellt, die zwischen der Entfernung und den Bewegungen in einem solchen Systeme bestehen müssen. Nennen wir nämlich Q den Abstand eines der Sterne mit gemeinschaftlichem Konvergenzpunkte von diesem Punkte und wie früher σ seine Gesamtbewegung in Kilometern, $\Delta\varrho$ die Radialgeschwindigkeit, π die Parallaxe, Δs die Eigenbewegung in Bogensekunden, so zerlegt sich die totale Bewegung in die beiden Komponenten ($k = 4{,}737$, vgl. Seite 41)

$$k \, . \, \Delta s \, . \, \frac{1}{\pi} = \sigma \sin Q \qquad \Delta\varrho = \sigma \cos Q \, . \quad . \quad . \quad (48)$$

Ist die totale Bewegung für das ganze System die gleiche, so wird für zwei Sterne des Systems:

$$\pi_1 : \pi_2 = \Delta s_1 \sin Q_2 : \Delta s_2 \sin Q_1 \qquad \Delta\varrho_1 : \Delta\varrho_2 = \cos Q_1 : \cos Q_2.$$

Bestimmen wir aber $\Delta\varrho$ durch die Beobachtung, so können wir π direkt berechnen aus:

$$\pi = \frac{k.\Delta s}{\Delta\varrho} \, cotg\, Q \; . \; . \; . \; . \; . \; . \quad (49)$$

Für die vier Sterne, bei denen $\Delta\varrho$ durch die Potsdamer Messungen bekannt ist, folgen nach dieser Formel die oben in der Tabelle angegebenen Ausdrücke für die Parallaxe der einzelnen Sterne. Die Bestimmung des Radiationspunktes der Konvergenz ist wegen des Parallelismus der Eigenbewegungen sehr unsicher, sie beruht nur auf der Abweichung der Bewegung von β Ursae maj. vom Mittel der übrigen. Die Rechnung führt auf den Punkt $A = 138{,}7^0$, $D = +\,56{,}0^0$, und damit ergeben sich dann die Werte Q in der Tabelle sowie die Parallaxen π der einzelnen Sterne. Außer den unzuverlässigen Messungen Pritchards liegen keine Parallaxenbestimmungen vor. Die errechneten Werte sind wegen der Unsicherheit in der Bestimmung des Konvergenzpunktes selbst recht unsicher. Klinkerfues, der mit den Eigenbewegungen Mädlers rechnet, findet als mittleren Wert der Parallaxe 0,026″ und Höffler (A. N. 3456) nur 0,016″.

Zu einer Bestätigung früherer Resultate werden wir noch geführt, wenn wir die Formeln (48) anwenden auf die Sterne, deren wahre Bewegung im Raume uns bekannt ist. Berechnen wir den Winkel Q, d. h. den Abstand des Sternes vom Zielpunkte seiner Bewegung, so erhalten wir folgende Werte:

	Q	Δ		Q	Δ
η Cassiop.	67,9°	84,2°	ϑ Urs. maj. . . .	75,5°	67,6°
μ Cassiop.	125,2	81,1	α Leonis	99,2	61,5
α Urs. min	170,4	89,6	Gr. 1830	108,8	87,5
τ Ceti	142,3	66,2	β Comae	85,5	104,7
o^2 Eridani	109,9	28,3	α Bootis	90,8	120,6
α Tauri	9,6	27,5	α Scorpii	131,0	145,0
α Aurigae	41,1	47,2	p Ophiuchi . . .	101,0	177,5
α Orionis	15,7	7,8	α Lyrae	131,9	141,6
α Canis maj. . . .	112,4	19,4	α Aquilae	160,7	152,3
α Canis min. . . .	110,2	24,1	61 Cygni	129,3	123,3
β Geminor. . . .	86,8	36,9			

Vergleichen wir nun diese Winkel mit den Abständen vom Antiapex der Sonnenbewegung in $A_0 = 90{,}4^0$, $D_0 = +\,0{,}2^0$, so ergibt sich bei einer größeren Anzahl der Sterne eine so nahe Übereinstimmung, daß ein Zufall ganz ausgeschlossen ist. Es ist das der Fall bei den Sternen α Aurigae, α Orionis, ϑ Ursae maj., α Lyrae, α Aquilae und 61 Cygni. Diese Sterne bilden also mit unserer Sonne ein System, das sich als ein Ganzes im Raume auf den angegebenen Punkt hin bewegt. Bei mehreren der übrigen Sterne ist der Unterschied der Werte Q und $\varDelta$ auch so klein, daß er wohl durch die Unsicherheit von Q zu erklären sein dürfte, so daß auch diese Sterne zu dem Systeme zu zählen wären; es sind η Cassiop., α Tauri und α Scorpii. Eine Erweiterung unserer Kenntnis der Parallaxen wäre das nächste Erfordernis, um die weiteren Glieder dieses für uns wichtigsten Systems zu finden.

Zurückkehrend zu den allgemeinen Verhältnissen sind noch die Beziehungen zwischen den Bewegungen und den physikalischen Eigenschaften zu besprechen. Die Abhängigkeit der Größe der Eigenbewegung von der Helligkeit der Sterne hat Mädler nach dem Bradley-Katalog folgendermaßen angegeben:

Größe	Anzahl der Sterne	mittlere E. B.
1 und 2	65	0,222″
3	154	0,168
4	312	0,137
5	696	0,111
6	994	0,090
7	921	0,086

In diesen Zahlen ist also eine deutliche Abnahme der Größe der Eigenbewegung mit der Helligkeit ausgesprochen, die wir zu deuten hätten als eine Folge wachsender Entfernung. Ein weiteres Eingehen auf die Erklärung ist aber nur an der Hand von Hypothesen über die Entfernungen möglich.

Einen von solchen Hypothesen unabhängigen Aufschluß geben uns dagegen die Radialgeschwindigkeiten. Campbell hat für die 280 Sterne, deren Radialgeschwindigkeiten er zur Berechnung der Sonnenbewegung benutzt hatte, durch Subtraktion der der ermittelten Sonnenbewegung entsprechenden Komponente die Spezialbewegung berechnet. Er trennt die Sterne nach der Helligkeit und bildet das arithmetische Mittel der absoluten Beträge der Bewegungen. Das Ergebnis ist:

heller als 3^m	mittleres $\varDelta\varrho$ =	13,05 km	47 Sterne
3^m bis 4^m		16,15 „	112 „
schwächer als 4^m . .		19,44 „	121 „

Hier tritt eine Zunahme der Geschwindigkeit deutlich zutage. Mit Hilfe der Hypothese, daß die Winkel der totalen Bewegungen der Sterne mit der Gesichtslinie regellos verteilt sind, kann man aus diesen Mitteln der Radialgeschwindigkeiten die mittlere totale Bewegung berechnen. Wir werden darauf später zurückkommen. Jedenfalls müssen diese totalen Bewegungen dasselbe Gesetz befolgen, wie die im Spektroskop untersuchten Komponenten, also wachsen mit abnehmender Helligkeit der Sterne.

Über die Beziehungen zwischen der Eigenbewegung und dem Spektraltypus sind eingehende Untersuchungen von Kapteyn angestellt. Monck hatte schon bemerkt, daß unter den Sternen mit großer Eigenbewegung der Typus II stark überwiegt. Kapteyn trennt nun im Anschluß an den Draper Katalog die Sterne mit bekannter Eigenbewegung nach Spektraltypen und findet so folgendes (Verslag. d. Zittingen Akad. Amsterdam 1893):

Mittlere E. B.	Typus I	Typus II	II:I
< 0,03″	553	324	0,59
0,045	233	150	0,64
0,065	118	104	0,88
0,085	85	90	1,06
0,12	130	162	1,25
0,17	29	61	2,1
0,24	25	86	3,4
0,37	13	71	5,5
1,02	3	58	19,3

Betrachtet man die größere Eigenbewegung als ein Zeichen größerer Nähe, was im Durchschnitt sicher richtig ist, so lehrt die Tabelle, daß in unserer unmittelbaren Nachbarschaft die Sterne vom Sonnentypus an Zahl die des Siriustypus viele Male übertreffen, was ja auch schon aus der Tabelle auf S. 76 hervorging. Ihr Übergewicht nimmt ab mit der Entfernung. Bei der mittleren E. B. von 0,075″ sind beide Typen gleich häufig, und bei den noch weniger bewegten Sternen tritt ein immer wachsendes Überwiegen des Siriustypus ein. Die einfachste Erklärung dieser Tatsache wäre in der Annahme gegeben, daß die Sonne zu einem Sternhaufen vom Typus II gehörte. Dem widersprechen aber die gleichförmige Verteilung der Sterne beider Typen über die ganze Sphäre und vor allem die Wahrnehmung, daß auch in anderen sich durch die Gleichheit der Bewegungen nach Größe und Richtung deutlich erkennbar machenden Systemen, wie den Hyaden, Sterne beider Typen gemischt vorkommen. Es scheint deshalb nach Kapteyn wahrscheinlicher, daß der verschiedene Spektraltypus auch hier nur die verschiedenen Entwickelungsphasen einzelner Sterne anzeigt.

Aus der Tabelle folgt zugleich, daß die mittlere jährliche Eigenbewegung für Sterne vom Typus I erheblich kleiner ist als für die vom Typus II. Es wird also auch die mittlere Entfernung entsprechend verschieden sein.

Monck schloß weiter aus Vogels Bestimmungen von Bewegungen in der Gesichtslinie, daß diese für beide Typen im Durchschnitt gleich sei (I. $\Delta\varrho = \pm 17{,}4$ km, II. $\Delta\varrho = \pm 17{,}6$ km). Campbell untersuchte seine 280 Sterne nach dieser Richtung in der Weise, daß er sie trennte nach dem Unterschiede ihrer photographischen und visuellen Größe. Beim Siriustypus sind beide gleich, beim Sonnentypus ist die photographische Größe um 1,5 bis 2,0 Größenklassen kleiner als die visuelle, und beim III. Typus ist der Unterschied noch größer. Auch Campbell findet für die beiden Gruppen gleicher und ungleicher Größe nahe übereinstimmende Bewegungen (16,12 km bzw. 18,04 km), so daß also der Spektraltypus keinen Einfluß zu haben scheint. Hiernach wäre die lineare mittlere Bewegung für alle Sterne als gleich anzusehen, und wir wären um so mehr berechtigt, die beobachtete Verschiedenheit der Größe der Eigenbewegung als Wirkung ungleicher Entfernung zu erklären.

Kapteyn hat an dem angegebenen Orte auch die scheinbare Verteilung der bewegten Sterne in bezug zur Milchstraße untersucht. Er findet, daß diejenigen Sterne, deren jährliche Eigenbewegung 0,05″ übersteigt, gleichförmig am Himmel verteilt sind. Für die Sterne mit geringerer Eigenbewegung dagegen findet er eine Zusammendrängung gegen die Milchstraße. Es würde nach seinen Zählungen sein die Anzahl der Sterne heller als $6{,}5^{m}$ mit E. B. $<$ 0,05″ auf 100 □°:

Galakt. Breite	Typus I	Typus II
$\pm 60^0$ bis $\pm 90^0$	1,4	1,4
-10^0 „ $+10^0$	5,7	3,0

Dies würde, kleinere Eigenbewegung als Folge größerer Entfernung aufgefaßt, wieder bedeuten, daß die uns näheren Sterne gleichförmig verteilt uns umgeben, daß die entfernteren gegen die Milchstraße zusammengedrängt sind, und daß unter ihnen die Sterne des Typus I überwiegen. Die Zunahme der Dichtigkeit der schwach bewegten Sterne gegen die Milchstraße findet sich aber nicht bestätigt, wenn man die Untersuchung erstreckt auf die Sterne bis 9^m. Newcomb findet bei der Bearbeitung der Zonen 1^0 bis 5^0 und 15^0 bis 20^0 Deklination die Anzahl der bewegten Sterne für die in die Milchstraße fallenden Teile und die von derselben abstehenden so nahe gleich, daß er auf eine allgemeine gleichförmige Verteilung der bewegten Sterne über die Sphäre schließt. Eine definitive Entscheidung dieser Frage dürfte zur Zeit noch nicht möglich sein. Bei ihrer Beantwortung wird aber auch zu berücksichtigen sein, daß, wenn die Bewegungen der Sterne vornehmlich in der Ebene der Milchstraße erfolgen, die kleinen Eigenbewegungen in dieser Ebene relativ häufiger sein müssen als außerhalb derselben.

7. Die scheinbare Verteilung der Sterne und ihre Beziehung zur Milchstraße.

Der dritte Weg, der uns in die im Fixsternsystem waltenden Gesetze einführen, den Bau des Systems uns aufschließen könnte, geht aus vom Anblick des Systems von unserem Standpunkt in demselben. In einem einfach gestalteten Systeme würde er, so sollte man meinen, schnell zum Ziele führen. Aber gibt es wohl ein einfacher gebautes System, als das der in fast kreisförmiger Bahn die im Zentrum stehende Sonne umkreisenden Planeten? Trotzdem hat nicht der Anblick, sondern erst das Studium der Bewegungen uns sicheren Aufschluß über dieses einfache System verschafft. Die Unzulänglichkeit unserer Hilfsmittel der mit dem Übergang auf das Fixsternsystem gewaltig gesteigerten Schwierigkeit der Aufgabe gegenüber läßt nur geringe Hoffnung, daß unsere Arbeiten Erfolg haben werden.

Als man durch Benutzung des neu erfundenen Fernrohres die Zahl der Sterne unermeßlich wachsen, den Schimmer der Milchstraße sich in unzählbare Sternchen auflösen sah, da erst war, obwohl mit der Erweiterung der Grenzen der Wahrnehmung die Schwierigkeiten der Aufgabe sich ungeheuer steigerten, die Möglichkeit gegeben, ihrer auf dem angedeuteten Wege Herr zu werden. Denn nun erst zeigten sich Spuren von Gesetzmäßigkeiten, deren weitere Verfolgung sicheren Lohn in Aussicht stellte.

W. Herschels Wirken bildete wieder den Wendepunkt. Originell, wie in allen seinen Arbeiten, schlug er auch hier einen neuen Weg ein. Er eichte den Himmel. Mit Hilfe eines Spiegelteleskops von 18″ Öffnung zählte er an 1088 Stellen des Himmels die Anzahl der Sterne von den hellsten bis herab zu den schwächsten in seinem Teleskop noch eben überhaupt sichtbaren, die in dem durch das Gesichtsfeld bedeckten Areal enthalten waren. Später dehnte sein Sohn mit demselben Instrument die Untersuchung auch auf den Südhimmel aus, indem er in den Jahren 1834 bis 1838 am Kap der guten Hoffnung noch 2299 regelmäßig verteilte Gesichtsfelder abzählte. Bei diesen Eichungen wurden alle augenscheinlichen Ungleichheiten in der Sternverteilung möglichst ausgeglichen. Sternhaufen wurden ganz vermieden, und an sternarmen Stellen wurde nicht ein Feld, sondern mehrere, meist zehn, dicht beieinander abgezählt und ausgeglichen. May hat in den Berner Mitteilungen von 1853 eine Ausgleichung der Eichungen der beiden Herschel gegeben, in der die Sternzahl n nach der galaktischen Breite β geordnet ist:

β	n	β	n
$+90^0$	2,5	-0^0	82,0
75	5,0	15	59,0
60	7,7	30	26,7
45	14,5	45	13,5
30	23,5	60	9,6
15	51,0	75	6,6
$+0$	82,0	-90	0,0

Diese Herschelschen Sterneichungen sind auch heute noch von großem Werte für die Wissenschaft, und es wäre eine Vervollständigung derselben und eine Sicherung der nicht genau bekannten Grenze, bis zu der Herschels Zählungen reichen, sehr wünschenswert. Ähnliche Arbeiten sind in neuerer Zeit von Epstein ausgeführt, welcher für etwa 2000 Felder von einem Areal von etwa $^1/_2\square^0$ die Zahl der Sterne bis zur elften oder zwölften Größe abzählte.

Nach Herschel wandte sich besonders W. Struve der Frage der Verteilung der Sterne zu. Er benutzte die Besselschen Beobachtungen der Sterne der Zone von -15^0 bis $+15^0$ Deklination. Da das Material aber notwendigerweise ein nicht gleichförmiges sein mußte, weil dort, wo die Sterne weniger dicht stehen, der

Prozentsatz der während ihres Durchganges durch das Gesichtsfeld aufgezeichneten Sterne ein größerer sein mußte, so suchte Struve diese Gleichförmigkeit herzustellen durch Vergleichung der Sternzahl in den Zonen mit derjenigen der in anderen Katalogen an derselben Stelle vorkommenden Sterne. Nimmt man an, daß der Prozentsatz der von den überhaupt vorhandenen Z Sternen und derjenige der von den m Sternen des Vergleichskatalogs beobachteten Sterne der gleiche sei, so findet man, wenn g die Zahl der gemeinsamen Sterne beider Kataloge und z die Anzahl der Sterne bei Bessel ist, $Z = z\,\frac{m}{g}\cdot$ Die so gleichförmig gemachten Zahlen der Sterne in den einzelnen Rektaszensionsstunden, die Struve getrennt für die Größenstufen 1^m bis 6^m, 6^m bis 7^m, 7^m bis 8^m, 8^m bis 9^m bildet, zeigen Maxima bei 6^h und 18^h, Minima bei 1^h und 12^h und im übrigen einen regelmäßigen Gang. Wird die mittlere Anzahl der Sterne in einem 15^0 breiten Streifen der Zone = 1 gesetzt, so ergeben sich folgende relative Dichtigkeiten der Sterne von der ersten bis achten Größe:

AR				Dichte
	0^h	12^h		0,84
1^h	11	13	23^h	0,77
2	10	14	22	0,77
3	9	15	21	0,82
4	8	16	20	1,06
5	7	17	19	1,28
	6	18		1,76

Die für die einzelnen Größenstufen gebildeten Dichtigkeitszahlen zeigen denselben Gang, der dem Einflusse der Milchstraße, die bei $6^h\ 40^m$ und $18^h\ 40^m$ den Äquator, die Mittellinie der Zone, durchschneidet, zuzuschreiben ist.

Die weiteren Untersuchungen über die scheinbare Verteilung der Sterne knüpfen nun ausschließlich an die großen Durchmusterungs- und Katalogisierungsarbeiten an, die in der zweiten Hälfte des vorigen Jahrhunderts ausgeführt worden sind. So hat K. v. Littrow die Anzahl der Sterne, die in der nördlichen B. D. vorkommen, gezählt, indem er sie nach zehntel Größenklassen trennte. Zusammengezogen ergeben diese Zählungen für die Anzahl A_m der Sterne der einzelnen Größenklassen und $\mathfrak{A}_m$ aller Sterne bis zu der betreffenden Größe folgendes:

Größe	A_m	$\mathfrak{A}_m$	$\mathfrak{A}'_m$	Größe	A_m	$\mathfrak{A}_m$	$\mathfrak{A}'_m$
$\leqq$ 1,0	4	4	2	5,0 bis 5,9	1 001	1 490	1 560
1,0 bis 1,9	6	10	9	6,0 „ 6,9	4 386	5 876	5 678
2,0 „ 2,9	37	47	32	7,0 „ 7,9	13 823	19 699	20 660
3,0 „ 3,9	130	177	118	8,0 „ 8,9	58 095	77 794	75 180
4,0 „ 4,9	312	489	429				

Littrow legt diese Zahlen der Formel (18) unter, nach der ist: $\mathfrak{A}_m = \mathfrak{A}_1 \mu^{3(m-1)}$. Indem er einführt: $a = \mathfrak{A}_1 \mu^{-3}$, $b = \mu^3$, schreibt er die Formel $\mathfrak{A}_m = a b^m$. Als Mittel aus den Zahlen $\mathfrak{A}_7$, $\mathfrak{A}_8$, $\mathfrak{A}_9$ folgt:

$$\mathfrak{A}_m = 0{,}6716 \,.\, (3{,}639)^m,$$

und damit findet man die in der Kolumne $\mathfrak{A}'_m$ aufgeführten Zahlen.

Über die Verteilung der dem freien Auge sichtbaren Sterne liefert das beste Bild Houzeaus schon S. 47 erwähnte Uranométrie générale, in welcher auch die scheinbare Verteilung der Sterne in bezug auf die Milchstraße untersucht wird. Das Resultat ist in der folgenden Tabelle niedergelegt:

Anzahl der dem freien Auge sichtbaren Sterne.

Galakt. Breite	Anzahl	Galakt. Breite	Anzahl	Galakt. Breite	Anzahl
+ 90° bis + 70°	141	+ 30° bis + 10°	974	— 30° bis — 50°	706
+ 70 „ + 50	438	+ 10 „ — 10	1145	— 50 „ — 70	444
+ 50 „ + 30	683	— 10 „ — 30	1035	— 70 „ — 90	153
	1262		3154		1303

In der Zone zwischen den galaktischen Breitenkreisen + 30° und — 30°, die die Hälfte des ganzen Himmels umfaßt, stehen 3154, in den beiden Kalotten nur 2565 Sterne. Die größere Dichtigkeit in der Milchstraßenzone tritt also auch bei diesen hellen Sternen, freilich bei weitem nicht in dem Maße wie bei den schwächeren, auf.

Die von J. Herschel gemachte Wahrnehmung, daß auf der südlichen Hemisphäre die hellsten Sterne angeordnet sind in einem sich um die Sphäre herumziehenden, aber mit der Milchstraße nicht zusammenfallenden Gürtel, gab Gould Veranlassung, nach dieser Richtung genauere Abzählungen vorzunehmen. Indem er die Lage des Kreises, der auch auf der nördlichen Hemisphäre sich deutlich zu erkennen gibt, nach dem Anblick des Himmels festlegte, fand er, daß von den 527 Sternen bis zur vierten Größe, die am Himmel vorkommen, 306 sich der Milchstraße, aber 330 sich dem „Gouldschen Kreise“ bis auf 30⁰ nähern, und daß von 355 Sternen einer Zone, die durch Parallelkreise zur Milchstraße und zu dem Kreise in 30⁰ Abstand begrenzt wird, 179 nördlich, 176 südlich vom Gouldschen Kreise, dagegen 146 nördlich und 207 südlich von der Milchstraße stehen. Es geht daraus hervor, daß die Ebene der Milchstraße keine Symmetrieebene für diese hellen Sterne ist. Zur Erklärung des Auftretens dieses Kreises nimmt Gould an, unsere Sonne sei ein Glied eines von etwa 400 hellen Sternen gebildeten Haufens von abgeplatteter Gestalt. Sie steht nicht weit entfernt von der Mitte des Haufens, der sich von unserem Standpunkt aus in der Form des breiten Gürtels hellerer Sterne auf die Sphäre projiziert.

Auch die Rechnung bestätigt dieses graphische Resultat. Verfasser bestimmte denjenigen Kreis der Sphäre, dem sich die 40 hellsten Sterne des Himmels möglichst nähern, und fand für den Pol desselben die Koordinaten $\alpha = 191{,}9^0$, $\delta = +41{,}2^0$, für seinen sphärischen Radius $83{,}8^0$. Der Pol dieses Kreises liegt 15^0 entfernt von den Hauptsternen des großen Bären. Der Kreis geht fast genau durch den Zielpunkt der Sonnenbewegung, wie er nach der Polmethode gefunden wird. Ähnliche Rechnungen führten Newcomb zu den folgenden Koordinaten der Pole der Symmetrieebenen der helleren Sterne:

		A	D
1.	Für die 36 hellsten Sterne ohne stärkere E. B.	$A = 179{,}6^0$	$D = +26{,}4^0$
2.	Für alle Sterne bis $2{,}5^m$	181,2	$+17{,}4$
3.	Für alle Sterne bis $3{,}5^m$	180,0	$+21{,}5$

Alle diese Zahlen bestätigen die Folgerungen Goulds, der den Pol seines Kreises etwa nach $\alpha = 171^0$, $\delta = +30^0$ verlegt.

Gould beschäftigte sich auch mit dem Gesetze der Sternzahlen, indem er die Konstanten der Littrowschen Formel $\mathfrak{A}_m = a \cdot b^m$ zu bestimmen suchte. Er findet:

1. Aus der Uranometria Argentina . . . . . $\mathfrak{A}_m = 0{,}5312\ (3{,}9120)^m$
2. Aus Argelanders Uranometrie und Heis' Sternverzeichnis . . . . $0{,}4691\ (3{,}9129)^m$

Im Mittel würde für die einzelnen Hemisphären und für die dem freien Auge sichtbaren Sterne hiernach der Ausdruck gelten

$\mathfrak{A}_m = 0{,}5001\ (3{,}9125)^m$, so daß die Anzahl der Sterne am ganzen Himmel gegeben wäre durch $\mathfrak{A}_m = 1{,}0003\ (3{,}9125)^m$.

Durch die Einführung der photometrischen Methoden und der photometrischen Größenskala erlangten die Sternzählungen eine weit größere Bedeutung, weil sie nun ein direktes Mittel wurden, um die Entfernungen der Sterne zu bestimmen.

Den Katalog der Harvard Photometry benutzte zuerst Schiaparelli zum Studium der Sternverteilung. Er leitete aus dem Verzeichnisse die Anzahl der Sterne der einzelnen Größenklassen ab und fand daraus die Sternzahlen $\mathfrak{A}_m$ bis zu den einzelnen Größen, wie sie die folgende Tafel enthält:

Größe	Zahl	$\mathfrak{A}$	$\mathfrak{A}_r$	$\mathfrak{A}'_r$
heller als $1{,}0^m$	7	7	8	3
1,0 bis 2,0	16	23	27,5	14
2,0 „ 3,0	66	89	92	54
3,0 „ 4,0	218	307	307	215
4,0 „ 5,0	717	1024	1024	857
5,0 „ 6,0	2089	3113	3413	3413

Nach Gleichung (18) sollten die Zahlen $\mathfrak{A}$ eine geometrische Reihe mit dem Exponenten 3,981 = *Num log* 0,6 bilden. Das ist offenbar nicht der Fall. Aber die Zahlen schließen sich doch ziemlich eng einer geometrischen Reihe an. Halten wir die Zahl 1024 fest und nehmen als Exponenten $^{3}/_{10}$, so entsteht die Reihe $\mathfrak{A}_r$, die die Beobachtungen sehr nahe darstellt bis auf die letzte Zahl. Nun ist es aber von vornherein wahrscheinlich, daß diese Zahl zu klein ist, da bei der Auswahl der Sterne die B. D. benutzt wurde. Pickerings Größe 6,0 ist = B. D. $6{,}2^m$; es sind daher die Sterne der B. D. bis $6{,}2^m$ beobachtet, aber es fehlen nun alle Sterne, die, obwohl heller als $6{,}0^m$, infolge von Schätzungsfehlern in B. D. zu $6{,}3^m$ oder noch schwächer angegeben sind. Dem Verhältnis $\mathfrak{A}_m : \mathfrak{A}_{m-1} = {}^{10}/_{3}$ würde die photometrische Konstante $log\ \mu^2 = 0{,}3486$ entsprechen, ein viel zu kleiner Wert. Halten wir nun die letzte Zahl der Reihe $\mathfrak{A}_r$ fest und berechnen mit $log\ \mu^2 = 0{,}4$ die Sternzahlen der geringeren Größenklassen, so entstehen die Zahlen $\mathfrak{A}'_r$, aus denen hervorgeht, daß die Zahl der wirklich vorhandenen schwächeren Sterne viel kleiner ist, als die Voraussetzungen, die der Gleichung (18) zugrunde liegen, es verlangen.

Eine besondere Eigentümlichkeit der Schiaparellischen Arbeit bildet aber eine bildliche Darstellung der scheinbaren

Verteilung der Sterne, die seitdem häufig angewandt ist. Auf Planigloben, welche der stereographischen Polarprojektion des Himmels entsprechen, sind beide Hemisphären dargestellt. Die ganze Sphäre ist dabei durch Parallelkreise von 5^0 Abstand und durch Stundenkreise, die bis 50^0 Deklination um 5^0, in den höheren Deklinationen entsprechend weiter voneinander entfernt sind, in Trapeze von ungefähr gleichem Areal zerlegt. Es wurden dann alle in diese Trapeze fallenden Sterne, bei der Südhalbkugel die der Uran. Argent., bis 6^m gezählt Aus diesen Zahlen wurde für jedes Trapez mit Benutzung der ihm nächstliegenden die Anzahl der Sterne, die auf $100 \square^0$ fallen, ermittelt, und diese Zahl ist dann in die Trapeze eingeschrieben. Um die Ungleichheiten der Verteilung noch besser hervortreten zu lassen, sind die Karten entsprechend der wechselnden Dichtigkeit farbig angelegt. Die größte Dichtigkeit finden wir auf der Südhalbkugel im Schiff Argo mit 28 Sternen auf $100 \square^0$. Auf der Nordhalbkugel steigt die Sternzahl im Schwan bis 21 und in den Hyaden bis 25. Ähnliche Karten zeigen die Verteilung der Sterne der einzelnen Helligkeitsstufen. Sie geben, jede für sich, ein sehr übersichtliches Bild von der Verteilung der Sterne, auf die sie sich beziehen, und durch die Gesamtheit der Karten erhält man eine anschauliche Darstellung der Art und Weise, wie das Bild, in dem der Himmel sich unserem Auge darbietet, entstanden ist. Denkt man sich die einzelnen Karten in entsprechender Entfernung hintereinander aufgestellt, so bieten sie auch ein vortreffliches Mittel, um die räumliche Anordnung der Sterne anschaulich zu machen.

Diese Darstellungsmethode Schiaparellis liegt nun auch einem anderen Werke zu Grunde, welches zur Zeit die beste und ausführlichste graphische Darstellung des Fixsternhimmels bildet. Es sind Stratonoffs beide Atlanten zu seinen „Etudes sur la structure de l'Univers". Die Gesamtheit der Sterne ist hier in acht Klassen geteilt; die erste Klasse umfaßt die helleren Sterne bis $6{,}0^m$, die weiteren Klassen die Sterne bis $9{,}5^m$ von halber zu halber Größenklasse. Beim Südhimmel tritt noch eine neunte Klasse hinzu, die Sterne unter $9{,}5^m$ enthaltend. Als Grundlage für die Zählungen wurde die B. D. bis zum Parallel von — 20^0 Deklination und die C. P. D. für den südlicheren Teil benutzt. Für die B. D. lagen die Abzählungen nach den Trapezen durch Seeligers Arbeiten schon vor. Bezüglich der Helligkeit wurde die Skala der B. D. festgehalten, und die Angaben der C. P. D. wurden auf dieselbe reduziert, indem gesetzt wurde:

C. P. D.	$6,0^m$	$6,5^m$	$7,0^m$	$7,5^m$	$8,0^m$
= B. D.	5,6	6,2	6,7	7,3	8,0

Bei den geringeren Helligkeiten ist ein Unterschied nicht mehr merklich. Trotz dieser Reduktion der photographischen Größe auf die visuelle bleiben aber doch die Resultate für den Südhimmel der bei weitem schwächere Teil der Darstellung, weil sich das Plattenmaterial als sehr ungleich erwiesen hat (vgl. S. 57). Die Zählung der Sterne wurde nach denselben Prinzipien wie bei Schiaparelli ausgeführt. Für die einzelnen Trapeze sind aber nicht die Sternzahlen gegeben, sondern die relative Dichtigkeit, indem die mittlere Dichtigkeit bei jeder Klasse = 10 gesetzt wurde. Die Farben, mit denen die Karten angelegt sind, entsprechen den vier Dichtigkeitsgrenzen 0 bis 10, 10 bis 15, 15 bis 20, >20. Auch bei Stratonoff ist nicht die den einzelnen Trapezen entsprechende Dichtigkeit eingetragen, sondern das Mittel aus den neun Trapezen, in deren Mitte das betreffende Trapez steht. Dadurch treten natürlich nur die großen Züge in den Gesetzen der Sternverteilung hervor. In die Karten sind die Mittellinie der Milchstraße und Parallelkreise zu ihr in 10^0 Abstand eingezeichnet; außerdem sind die helleren Sterne eingetragen, wodurch die Orientierung sehr erleichtert wird.

Bezüglich der scheinbaren Verteilung der Sterne führen nun die Karten und ihr eingehendes Studium zu folgenden Schlüssen. Bei den helleren Sternen fehlt ein Zusammenhang zwischen der Linie der Maxima und der Milchstraße. In Klasse I, die diese Sterne umfaßt, tritt dagegen der Herschel-Gouldsche Gürtel deutlich hervor. Auf der Nordhalbkugel entsprechen auch die Sterne $6,0^m$ bis $6,5^m$ noch dieser Anordnung, und erst bei den schwächeren schließt sich die Maximalinie enger der Milchstraße an. Auf der Südhalbkugel tritt die Maximalinie erst deutlich bei $7,6^m$ hervor und schließt sich dann auch hier der Milchstraße an. Für die Gesamtheit der Sterne 1^m bis $9,0^m$ bestimmen die letzten Klassen natürlich vorwiegend den Verlauf. Die Linie der Maxima liegt in AR = 0^h auf der Nordhalbkugel in der Cassiopeja etwa 10^0 südlich von der Milchstraße. Indem wir sie im Sinne wachsender AR verfolgen, sehen wir sie zuerst sich der Milchstraße nähern und im Fuhrmann bei $\alpha = 5^h$ sie schneiden. Dann liegt sie auf der Nordseite, entfernt sich bei γ Geminorum um etwa 5^0, schneidet sie wieder etwa in $\alpha = 7^h$, $\delta = -12{,}5^0$ und weicht nun nach Süden im Maximum um etwa 7^0 in $\alpha = 7^h\,40^m$, $\delta = -35^0$ ab. Sie trifft die Milchstraße wieder bei η Argus, geht nun wieder eine kurze Strecke auf die Nordseite, um bei α Centauri wieder zur Südseite zurückzukehren und sich bis auf mehr als 10^0 im Schützen zu entfernen. Im Adler geht sie wieder auf die Nordseite, entfernt sich bis auf 5^0 bei β Cygni und tritt bei α Cygni wieder auf die Südseite. Diese Linie ist also offenbar kein größter Kreis der Sphäre, und sie steht auch in keiner engeren Beziehung zur Milchstraße. Auch in der allgemeinen Verteilung der Sterne in bezug auf die Milchstraße zeigen sich große Unregelmäßigkeiten. Die Abnahme der Dichtigkeit zu beiden Seiten der Milchstraße ist meist verschieden und erfolgt an verschiedenen Punkten der Milchstraße mit ungleicher Schnelligkeit. Die Minima der Sterndichtigkeit fallen nicht mit den Polen der Milchstraße zusammen. Bei den schwächeren Sternen von $7{,}6^m$ ab liegen sie allerdings in der Nähe dieser Pole. Es finden sich relative Minima von gleicher oder wenig geringerer Tiefe aber auch an anderen Stellen und besonders häufig in der Nähe des Himmelsäquators. In der Milchstraße gibt es für die helleren Sterne Stellen, an denen die Dichtigkeit noch geringer ist als bei den Polen der Milchstraße. Auf der Südhalbkugel liegen bei den helleren Sternen bis $7{,}0^m$ die Minima teilweise sogar in der Milchstraße selbst. Vergleicht man beide Hemisphären, so sieht man, daß die Sterne 1^m bis $6{,}0^m$ sich überall gleich und ohne Beziehung auf die Milchstraße verhalten, aber regelmäßig angeordnet sind gegen den Gouldschen Kreis. Während auf der Nordhalbkugel dann aber schon bei den Sternen $6{,}0^m$ die Gruppierung der größeren Dichtigkeiten um die Milchstraße einsetzt und beständig mehr hervortritt, je schwächer die Sterne werden, ist die Verteilung der Sterne $6{,}0^m$ bis $7{,}5^m$ auf der Südhemisphäre ganz unregelmäßig und lehnt sich in keiner Weise an die Milchstraße an. Hier tritt erst mit den Sternen $7{,}6^m$ die Anhäufung gegen die Milchstraße hervor, um mehr und mehr zuzunehmen. Einen engeren Zusammenhang zwischen den Helligkeitsunterschieden in der Milchstraße und der Sterndichte hält Stratonoff ebenfalls für nicht nachweisbar. Auch die Teilung der Milchstraße in zwei Äste tritt nicht hervor, hieran dürfte aber wohl die Art der Bildung der mittleren Dichtigkeit, die die größeren Unterschiede in engeren Bezirken sehr ausgleichen mußte, die Schuld tragen. Wir werden später sehen, daß ein detailliertes Studium zu wesentlich anderen Folgerungen führt.

Mit der Verteilung und der Anzahl der helleren Sterne bis zur 7^m beschäftigt sich auch Pickering in verschiedenen in den Harvard Annals wiedergegebenen Arbeiten. Zu einem Gesamtresultate hat er sie im 48. Bande dieser Annalen in der Abhandlung „Distribution of stars" zusammengefaßt. Pickering stützt sich beim Studium der Verteilung der Sterne in bezug auf die Milchstraße auf Heis' Zeichnung derselben. Er teilt den Himmel durch die vollen Stundenkreise und die Zehnergrade der Deklination in 24 × 18 Trapeze bzw. Dreiecke und schätzt die Intensität der in die Milchstraße fallenden Trapeze, indem er dieselbe = 10 setzt, wenn das betreffende Trapez ganz bedeckt wird von einer der hellsten Partien der Milchstraße. Er teilt nun den Himmel in vier Zonen. Die erste enthält diejenigen Trapeze, in denen die Intensität der Milchstraße mindestens = 5 ist, die zweite enthält die gleichfalls in die Milchstraße fallenden Trapeze mit geringerer Intensität; die außerhalb und zwar nördlich von der Milchstraße liegende Fläche bildet die dritte, der südlich von der Milchstraße liegende Teil die vierte Zone. Es wird nun für jeden der 17995 Sterne bis zur Größe 7 ermittelt, in welche dieser Zonen er fällt, und dann berechnet, welchen Prozentsatz die einzelnen Größenklassen zu der Gesamtzahl der Sterne heller als $6{,}5^m$ in jeder Zone beitragen. Hierüber gibt die folgende Tabelle Aufschluß. Die Kolumne B umfaßt dabei alle Sterne, die heller als $3{,}75^m$ sind, die Kolumne 4^m die Sterne von $3{,}75^m$ bis $4{,}25^m$ usf.

Zone	B	4^m	$4{,}5^m$	5^m	$5{,}5^m$	6^m	$6{,}5^m$
Milchstraße, dichteste Zone .	3,3	2,3	4,0	8,7	13,8	25,1	42,7
„ , schwächere „ .	3,6	2,3	4,7	8,8	14,4	24,6	41,6
Nördliche Zone	3,2	2,0	3,7	8,3	14,8	24,7	43,2
Südliche „	2,2	2,5	5,1	7,1	15,1	24,3	43,5
Allgemein	3,0	2,3	4,3	8,2	14,5	24,8	42,9

Offenbar ist also das Gesetz der Sternverteilung in diesen einzelnen Zonen das gleiche, und wir sind berechtigt, alle Sterne zusammenzufassen, um es abzuleiten. Pickering zählt nun wieder die Sterne von halber zu halber Größenklasse ab. Zur ersten Klasse der Sterne heller als $0{,}5^{m}$ ist auch unsere Sonne zu rechnen. Nach Gleichung (17) wird für $n = 0$ $\log \mathfrak{A}_m = \log \mathfrak{A}_0 + m \log \mu^3$, so daß man versuchen kann, die Sternzahlen darzustellen durch den Ausdruck $\log \mathfrak{A}_m = a + b\, m$, worin wäre $a = \log \mathfrak{A}_0$ und $b = \log \mu^3$ oder für die einfache Seite 43 gemachte Annahme $b = 0{,}6$. Für die Sterne bis zur Größe 6,75 findet Pickering den Ausdruck:

$$\text{Sterne bis } 6{,}5^{m} \quad . \ . \ . \ . \quad \log \mathfrak{A}_m = 0{,}618 + 0{,}51\, m.$$

Diese Formel ergibt folgende Darstellung der beobachteten Sternzahlen:

Größe	Beob.	Rech.	*B—R*	Größe	Beob.	Rech.	*B—R*
$<$ 0,5	5	6	— 1	3,5	336	339	— 3
0,5	10	10	0	4,0	589	615	— 26
1,0	18	18	0	4,5	1 067	1 097	— 30
1,5	32	32	0	5,0	1 972	1 972	0
2,0	58	58	0	5,5	3 562	3 548	+ 14
2,5	105	105	0	6,0	6 284	6 383	— 99
3,0	193	188	+ 5	6,5	11 004	11 479	— 475

Übergehend zu den Sternen bis 9^{m} zeigt Pickering, indem er zwölf Felder von $34{,}8 \square^{0}$ Größe auf dem Parallel von $+ 15^{0}$ Deklination genau abzählt, daß auch hier dasselbe Gesetz der Sternverteilung für alle Teile des Himmels gilt, indem für jede beliebige Größenklasse die Anzahl der auf gleiche Flächen fallenden Sterne in der Milchstraße 1,89 mal so groß ist als außerhalb derselben. Man kann sich also auch hier auf die Gesamtzahl der Sterne der einzelnen Größenstufen beschränken. Für das Studium der Sterne schwächer als $9{,}5^{m}$ verwendet Pickering die Hagenschen Karten der Sterne in der Umgebung der veränderlichen Sterne, die etwa $^1/_2 \square^{0}$ umfassen und die Sterne bis etwa 13^{m} enthalten. Indem er auch dieses Material prüft, kommt er bezüglich des Verteilungsgesetzes zu dem gleichen Schlusse. Durch die Vergleichung der Zahlen zweier aufeinander folgender Größenstufen wird, da $\log \mathfrak{A}_{m + 1/2} - \log \mathfrak{A}_m = {}^1/_2\, b$ ist, die Konstante b, die bei den Sternen bis $6{,}5^{m}$ zu 0,51 gefunden war, bekannt. Eine Ausgleichung der berechneten Werte dieser Konstante durch eine Kurve führt Pickering zu folgender Tafel:

Größe	μ^3	Größe	μ^3
0,0	= 3,34	7,0	= 3,11
1,0	3,34	8,0	3,00
2,0	3,33	9,0	2,86
3,0	3,31	10,0	2,68
4,0	3,28	11,0	2,45
5,0	3,24	12,0	2,23
6,0	3,18	13,0	2,05

Nach dieser Tabelle würde also der Zuwachs der Sternzahl immer geringer werden, je schwächere Sterne man betrachtet. Diese Schlußfolgerung Pickerings scheint aber wenigstens für den Bereich der Durchmusterungen nicht berechtigt. Denn berechnet man die Einzelwerte von μ^3 aus Pickerings Tabellen, so findet man:

Größe	μ^3	Größe	μ^3
0,0 bis 6,5	= 3,24	8,0 bis 8,5	= 2,99
6,5 „ 7,0	3,44	8,5 „ 9,0	2,55
7,0 „ 7,5	3,01	9,0 „ 9,5	2,66
7,5 „ 8,0	3,36		

Die letzten beiden Zahlen scheiden aber ganz aus, sie beruhen auf den Sternen $8,75^m$ bis $9,25^m$ bzw. $9,25^m$ bis $9,75^m$, für die die Durchmusterung nicht vollständig sein will. In den übrigen Zahlen ist eine Abnahme aber nicht zu erkennen.

Die Änderung von μ^3 für sehr schwache Sterne hat auch Tucker zu ermitteln versucht (A. P. J. 7, 330) durch Auszählung der Sterne in einer $2\square^0$ großen Fläche mittels des 36″-Refraktors der Lickssternwarte, welcher Sterne bis zu 17^m zeigt. Sein Resultat war:

Größe	A_m	μ^3
heller als $9,0^m$	16	
10 und 11	91	2,59
12 „ 13	192	1,67
14 „ 15	327	1,45
16 „ 17	770	1,49

Die wichtigsten, die Verhältnisse in größter Deutlichkeit und Ausführlichkeit darlegenden Untersuchungen sind die von Seeliger. Sie beruhen auf dem Gesamtmaterial der beiden Bonner Durchmusterungen, für welche zunächst die die Benutzung dieses großen Materials erst möglich machenden Abzählungen für kleine Flächen ausgeführt wurden, die nun für alle diese Fragen nicht mehr zu entbehren sind. Die Sphäre wurde für diese Zählungen durch die 5^0 voneinander abstehenden Parallelkreise und durch um

20 Minuten entfernte Stundenkreise in Trapeze zerlegt. Aus der Anzahl der Sterne in diesen Trapezen ergaben sich dann die für die ganze Untersuchung wichtigsten Zahlen, nämlich die Anzahl der Sterne in neun der Milchstraße parallel laufenden Zonen, durch Addition. Die Grenzen der Zonen bilden die galaktischen Parallelkreise $\pm 10^0$, $\pm 30^0$, $\pm 50^0$ und $\pm 70^0$. Zone I reicht vom Nordpol der Milchstraße bis zur galaktischen Breite $+70^0$, Zone V enthält die Milchstraße, Zone IX umfaßt die galaktischen Breiten -70^0 bis -90^0. Wegen der Ungleichförmigkeit der Größenangabe in der Durchmusterung war es zunächst nötig, eine Reduktion der Sternzahlen auf die photometrische Skala auszuführen. Für den in Rede stehenden Zweck der Untersuchung der Sternverteilung kommt es nur darauf an, den aus der ungleichen Sternfülle resultierenden Fehler der Bonner Größenschätzungen fortzuschaffen. Dazu dienen die S. 56 angegebenen Reduktionen. Die Sternfülle D, die in diesen Formeln vorkommt, wird aus der Anzahl der Sterne und dem Areal der Zonen folgendermaßen gefunden:

I: 0,35, II: 0,37, III: 0,45, IV: 0,68, V: 1,00, VI: 0,77, VII: 0,47, VIII: 0,41, IX: 0,38.

Seeliger faßt, weil die Größenangaben der B. D. bei den helleren Sternen zu unsicher sind, alle Sterne heller als $6{,}5^m$ zusammen und zählt dann von halber zu halber Größenklasse fortschreitend. Zur Vervollständigung sind vom Verfasser dann auch unter Benutzung eines handschriftlichen Kataloges mit photometrischer auf Pickerings und Baileys Beobachtungen beruhender Größenangabe die helleren Sterne des ganzen Himmels in gleicher Weise abgezählt, und Seeliger hat noch nach der Harvard-Photometry die Anzahl der Sterne im Gebiete der B. D. bis $6{,}0^m$ berechnet. Die Resultate finden sich in der folgenden Tabelle, in der $\mathfrak{A}_m$ wieder die Anzahl der Sterne bis zur Größe m bedeutet:

(Siehe nebenstehende Tabelle.)

Die Sternzahlen sind benutzt zur Berechnung des Quotienten $\log \mathfrak{A}_m - \log \mathfrak{A}_{m-1/2}$. Bei Seeliger ist der aus den direkt beobachteten Zahlen berechnete Wert dieses Quotienten noch zu verbessern wegen der Abweichungen der Größenstufen von den photometrischen, die in der Tabelle neben den visuellen Stufen in

Größe		$\mathfrak{A}_m =$	$log\,\alpha_0 =$
< 2,0		64	
2,5		102	0,202
3,0		195	281
3,5		339	240
4,0		620	262
4,5		1 086	243
5,0		1 995	264
5,5		3 429	235
6,0	(6,00)	2 235	
6,5	(6,52)	4 120	0,256
7,0	(7,06)	8 007	267
7,5	(7,57)	14 061	240
8,0	(8,07)	25 229	253
8,5	(8,62)	48 127	254
9,0	(9,21)	100 979	274

Klammern beigefügt sind. Die Werte $log\,\alpha_0$ beziehen sich durchweg auf die photometrische Skala. Bildet man die Mittelwerte, so erhält man für die Sterne bis 6^m $log\,\alpha_0 = 0{,}247$, für die Sterne bis 9^m $log\,\alpha_0 = 0{,}257$. Der Unterschied beider Zahlen ist aber keineswegs zu verbürgen. Wenn die S. 43 gemachten Voraussetzungen gleichförmiger Verteilung der Sterne und gleicher mittlerer Leuchtkraft gestattet wären, sollte $log\,\alpha_0 = 0{,}3$ sein. Die tatsächlichen Verhältnisse führen dagegen zu Seeligers erstem Gesetz: „Die Anzahl der Sterne nimmt beträchtlich langsamer mit der Sterngröße zu, als es bei gleichförmiger Verteilung und gleicher mittlerer Leuchtkraft der Fall sein würde.“ Es gilt dieses Gesetz von den hellsten bis zu den Sternen 9. Größe. Als wahrscheinlichsten Wert von $log\,\alpha_0$ hätten wir 0,257 zu nehmen, dem $log\,\mu^3 = 0{,}514$ entspricht. Der Einfluß der Milchstraße folgt aus der Berechnung der Werte $log\,\alpha_0$ für die einzelnen Zonen. Die folgende Übersicht faßt die für die einzelnen Größenabstufungen ermittelten Werte für größere Helligkeitsintervalle zusammen und vereinigt die symmetrisch zur Milchstraße liegenden Zonen:

Wert von $log\,\alpha_0$.

Zone	$-3{,}5^m$	$3{,}5-5{,}5^m$	$6{,}0-8{,}0^m$	$8{,}0-9{,}0^m$	$1{,}0-6{,}0^m$
I u. IX	0,282	0,294	0,239	0,236	0,293
II „ VIII	0,205	0,275	0,240	0,273	0,274
III „ VII	0,402	0,258	0,243	0,258	0,254
IV „ VI	0,228	0,261	0,254	0,267	0,222
V	0,220	0,230	0,270	0,283	0,221

In der dritten und vierten Kolumne zeigt sich ein sehr regelmäßiges Wachsen der Zahlen mit der Annäherung an die Milchstraße, und daraus folgt Seeligers zweites Gesetz: „Die Zahl der Sterne nimmt mit der Sterngröße um so stärker zu, je näher die betrachtete Himmelsgegend der Milchstraße liegt.“ Bei den helleren Sternen ist dieses Gesetz offenbar nicht erfüllt. In der zweiten Kolumne ist der Gang der Zahlen der umgekehrte, es findet ein Wachsen nach den Polen zu statt, und in der ersten Kolumne liegt das Maximum in mittleren galaktischen Breiten. Diese Ausnahmestellung der Verteilung der helleren Sterne findet Seeliger selbst auch bestätigt in einer seine Hauptarbeit ergänzenden Untersuchung der Sterne 1^m bis 6^m, die die in der letzten Kolumne aufgeführten Zahlen ergibt.

Zur Untersuchung der Verteilung der schwächeren Sterne verwendet Seeliger eine von Celoria ausgeführte Abzählung der Sterne in einer zwischen dem Äquator und dem Parallelkreis $+ 6^0$ liegenden Zone, die bis etwa $11{,}5^m$ reicht, und außerdem die Sterneichungen der beiden Herschel. Aus diesen Zählungen leitet er die Anzahl der Sterne auf dem Quadratgrad ab und vergleicht sie mit der Anzahl der Sterne bis $9{,}2^m$ der photometrischen Skala nach der B. D. Das wichtige Resultat dieser Vergleichung stellt sich so:

Zone	D. M.	Celoria	Herschel	C:D	H:D
I	3,06	—	107	—	35,0
II	3,24	67,6	154	20,9	47,5
III	3,80	79,3	281	20,8	73,9
IV	5,34	115,7	560	21,7	104,9
V	7,36	146,9	2019	20,0	274,3
VI	5,94	111,4	672	18,8	113,1
VII	3,99	77,7	261	19,5	65,4
VIII	3,56	70,8	154	19,9	43,3
IX	3,51	—	111	—	31,6

Die Helligkeitsgrenze, bis zu der diese Zählungen Celorias und der Herschel reichen, ist nur annäherungsweise anzugeben. Nehmen wir sie zu $11{,}5^m$ bzw. $13{,}5^m$ an, was als die wahrscheinlich beste Annahme gelten darf, und berechnen nun nach der Formel (17) mit $\log \mu^3 = 0{,}514$ die Verhältnisse der Sternzahlen für diese Grenzen, so wird $\mathfrak{A}_{11,5} : \mathfrak{A}_9 = 19{,}3$, $\mathfrak{A}_{13,5} : \mathfrak{A}_9 = 206$. Die beobachteten Werte C:D schließen sich der theoretischen Zahl $\mathfrak{A}_{11,5} : \mathfrak{A}_9$ so nahe an, daß der Schluß berechtigt ist, daß auch bei den Sternen $11{,}5^m$ noch dasselbe Verteilungsgesetz der Sterne gilt wie bei den Sternen bis 9^m. Dagegen erhalten wir hinsichtlich der schwächeren Sterne das überaus wichtige dritte Seeligersche Gesetz: „Die Anzahl der schwächeren Sterne wächst in Regionen fern von der Milchstraße sehr langsam mit der Sterngröße und in einem überaus viel langsameren Verhältnis, wie dies bei den helleren Sternen der Fall ist.“

Der Wert der Konstante μ^3 wird aus dem Verhältnis der Zahlen der Herschelschen Sterne und der Sterne bis 9^m wie folgt gefunden:

Zone		
Zone I und IX	....	$\mu^3 = 2{,}14$
II „ VIII	....	2,33
III „ VII	....	2,57
IV „ VI	....	2,84
V	....	3,48

Um den Wert in der Milchstraße in Übereinstimmung mit dem normalen Werte 3,28 zu bringen, brauchten wir die Helligkeitsgrenze der Herschelschen Eichungen nur um 0,2 Größenklassen zu ändern. Es ist also nicht möglich, in der Milchstraße eine Änderung des Wertes von μ^3 festzustellen.

In der Verschiedenheit des Wertes von μ^3 mit der galaktischen Breite ist aber auch die Erklärung des Pickeringschen Ergebnisses der Abnahme des mittleren Wertes von μ^3 gegeben, wie auch Tuckers Wahrnehmung das Befremdliche verliert.

Durch Seeligers Arbeiten dürfte das uns jetzt durch die Durchmusterungen zu Gebote stehende Material hinsichtlich der scheinbaren Verteilung der Sterne im wesentlichen erschöpft sein. Eine weitere Sicherung seiner Gesetze und vielleicht neue Aufschlüsse darf man erhoffen von der jetzt in der Arbeit befindlichen photographischen Aufnahme des ganzen Himmels. Bei der Auswertung dieses Materials treten aber als neue große Schwierigkeiten die ungleiche Beschaffenheit der Platten, die große Abhängigkeit der Resultate von der Luftbeschaffenheit und schließlich die Ungleichheit in der Vollständigkeit der Aufnahmen mit dem Abstande von der Plattenmitte hinzu und müssen erst überwunden werden.

Eine Prüfung der Greenwicher Aufnahmen der Zone $+ 64^0$ bis $+ 70^0$ Deklination durch Christie hat als ein erstes Resultat ergeben, daß die Sternzahlen mit der Belichtungszeit zusammenhängen gemäß der Formel $\mathfrak{A}_m^2 : \mathfrak{A}_n^2 = t_m^3 : t_n^3$. Die Aufnahmen von 3 Minuten bzw. 40 Minuten Dauer reichen gegenüber denen von 20^s Dauer bis zu 2,36 bzw. 5,20 Größenklassen schwächeren Sternen, und die Sternzahlen wachsen auf das 4,29- bzw. 29,58fache. Unsere Formel, $\log \mathfrak{A}_m - \log \mathfrak{A}_n = (m - n) \log \mu^3$, ergibt hiernach, wenn wir $m - n = 2{,}36$ bzw. 5,20 setzen, für μ^3 die beiden Werte 1,85 bzw. 1,92. Wegen der Unsicherheit, die der Größenangabe und besonders ihrer Beziehung zur photometrischen Skala anhaftet, kann man diese Zahlen nicht als unbefriedigend ansehen.

Dritter Abschnitt.

Der Bau des Fixsternsystems.

1. Das Phänomen der Milchstraße.

Wir gehen nun dazu über, die einzelnen Züge, die wir festgestellt haben, zum Gesamtbilde zu vereinigen, die Fäden, die wir zu entwirren versucht haben, indem wir sie einzeln verfolgten, wieder zusammenzuknüpfen.

Der leitende Gedanke, der uns bei unseren Forschungen nie verlassen hat, war der, daß der Milchstraße, jenem geheimnisvollen das All umschlingenden leuchtenden Bande, eine Bedeutung innewohne, deren Erkenntnis entscheidend für ein erfolgreiches Eindringen in die ewigen Gesetze der Schöpfung sein müsse. Ist nun dieses Ziel erreicht? Fügen die einzelnen Steine, die wir zusammengetragen, sich leicht und sicher zusammen zu dem hehren Bau, den wir zu errichten trachteten? O nein, es fehlt noch überall, und das Fehlende ist gar oft das Wichtigste. Vielleicht ist es uns möglich, ein typisches Bild, wie Seeliger es ausdrückt, des Weltalls zu entwerfen, unsere Beziehung zum Ganzen zu ahnen, aber wenn wir über das Ganze reden wollen, so müssen wir immer noch weit über die Grenzen unserer wirklich gesicherten Kenntnisse hinaustreten und stehen auf schwankendem Boden, dessen weitere Sicherung unser als eine der wichtigsten Aufgaben noch harrt.

Was ist die Milchstraße, wie entsteht der im ganzen sich einem größten Kreise der Sphäre ziemlich gut anschließende leuchtende Ring? Gehört er zu dem Sternsystem, das unsere Sonne als ein Glied umfaßt, und gibt es einen festen Zusammenhang zwischen uns und ihm, oder steht er außerhalb, ohne Zusammenhang mit unserer näheren Umgebung?

Auf diese Frage dürfen wir eine sichere Antwort aus dem Studium der Sternverteilung erwarten. Fassen wir zunächst die statistischen Resultate ins Auge. Seeliger leitete aus seinen Sternzählungen die Gradienten der Verteilung der Sterne in bezug auf die Milchstraße ab und fand

Sterne heller als $6{,}5^m$	Gradient 0,362
$6{,}6^m$ — $8{,}0^m$	0,459
8,1 — 9,5	0,473.

Wenn sich in diesen Zahlen auch eine Zunahme des Gradienten, also eine zunehmende Verdichtung gegen die Milchstraße mit abnehmender Helligkeit der Sterne auszusprechen scheint, so läßt sich dieselbe doch durch die Einzelwerte durchaus nicht verbürgen, der w. F. der Zahlen beträgt etwa 0,014. Die Konzentration der Argelanderschen Sterne (d. h. der Sterne bis zur Größe 9,0) reicht also entfernt nicht aus, um das Phänomen der Milchstraße als ein optisches zu erklären.

Die einfachen Abzählungen der Sterne geben uns nun noch keine Vorstellung von dem Bilde, in welchem die Gesamtheit der Sterne sich dem Auge darbietet, und gerade die Verteilung der Gesamtintensität des Lichtes muß als maßgebend in Betracht gezogen werden. Eine solche Tafel der Intensitätsverteilung hat Plassmann konstruiert, indem er für die einzelnen Felder der Seeligerschen Sternzählungen die Intensitäten, die die einzelnen Sternklassen nach der Zahl und photometrischen Helligkeit ihrer in die betreffende Fläche fallenden Glieder beitragen, berechnete und durch Addition die Gesamtintensität der Fläche fand, die dann noch eine weitere Reduktion wegen des ungleichen Areals der einzelnen Felder erforderte, um miteinander vergleichbare Zahlen zu haben. Plassmanns Intensitätszahlen beziehen sich auf eine Fläche von 50 □°. Die erste Klasse, die die dem freien Auge sichtbaren Sterne enthält, ist dabei ausgeschlossen, da sie für die Erscheinung der Milchstraße sicher nicht in Frage kommt.

Mit Hilfe dieser Intensitätstafel ist man nun imstande, ein Bild des Sternsystems zu entwerfen, wie es sich unserem Auge durch die Gesamtwirkung der teleskopischen Sterne bis 9^m zeigen würde. Zunächst ergibt sich, daß, die Intensität eines der schwächsten in der Durchmusterung noch enthaltenen Sterne als Einheit genommen, etwa bei der Intensität 1000 für das Auge die Lichtempfindung beginnt, d. h. es müssen 1000 Sterne $9{,}5^m$ in einer Fläche von $50\square^0$ stehen, wenn das Auge an der Stelle einen Lichtschimmer wahrnehmen soll. Wenn man also alle jene Felder, in denen die Lichtintensität diesen Schwellenwert übersteigt, etwa mit Farbe anlegt und die Farbe um so dunkler wählt, je größer die Intensität des Sternenlichtes ist, so erhält man ein getreues Bild des Systems der Sterne bis 9^m. Die Vergleichung einer solchen Karte mit den vorhandenen Zeichnungen der Milchstraße verrät nun weitgehende Ähnlichkeiten, so daß wir zu dem Schlusse berechtigt sind, daß schon die helleren teleskopischen Sterne eine Anordnung zeigen, die der der Milchstraßensterne entspricht. Das Maximum der Intensitätskarte liegt im Schwan, es entspricht dem dreifachen Schwellenwerte, nämlich 3020 Sternen $9{,}5^m$ auf $50\square^0$. Das Minimum fällt in die Umgebung des Nordpols der Milchstraße, es ist wenig höher als ein halber Schwellenwert. Es tritt aber ein eng begrenztes, noch etwas tieferes isoliertes Minimum nördlich von den Plejaden auf. Die feineren Details der Milchstraße finden sich natürlich in der Intensitätskarte nicht wieder, weil die Flächen, aus denen sie zusammengesetzt ist, zu groß sind. Nur die allgemeine Anordnung verrät die Analogie zur Milchstraße.

Daß aber auch in den Einzelheiten ein weitgehender Zusammenhang zwischen der Milchstraße und den schwächeren Argelanderschen Sternen besteht, zeigt Easton in folgender Weise. Er verfertigte sich zunächst eine isophotische Karte der Milchstraße, d. h. eine Karte, in der die Zonen gleicher Lichtintensität durch Kurven umgrenzt sind. Es wurden dabei sechs Intensitätsstufen unterschieden, die eine geometrische Progression bilden sollten. Durch Auszählen der auf photographischen Platten verzeichneten Sterne für zwei Stellen, deren eine der Zone der größten Intensität entsprach, während die andere in die Zone der zweitkleinsten Intensität fiel, und durch Berechnung der Gesamtintensität dieser Sterne ergab sich die relative Helligkeit der Intensitätsstufen zu 1, 1,37, 1,88, 2,58, 3,53, 4,85. Mit Hilfe dieser isophotischen

Fig. 13.

Verteilung der Sterne der Durchmusterung. Größe 8 bis 9,5.

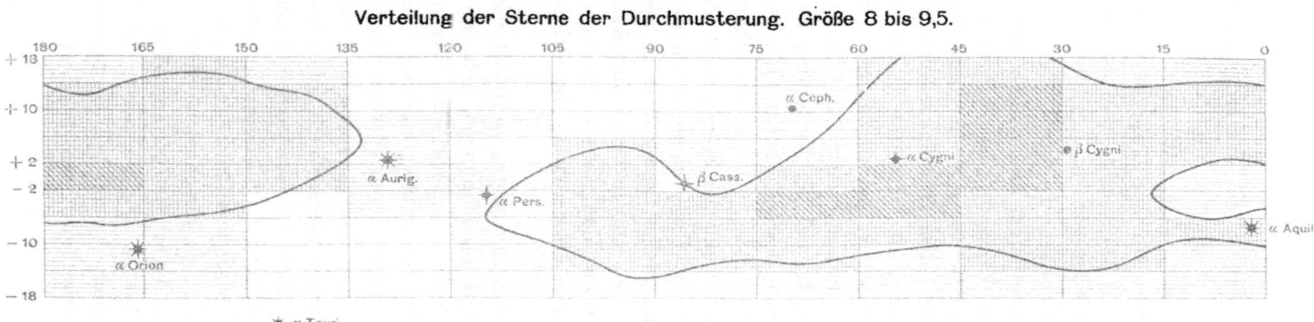

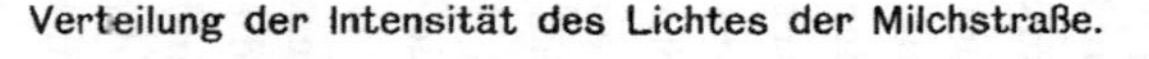
Verteilung der Intensität des Lichtes der Milchstraße.

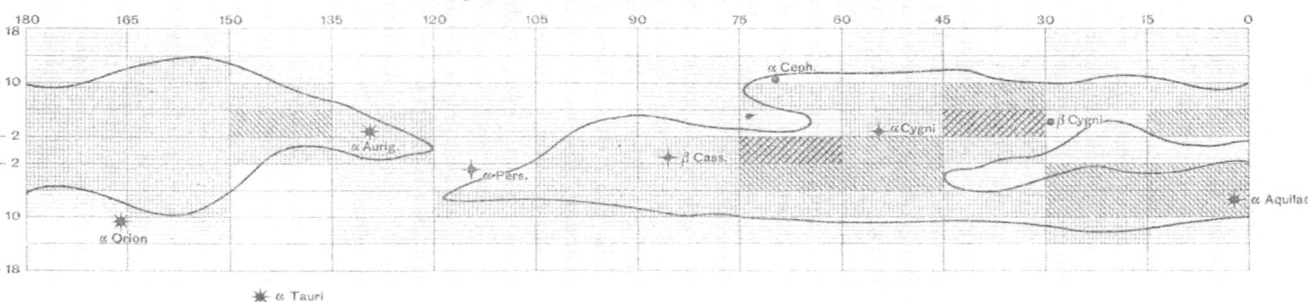

Karte kann man nun die Verteilung des Lichtes der Milchstraße auf die einzelnen Trapeze einer eine bestimmte Himmelsgegend darstellenden Karte dadurch berechnen, daß man durch Vergleichung feststellt, welcher Teil eines solchen Trapezes in die verschiedenen Zonen der isophotischen Karte fällt, und aus der Summe der Produkte der Teilstücke des Trapezes in ihre Intensität die mittlere Intensität der Fläche berechnet. In dieser Weise ist die untere der beiden vorstehenden Zeichnungen entstanden. In der oberen, dieselbe Gegend darstellenden Zeichnung ist dagegen die Intensität der vom Lichte der Sterne $8{,}0^m$ bis $9{,}5^m$ herrührenden Helligkeit des Himmelsgrundes wiedergegeben. Die eingezeichneten Kurven verbinden die Punkte, in denen die Intensität den mittleren Wert annimmt. Die Vergleichung der beiden Zeichnungen läßt unmittelbar erkennen, daß ein Zusammenhang zwischen der Verteilung des Lichtes der Milchstraße und der Verteilung der schwächeren Argelanderschen Sterne besteht. Stellt man andererseits, wie Easton es ausgeführt hat, auch die Verteilung des Lichtes der helleren Sterne bis $6{,}5^m$ und der Sterne $6{,}6^m$ bis $8{,}0^m$ dar, so ergibt sich ein wesentlicher Unterschied gegen das Bild der Milchstraße. Das Maximum bleibt zwar immer in der Nähe von α Cygni liegen, es ändert sich nur in Form und Ausdehnung, aber sonst ist die Intensitätsverteilung eine viel unregelmäßigere, und besonders ist das zweite Maximum in der Oriongegend ganz verschwunden.

Besser noch als aus diesen nur das eng begrenzte Gebiet des Milchstraßengürtels behandelnden Spezialzeichnungen geht aus den Stratonoffschen, die ganze Sphäre bedeckenden Karten hervor, daß die Ähnlichkeit in der Intensitätsverteilung, die zwischen der Milchstraße und den schwächeren Sternen sicher vorhanden ist, um so mehr zurücktritt, je hellere Sterne man zur Vergleichung heranzieht. Diese Karten lehren auch, daß die Dichtigkeit der Sternverteilung nicht überall gleichförmig mit der Annäherung an die Milchstraße wächst, sondern daß diese Zunahme an einzelnen Stellen der Milchstraße besonders stark, an anderen kaum merklich hervortritt. Es entstehen so verschiedene Kondensationen, die sich mehr oder weniger an die Milchstraße anschließen. Für die einzelnen Helligkeitsstufen bis zu den Sternen 8^m sind nun diese Kondensationsmaxima wieder verschieden, sie ändern ihren Ort mit der Helligkeit der Sterne, aber von der 8. Größe ab bleibt ihre Lage fast vollständig konstant. Diese Anordnung der Sterne 8^m bis $9{,}5^m$ unterscheidet sich also in ausgeprägter Weise von der der helleren, dem freien Auge sichtbaren Sterne, für die nicht die Ebene der Milchstraße, sondern die Ebene des Gouldschen Kreises die Symmetrieebene bildet. Die Hauptkondensationen sind für die Nordhalbkugel folgende drei:

1. Kondensation im Schwan. Mitte AR $20^h\ 35^m$, Dekl. $+ 42^0$. Sie ist in allen Klassen zu erkennen, aber der Ort bewegt sich um 10 bis 20 Grad. Die Kondensation liegt in der Milchstraße, ihre Achse ist aber gegen die Ebene der Milchstraße geneigt.

2. Kondensation im Fuhrmann. AR $5^h\ 40^m$, Dekl. $+ 38^0$. Sie ist bei den Sternen $6{,}6^m$ bis $8{,}0^m$ scharf bestimmt, bei den schwächeren nicht mehr zu erkennen.

3. Kondensation im Einhorn. AR $6^h\ 20^m$, Dekl. $+ 18^0$. Sie tritt auf bei den Sternen $9{,}1^m$ bis $9{,}5^m$, ist aber vielleicht zufällig.

Auf der Südhalbkugel heben die Kondensationen sich viel weniger bestimmt ab; auffällig ist nur die folgende.

4. Kondensation im Schiff Argo. AR $8^h\ 40^m$, Dekl. $- 52^0$. Sie zeigt sich nur bei den dem freien Auge sichtbaren Sternen.

Im übrigen sind die Maxima auf der Südhalbkugel in einem Streifen längs der Milchstraße verteilt, der sich etwa von AR 7^h, Dekl. $- 20^0$ bis AR 17^h, Dekl. $- 50^0$ erstreckt. Etwas besser treten bei den Sternen 7^m bis 8^m zwei Kondensationen in AR $16^h\ 40^m$, Dekl. $- 45^0$ bzw. AR $8^h\ 10^m$, Dekl. $- 48^0$ auf, deren erstere bei den schwächeren Sternen wieder völlig verschwindet, während die zweite nach Norden rückt und bei den Sternen $8{,}5^m$ bis $9{,}0^m$ in AR $7^h\ 40^m$, Dekl. $- 27^0$ zu liegen scheint.

Eine Erklärung des Auftretens dieser Kondensationen durch äußere Ursachen scheint völlig ausgeschlossen. Gewiß ist das Material nicht ohne Mängel. Ungleiche Vollständigkeit der Beobachtungen kann für die schwächsten Sterne zu scheinbaren Ungleichheiten in der Sternverteilung Anlaß gegeben haben, und für die Darstellung des Südhimmels bildet das unsichere Verhalten der Größenskala bei den photographischen Platten einen schwerwiegenden Nachteil, der das Bild hier nur als ein die Hauptzüge getreu wiedergebendes erscheinen läßt. Der gefährlichste Einwand, die Abhängigkeit der Größenangabe von der Sternfülle, scheint durch Seeligers Untersuchung so weit geklärt, daß es nicht angängig erscheint, ihn zur Erklärung heranzuziehen. Wir müssen also die Deutung in inneren Ursachen suchen. Die nächst liegende Hypothese ist die schon von Herschel ausgesprochene, die Milchstraße bestehe aus einer Anzahl einzelner Sternhaufen, die in einer dünnen Schicht angeordnet sind. Dieser Annahme neigt Stratonoff selbst zu. Die Hypothese zunehmender mittlerer Entfernung der Sterne mit abnehmender Helligkeit, die im großen Durchschnitt gewiß zulässig ist, ermöglicht uns ein Eindringen in die räumliche Anordnung dieser Sternhaufen oder Sternwolken, wie sie zutreffender genannt sind. Wir haben in dem Kartenmaterial vor uns das Bild einer mit der mittleren Entfernung der Sterne 6^m um unser Auge beschriebenen Kugel und von sieben (oder für die Südhalbkugel, wo die Grenze erst bei $10{,}0^m$ liegt, acht) konzentrischen Kugelschalen und können nun aus dem Schnitt der Sternwolken mit den einzelnen Bildebenen ihren Bau uns vorstellen. Stratonoff hält die Sonne für ein Glied des Haufens, dessen Mitte wir im Norden südlich von α Cygni wahrnehmen, und schließt daraus, daß wir diese Kondensation am Südhimmel (4. Kondensation) nur bei den Sternen bis 6^m sehen, und daß am Nordhimmel schon bei den Sternen $7{,}0^m$ bis $7{,}5^m$ sternarme Gegenden in der Nähe des Ortes der Kondensation vorkommen, daß die Ausdehnung dieses Haufens etwa gleich der doppelten Entfernung der Sterne $6{,}5^m$ ist. Unsere Sonne muß beträchtlich südlich vom Mittelpunkte dieser Wolke stehen, da die Kondensation den ganzen Nordhimmel beherrscht. An diese unsere nächste Umgebung im Weltall bildende Wolke würden sich drei weitere anschließen, die sich erst bei den Sternen von $6{,}6^m$ ab bemerkbar machen. Das Zentrum der einen liegt auf der Nordhalbkugel im Fuhrmann ($\alpha = 5{,}5^h$, $\delta = +35^0$), das der beiden anderen auf der Südhalbkugel in den Sternbildern Puppis ($\alpha = 8{,}0^h$, $\delta = -50^0$) und Norma ($\alpha = 16{,}0^h$, $\delta = -45^0$). Noch weiter von uns ab stände die erst bei den Sternen unter $7{,}6^m$ erkennbare Wolke, deren Mitte in das Sternbild des Einhorns fällt, und diejenigen, die bei den schwachen Sternen der Südhemisphäre hervortreten, die wir aber wegen der Mängel des Materials noch nicht für gesichert ansehen möchten.

Die Kugelflächen, die die Grenze zwischen den einzelnen Größenstufen bilden, schneiden die Ebene der Milchstraße in

Kreisen, und es versprechen uns sowohl die Lage dieser Kreise wie auch ihr Sterneninhalt Aufschluß über den Bau des Systems.

Die Bestimmung der Lage der Schnittkreise hätte auszugehen von den Örtern der Maxima auf den einzelnen Karten. Diese Punkte würden auf einem größten Kreise liegen, wenn die Sonne sich in der Ebene desselben befände. Ist diese Bedingung nicht erfüllt, so wird der sphärische Radius um so mehr von 90^0 verschieden sein, je näher die Kugeloberflächen sind. Seien α, δ die Koordinaten einzelner Punkte des Maximums der Sternzahlen, A, D die Koordinaten des Poles des diese Maxima enthaltenden Kreises und R sein sphärischer Radius, so wären A, D, R zu berechnen aus der Gleichung

$$\sin\delta\sin D + \cos\delta\cos D\cos(\alpha - A) = \cos R \quad . \quad (50)$$

Die Unbekannten wären so zu bestimmen, daß die beobachteten Werte α und δ möglichst nahe dargestellt werden. Man geht deshalb besser mit Houzeau von einem Näherungswerte für die Koordinaten A_0, D_0 aus, berechnet den Abstand σ_0 dieses Poles von den beobachteten Maximis aus

$$\begin{aligned} \cos\sigma_0 &= \sin\delta\sin D_0 + \cos\delta\cos D_0\cos(\alpha - A_0) \\ \sin\sigma_0\sin P &= \cos\delta\sin(\alpha - A_0) \\ \sin\sigma_0\cos P &= \sin\delta\cos D_0 - \cos\delta\sin D_0\cos(\alpha - A_0) \end{aligned}$$

und sucht dann dA, dD und den sphärischen Radius Σ des Kreises aus der Gleichung

$$\sigma_0 = \Sigma + \cos P\, dD + \sin P\cos D_0\, dA \quad . \quad . \quad (51)$$

Nach diesen Gesichtspunkten hat Ristenpart das Material der B. D. bearbeitet. Als Koordinaten des Poles der Hauptebene fand er $A = 196{,}6^0$, $D = +18{,}7^0$ und als sphärische Radien der Schnittkreise, wenn wir die Werte für die einzelnen Klassen in drei Mittel zusammenziehen,

Sterne heller als $6{,}0^m$	$\Sigma = 95{,}5^0 \pm 0{,}7^0$
$6{,}1^m$—$8{,}0$	$91{,}9 \pm 0{,}6$
$8{,}1$ —$9{,}5$	$92{,}1 \pm 0{,}3$.

Zwischen 6^m und $9{,}5^m$ zeigt sich die zu fordernde Verkleinerung von Σ nicht, bei den helleren Sternen scheint indes ein größerer Wert von Σ sicher zu sein. Es stände hiernach die Sonne nördlich von der Hauptebene der Sterne bis $9{,}5^m$. Neben den dieser Hauptebene sich anschließenden Punkten der Maxima der Sternzahlen treten aber noch andere auf, die unmöglich dieser Ebene angehören können, und die eine zweite Ebene mit dem Pole in $A = 191{,}8^0$, $D = +38{,}8^0$ bestimmen. Der sphärische Radius des Schnittkreises liegt für die Sterne 6^m bis $9{,}5^m$ zwischen den Werten $82{,}8^0$ und $85{,}4^0$, ohne einen systematischen Gang zu zeigen. Es wäre also nur auf eine Stellung der Sonne südlich von dieser Ebene zu schließen.

Eine zweite, in anderer Art ausgeführte Bearbeitung des Materials gab Prey (Denkschr. d. Wien. Akad., Bd. 43). Aus einer mathematischen Darstellung der beobachteten Sternzahlen stellt er die Gleichung der Maxima auf, die die Hauptebene bestimmen durch $A = 199{,}4^0$, $D = +17{,}9^0$, $\Sigma = 91{,}3^0$. Die hierbei ausgeschlossenen, die zweite Ebene bestimmenden Sternzahlen ergeben für diese $A = 182{,}1^0$, $D = +19{,}7^0$, $\Sigma = 89{,}4^0$. Die Hauptebene scheint nach der Übereinstimmung beider Bearbeitungen zuverlässig festgelegt zu sein, während die zweite Ebene und die Lage der Sonne zu ihr aus dem Material nicht sicher zu ermitteln ist. Das Auftreten der beiden Ebenen würde andeuten, daß die Sternwolken, die das System der Sterne bis $9{,}5^m$ bilden, nicht in derselben Ebene liegen.

Um über die Verteilung der Sterne in der Hauptebene Aufschluß zu erlangen, ziehen wir in derselben Radien in bestimmtem Winkelabstande und teilen so die ganze Ebene in Kreisringstücke. Legen wir dann diesen Stücken eine bestimmte Höhe senkrecht zur Ebene der Milchstraße bei, suchen für die Projektion jedes Stückes auf der Sphäre die Sternzahlen in den einzelnen Größenabstufungen, so würden wir die Dichtigkeit der Sternverteilung in den einzelnen Ringstücken ermitteln können, sobald wir durch eine Annahme über die mittlere Entfernung der verschiedenen Größenklassen imstande sind, den Rauminhalt der Ringstücke zu berechnen. Ristenpart hat diesen Gedanken (V. J. S. 37, 370) auszuführen versucht. Als Maß für die Entfernung steht uns nur die Helligkeit zur Verfügung, die uns nach Gleichung (19) das Verhältnis der Entfernungen kennen lehrt. Es können die so gezogenen Grenzen allerdings, wie wir noch ausführlicher werden darlegen müssen, nur in sehr roher Annäherung als räumliche Abgrenzungen der Sterne verschiedener Helligkeiten gelten. Ganz besonders nachteilig muß dieser Umstand unsere auf den der Gleichung (19) zugrunde liegenden Annahmen gleichförmiger Verteilung und gleicher mittlerer Leuchtkraft fußenden Schlüsse beeinträchtigen für das Gebiet unserer näheren Umgebung, da die verhältnismäßig kleine Zahl der hellsten Sterne neben den uns nächsten auch die sich entweder durch besondere Größe oder durch besondere Leuchtkraft auszeichnenden Sterne unserer weiteren Umgebung enthält. Andererseits ist zu erwägen, daß, wenn die Sternwolke, in der wir uns befinden, ein einigermaßen abgeschlossenes und für sich stehendes Ganzes bildet, sich auch unter den tatsächlichen Verhältnissen ungleicher absoluter Helligkeit Sprünge in der scheinbaren Helligkeit zeigen werden, die die Grenzen erkennen lassen würden. In der folgenden Tabelle sind nun nach Ristenpart die Sternzahlen in der Raumeinheit, d. h. in einer Kugel vom Radius der mittleren Entfernung der Sterne erster Größe, angegeben für Strahlen, die in der Ebene der Milchstraße von uns aus unter Winkeln von 45° gezogen werden. Ristenparts Abzählungen stützen sich nur auf die Harvard-Photometry und die B. D., so daß für den Südhimmel die Verfolgung der Kurven gleicher Dichtigkeit nicht möglich ist.

Sternzahlen in der Raumeinheit:

	λ	3^m	4^m	5^m	6^m	$6,5^m$	7^m	$7,5^m$	8^m	$8,5^m$	9^m	$9,5^m$
Adler . . .	0°	8,2	8,0	4,8	4,0	2,8	3,5	2,8	2,5	2,7	2,8	3,5
Schwan . .	45	6,1	5,7	7,4	6,2	8,4	8,9	8,5	6,3	6,8	7,1	6,2
Cassiop. . .	90	11,3	6,3	6,1	6,3	4,4	4,9	3,6	3,8	3,7	3,7	4,2
Fuhrmann .	135	8,7	8,5	6,5	5,4	5,2	4,2	4,4	4,4	4,2	4,8	5,1
Einhorn . .	180	12,2	7,6	8,5	4,0	2,6	2,9	1,8	3,2	3,4	5,2	5,8
Puppis . . .	225	19,1	7,0	10,7	6,2							
Centaur . .	270	20,8	7,6	9,5	5,6							
Skorpion . .	315	26,9	9,8	6,2	4,8							

Der erste Grenzpunkt auf den Strahlen liegt in der mittleren Entfernung der Sterne dritter Größe, der zweite in der mittleren Entfernung der Sterne 4^m usw. gemäß den Angaben der ersten Horizontalreihe. In der Tabelle sind die Übergänge durch die Dichtigkeiten 5 und 10 durch Linien verbunden. Das Ergebnis wäre folgendes: Die Sonne befindet sich in einem Sternhaufen, dessen Zentrum etwa in der galaktischen Länge 300° im Sternbilde Norma liegt. Sie steht ziemlich stark exzentrisch in diesem Haufen nach dem Sternbilde des Perseus hin. Dieser Sonnensternhaufen ist umgeben von einer sternarmen Zone, die besonders stark hervortritt dort, wo wir dem Rande am nächsten sind. Dies ist aber vermutlich nur scheinbar und eine Folge des Umstandes, daß wir die schwächeren Sterne des eigenen Haufens zu weit fort, die helleren der anschließenden Sternwolken zu nahe heranrücken; ein Fehler, der sich um so mehr geltend machen muß, je ferner die Grenze liegt. Die zweite deutlich hervortretende Sternwolke ist die im Schwan, die sich bis an die Grenze der Argelanderschen Sterne erstreckt. Eine kleinere, nach dem Fuhrmann zu gerichtete Sternanhäufung scheint mit dieser ausgedehnten Wolke zusammenzuhängen.

Wenn wir hiermit nun auch die aller Wahrscheinlichkeit nach richtige Erklärung der Konstitution des Sternsystems für unsere nähere Umgebung gefunden haben, so haben wir uns jetzt doch noch die weitere Frage nach dem Bau des Systems jenseits der Grenze der Argelanderschen Sterne vorzulegen. Wirklich gesicherte Tatsachen, auf die wir uns stützen könnten, sind hier nur in sehr geringer Anzahl gegeben. Herschels Eichungen haben uns in Seeligers Bearbeitung gezeigt, daß bei diesen schwächeren Sternen die Sternzahl nur in der Milchstraße mit abnehmender Helligkeit annähernd nach dem für die helleren geltenden Gesetze wächst, während außerhalb der Milchstraße die Sternzahl nur sehr langsam zunimmt, und die Erscheinung der Milchstraße selbst drängt uns zu dem Schlusse, daß in jenen fernen Tiefen des Raumes, in denen die diese Erscheinung hervorrufenden Sterne sich befinden, das strenge Gesetz gültig sein wird, daß die Sternzahl allein in der Milchstraße noch einer Vergrößerung unterworfen ist. Andererseits zeigen uns alle über die Sterne $9{,}5^{m}$ hinausreichenden Sternzählungen, wie Celorias Zone, Epsteins und Herschels Eichungen, daß auch bei diesen schwächeren Sternen noch große Unterschiede in der Dichtigkeit vorhanden sind, und die Milchstraße selbst ist keineswegs ein einfaches, leicht verständliches und sicherer Deutung fähiges Gebilde von einheitlichem Charakter. In der Tat besteht sie in einem Teile aus einer Anordnung von Lichtflecken, die im Schützen und Skorpion glänzend und unregelmäßig, im Adler gleichförmiger und weniger hell sind, in einem anderen Teile, besonders am Nordhimmel, aus einem schmalen, gleichförmig leuchtenden Bande. Sie bietet an einzelnen Stellen dunkle Räume mit ziemlich ausgeprägten Umrissen und besonders intensiv leuchtender Umgebung dar, die unwillkürlich den Eindruck einer Trennung oder eines

Loches in dem Bande hervorrufen. All dieses scheint unverträglich zu sein mit der Annahme, es bestände das ganze Gebilde der Milchstraße aus einer großen Zahl gesetzlos angeordneter Sternhaufen. Wir können vielmehr nur eine Erklärung finden in der Vorstellung eines zusammenhängenden Ganzen von mannigfach verschiedener Struktur. Die gewöhnlichste Annahme war nun die, die Milchstraße bilde einen zusammenhängenden Ring, in dessen Innern, und zwar nahe der Mitte etwas nördlich von der mittleren Ringebene, unsere Sonne stände. Diese Hypothese läßt sich leicht durch Sternzählungen prüfen. Die Beobachtung lehrt, daß die Dichtigkeit der Milchstraßensterne eine sehr verschiedene ist. Die größte Gleichförmigkeit scheint im Sternbild des Einhorns vorhanden zu sein. Hier weisen Herschels Eichungen eine Maximalzahl von 204 Sternen und als mittlere Sternzahl eines Feldes 82 Sterne auf. Auf der gegenüberliegenden Seite im Adler und Skorpion ist die Gestaltung am ungleichförmigsten; wir haben hier die vom Schwan bis zum Skorpion reichende Teilung in zwei nebeneinander herlaufende Arme und die großen Lichtballen. Herschels Eichungen geben als Maximum der Sternzahl 557 Sterne, und die mittlere Sternzahl ist in dem einen Arme 145, in dem anderen 202. Auf der südlichen Hemisphäre bei der großen Unterbrechung der Milchstraße im Schiff Argo kommen Eichfelder vor, in denen die Sternzahl bis auf 15 sinkt. Hieraus folgt, daß entweder die Sternzahl systematisch verschieden, der Ring von sehr ungleicher Dichtigkeit sein muß, oder daß wir exzentrisch im Ringe stehen. Diejenige Stelle des Ringes, wo die Sternzahl die kleinste, die scheinbare Dichtigkeit die geringste ist, wäre die uns nächste. Dann müßten wir aber auch erwarten, daß die Breite des Ringes uns an dieser Stelle entsprechend größer erscheint. Das ist nun aber nicht der Fall, jedenfalls nicht in dem Maße, wie es die Sternzahlen verlangen. Wollen wir also nicht dem Ringe eine die vielfachen Besonderheiten des Milchstraßengebildes erklärende Struktur und Gestaltung geben, so reicht diese einfache Annahme, nach der die Milchstraße ein dem Leiernebel ähnliches Gebilde wäre, nicht aus. Celoria setzte deshalb an die Stelle eines Ringes deren zwei sich umschließende. Die Sonne steht in dem inneren Ringe nach der Seite des Einhorns zu. Die beiden Ringe liegen in etwas gegeneinander geneigten Ebenen, und unser Standpunkt ist ein solcher, daß die beiden Ringe in der Richtung nach dem Einhorn zu ineinander übergehen, während wir sie an der entgegengesetzten Seite getrennt erblicken. Diese Hypothese erklärt wohl die allgemeinen Verhältnisse, aber die Details, die wir wahrnehmen, die Öffnungen in dem Bande, die Flecken, in denen die Sternzahl unbegrenzt groß erscheint, die

Fig. 14.

Großer Andromedanebel.

Wunder, die uns die Photographie enthüllt hat, sind doch unvereinbar mit dieser Annahme. Es scheint, daß nur durch eine Verbindung und Verschmelzung der beiden Hypothesen der unregelmäßig angeordneten Sternhaufen und des nahe gleichförmigen Bandes eine genügende Erklärung zu finden ist. Wir haben uns die einzelnen Teile als in sehr verschiedener Entfernung stehend, aber miteinander verbunden zu denken, und so ergibt sich Eastons Deutung der Milchstraße als eine spiralförmige Anordnung der Materie (A. P. J. XII, 137). Der Kern dieser Spirale müßte liegen in der Richtung nach dem Cygnus hin, dort, wo die Annahme zweier Ringe den Schnittpunkt voraussetzen muß. Vom Kern gehen mehrere Zweige aus, deren einer unsere Sonne fast umschließt. Die weiten Räume des Himmels bieten uns ähnliche Gebilde in großer Fülle dar, und da diese Annahme alle Beobachtungen ungezwungen und natürlich erklärt, wie leicht einzusehen, dürfen wir sie in der Tat als eine sehr plausible ansehen.

Die Photographie hat in den letzten Jahren unsere Kenntnis der Struktur dieser Spiralnebel wesentlich gefördert. Während selbst mit den lichtstärksten Instrumenten das Auge nur mit starker Zuhilfenahme der Phantasie manche Einzelheiten dieser oft so verwickelten Gebilde enträtseln konnte, haben die langen Expositionen hier wahre Wunder enthüllt. Neben dem großen Andromedanebel (Fig. 14), den wir jetzt gleichfalls als große Spirale erkannt haben, und in dem man häufig ein ungefähres Bild unserer Milchstraße erblicken will, ist besonders der Nebel in den Jagdhunden, der erste als Spiralnebel richtig erkannte, für das Studium des Baues solcher Nebel wichtig, weil er durch seine Stellung zur Gesichtslinie uns die Details in den Windungen deutlich erkennen läßt. Der in Fig. 15 (a. f. S.) dargestellte Nebel besteht aus einem offenbar in Rotation befindlichen stark verdichteten Kerne, an den sich zwei spiralig gewundene Schweife anschließen. Dieselben sind stellenweise unterbrochen; an anderen Stellen schon zu Knoten zusammengeballt. Besonders in dem einen Arme sieht man eine ganze Reihe von Verdichtungszentren sich aneinander reihen; er gleicht einer Perlenschnur. Um die Nebelmaterie herum sieht man einen sternarmen, sich dunkel von der Umgebung abhebenden Raum. Es ist im ganzen ein Gebilde, das einem im Innern in der Nähe des zentralen Teiles befindlichen Beschauer bis in die kleinsten Details ein unserem Milchstraßensysteme ähnliches Bild gewähren würde.

Aber die Anwendung der Photographie auf unsere Milchstraße selbst hat uns auch hier Dinge offenbart, die dem Auge bisher verborgen waren und wohl immer verborgen geblieben sein würden. An einer Stelle, wo Herschel eine diffuse Nebelmasse erkannte, die aber ihrer Unbestimmtheit und Lichtschwäche wegen keinerlei Interesse zu verdienen schien, enthüllte Wolf in Heidelberg unseren Blicken das wunderbar schöne Bild, das diesem Buche als Schmuck vorangestellt ist. Das Zentrum dieses großen

Nebels, welcher den Namen „Amerikanebel" erhalten hat, liegt 4^0 östlich von α Cygni in AR 20^h $55{,}0^m$, Dekl. $+ 44^0 10'$ (1855,0) am Rande einer sehr glänzenden Stelle der Milchstraße. Die hellen Sterne des Bildes sind ν Cygni im Süden, ξ Cygni im Osten,

Fig. 15.

Spiralnebel in den Jagdhunden.

f_1 Cygni im Norden und 56,57 Cygni im Westen; in den Nebel im Norden eingehüllt ist der Stern 5,7. Größe 60 Cygni. In den Zeichnungen der Milchstraße macht sich dieser Nebel in keiner Weise geltend, er spielt bezüglich der Verteilung der Intensität des Milchstraßenlichtes keine wesentliche Rolle. Trotzdem ist aber wohl nicht zu bezweifeln, daß er einen Teil des Milchstraßensystems bildet. Wir sehen nun auch bei ihm die schon Herschel bekannte Erscheinung der sternleeren, den Nebel umgebenden und in ihn eindringenden Zonen. Die Verteilung der Sterne in der Nähe solcher Nebel hat Kopff statistisch untersucht und ist dadurch zu einer vollständigen Bestätigung des Augenscheins gekommen, daß die Zahl der schwachen Sterne mit der Annäherung an den Nebel sich plötzlich stark vermindert, im Nebel selbst aber wieder zunimmt, und daß andererseits die Verteilung der helleren Sterne keinerlei Abhängigkeit von den Nebeln und ihrer Gestaltung zeigt. Daraus zieht Berberich den naheliegenden Schluß, daß die hellen Sterne nicht in derselben Entfernung von uns liegen wie die Nebel und die schwachen kleinen Sterne, sondern uns erheblich näher stehen, daß also nur die Nebel und die kleineren Sterne „ein gemeinsames Ganzes, das sich umgestaltet und entwickelt nach uns unbekannten Gesetzen“, wie Kopff es ausdrückt, seien. Daraus würden dann die offenbar vorhandenen Sternenleeren sich ohne weiteres erklären. Aber die Erscheinung zeigt sich nicht bei allen Nebeln. Der große Andromedanebel steht an einer besonders sternreichen Stelle der Milchstraße und scheint keinerlei Einfluß auf die Sternfülle dort auszuüben, also ohne inneren Zusammenhang mit ihr zu sein. So äußert sich auch darin schon ein Unterschied zwischen den verschiedenen Nebelformen. Wolfs photographische Aufnahmen haben weiter gezeigt, daß die kleineren Nebelflecke, die an vielen Stellen des Himmels in großer Anzahl vorhanden sind, sehr häufig eine schnurförmige Anordnung oder auch eine Anordnung in Gestalt einer Spirale zeigen. Das gleiche erkennt man, wie Backhouse hervorhebt, aber auch bei den Sternen. Auch diese sind häufig in geraden Linien von oft bedeutender Länge aneinander gereiht. Die Linien laufen zuweilen nahe parallel zueinander, oder sie sind strahlenförmig angeordnet. Besonders deutlich tritt die Erscheinung hervor in der Milchstraße, wo sie sich in den Photographien leicht nachweisen läßt. Daraus ist zu schließen, daß die gleichen Gesetze, die bei der Bildung des ganzen Sternsystems tätig waren, auch in den Teilen noch wirksam sind, und so wird es denn schwierig, das Ganze und seine Teile auseinander zu halten. Ist unsere Milchstraße eine für sich bestehende und in sich abgeschlossene, aus Sternen gebildete Spirale, und sind die Nebelflecke und Sternhaufen ihr koordinierte, gleichfalls selbständige Systeme, oder gehört all das, was wir wahrnehmen, zusammen zu einem einzigen mannigfach gestalteten und gegliederten Ganzen? Darüber kann vielleicht wieder die Statistik entscheiden. Diese offenbart einen prinzipiellen Unterschied zwischen Sternhaufen und Nebeln. Die ersteren stehen, wie schon lange bekannt war, fast ausschließlich in der Milchstraße; wir haben sie zweifellos als Teile derselben, ja als die wesentlichsten Bestandteile zu betrachten. Die Nebel aber zeigen ebenso entschieden das entgegengesetzte Bestreben der Zusammendrängung in die der Milchstraße fernen Zonen. In der Nähe des Nordpols der Milchstraße steht eine ganz gewaltige Anhäufung von Nebeln aller Formen. Wolf zählte in einem 30 □° fassenden Areale 1728 meist kleine Nebelflecke, die um einen 1,5° vom angenommenen Nordpole der Milchstraße entfernten Punkt zusammengedrängt standen. Die Anhäufung bedeckt eine Fläche von elliptischer Begrenzung, und die Mehrzahl der Nebel zeigt eine in gleicher Weise orientierte Gestalt. Auch gegen den Südpol der Milchstraße ist eine Anhäufung von Nebeln bemerkbar; sie tritt aber nicht so sehr hervor, wohl infolge unserer noch mangelhaften Kenntnis dieser Gegenden. Außerdem treten hier die beiden Kapwolken auf, die sich als mächtige Anhäufungen von Nebeln und Sternhaufen erweisen, und die, wie wir früher schon sahen, auch durch den Spektralcharakter der sie bildenden Bestandteile sich als Teile der Milchstraße, und zwar als uns besonders nahe und deshalb sich am weitesten entfernt von der Mittellinie projizierende erkennen zu geben scheinen. Da sie als besondere Konzentrationszentren zu gelten haben, müssen sie die statistischen Feststellungen bezüglich der Südhemisphäre wesentlich beeinflussen. Zur Zeit ist die Statistik nur auf die visuell entdeckten Nebel, deren Zahl etwa 10 000 ist, ausgedehnt. Aber nach den Ergebnissen der photographischen Aufnahme kleinerer Bezirke ist zu schließen, daß die wirkliche Zahl wohl die zehnfache ist, und daß unsere jetzige Kenntnis der Verteilung der Nebel nur eine sehr unvollkommene ist. Die uns bekannten Nebel sind außerdem jedenfalls die uns verhältnismäßig nahen, und wenn wir unserem Sternsystem als einem Spiralnebel eine vorherrschende Ausdehnung in der Ebene der Milchstraße zuschreiben, so ist es notwendig, daß die nächsten uns fremden Nebel in den der Milchstraße fernen Regionen liegen. Wenn nun die Statistik lehrt, daß die Verhältnisse wirklich so sind, so folgt daraus doch noch nicht, daß die Nebel unserem Milchstraßensysteme nicht angehören. Nach den neueren kosmogonischen Ansichten sind die Nebel und die Sterne nur verschiedene Entwickelungsstadien der Materie, so daß wir anzunehmen hätten, daß wenigstens ein Teil der uns sichtbaren Nebel unserem Sternsystem angehört. Dafür spricht auch der offensichtliche enge Zusammenhang, der häufig zwischen Nebeln und hellen Sternen besteht, z. B. in den Plejaden oder im Orionnebel. Ob die Verteilung dieser Nebel nun die gleiche ist, wie die der Sterne in dem Systeme, oder ob die Entwickelung in verschiedenen Regionen des Systems systematisch verschieden, etwa in der Nähe der Hauptebene weiter fortgeschritten ist als außerhalb derselben, darüber fehlen uns noch hinreichende Erfahrungen. Wir wissen durch die Beobachtung, daß die planetarischen Nebel, also jene Nebel, die sich uns als runde oder elliptische, ziemlich scharf begrenzte und gleichförmig leuchtende Scheibchen zeigen, mit ganz wenigen Ausnahmen in der Milchstraße stehen. Die wirklichen Gasnebel, die sich im Spektroskop durch helle Linien zu erkennen geben, finden sich gleichfalls fast ausschließlich in der Milchstraße und außerdem in den Kapwolken, wo Pickering deren 9 nachwies. Dagegen sind die ausgedehnten und die spiralförmigen Nebel viel gleichförmiger über den Himmel verstreut als die anderen Formen, was freilich wegen der geringen Zahl der uns bekannten Objekte dieser Art auch nur scheinbar sein kann und nicht als Zeichen einer Verschiedenartigkeit gedeutet zu werden braucht. Da es bislang noch nicht gelungen ist, eine Parallaxe für Nebelflecke nachzuweisen, uns auch Eigenbewegungen von Nebeln nicht bekannt sind, fehlt uns noch jedes sichere Kriterium über ihre Entfernung. Es sind zwar verschiedene Versuche gemacht, auf photographischem Wege auch in dieser Frage Aufschluß zu erlangen. So bestimmte z. B. neuerdings Newkirk die Parallaxe des Zentralsternes im Ringnebel in der Leier zu 0,104″, und rechnungsmäßig sollte diesem Resultate nur ein sehr kleiner Fehler anhaften dürfen, da 8 Sternpaare die Parallaxe hinreichend übereinstimmend ergeben. Trotzdem wird man der Zahl selbst, weil bei den Aufnahmen die Vorsichtsmaßregeln, die sich für diese Bestimmungen als unerläßlich erwiesen haben, um systematische Fehler zu vermeiden, nicht in vollem Umfange beachtet sind, zunächst höchstens insofern Vertrauen entgegenbringen, als sie zu beweisen scheint, daß die

Parallaxe, also die Entfernung dieses Nebels, von gleicher Größenordnung wie die der Sterne ist, so daß wir berechtigt sind, den Nebel als zu unserem Sternsystem gehörig zu betrachten. Zu dem gleichen Schlusse drängt auch die durch die Beobachtung erwiesene Tatsache, daß die Radialgeschwindigkeit, die für eine größere Zahl von Nebeln bekannt ist, von durchschnittlich gleicher Größe mit der der Fixsterne ist.

Die genaue Bestimmung der Lage der Milchstraße stößt auf große Schwierigkeiten wegen der Teilungen und Verästelungen. Die besten in neuerer Zeit ausgeführten Untersuchungen sind die von Houzeau und von Gould. Houzeau suchte durch direkte Beobachtung am Himmel 33 Punkte der Milchstraße auf, in denen ihr Glanz einen Maximalwert annimmt, und berechnete den größten Kreis, der sich diesen Punkten am besten anschmiegt. Das Resultat wird durch die ungünstige Verteilung der Punkte, die sich in dem helleren Teile der Milchstraße zusammendrängen und in den schwächeren fehlen, schädlich beeinflußt. Houzeau rechnet einmal mit gleichem Gewichte für alle Punkte und findet $A = 191^0 8'$, $D = +28^0 47'$, $\Sigma = 90^0 48'$ als Koordinaten des Poles und als sphärischen Radius der Milchstraße gültig für 1880,0, ein zweites Mal mit Gewichten nach der Helligkeit der Punkte und dem Resultat $A = 192^0 17'$, $D = +27^0 30'$, $\Sigma = 90^0 20'$. Gould sucht von halber zu halber Stunde der Rektaszension fortschreitend Punkte in der Mitte der Milchstraße unter Benutzung ihrer Darstellung in der Uranometria Argentina und in Heis' Atlas. Durch diese Punkte läßt sich ein größter Kreis ziehen, dessen Pol liegt in AR $190^0 20'$, Dekl. $+27^0 21'$ (1875,0). Der Auffassung der Milchstraße als des Bildes eines Spiralnebels dürfte Houzeaus zweite Rechnung am meisten gerecht werden, nur scheint eine strengere nach der Formel (51) ausgeführte Ausgleichung am Platze zu sein. Eine solche führte den Verfasser auf folgende Werte:

Pol der Milchstraße 1880,0 . . . $A = 191^0 11'$, $D = +28^0 2'$
Sphärischer Radius . . . . $\Sigma = 91^0 14{,}5'$, w. F. $\pm 34{,}1'$.

Die einzelnen Punkte werden dargestellt mit einem mittleren Fehler von $2^0 31'$ für die Gewichtseinheit, d. h. für die Punkte größter Helligkeit. Es steht also die Sonne nördlich von der Ebene der Milchstraße, und der Pol dieser Ebene ist vom Pole der Symmetrieebene der Argelanderschen Sterne um $11{,}6^0$ entfernt.

Beide Ebenen sind also voneinander verschieden, sie schneiden sich unter einem Winkel von 11,6°, und der Zielpunkt der Schnittlinie liegt in AR 298,9°, Dekl. + 29,7° im Sternbilde des Schwans.

2. Die räumliche Anordnung des Universums.

Durch die auf den letzten Seiten besprochenen Untersuchungen steht der Bau des Milchstraßensystems in seinen rohen Umrissen und die allgemeine Anordnung der dasselbe zusammensetzenden Teile fest. Aber das Bild ist nur in recht unbestimmten Zügen gezeichnet, weil die Grundlagen, auf denen es aufgebaut ist, der Zusammenhang zwischen der Helligkeit einerseits, der Sternzahl und Entfernung andererseits nur ein sehr lockerer und unsere einfachen Annahmen nur eine rohe Annäherung an die wahren Verhältnisse sind. Wird es nun nicht möglich sein, durch strengere Behandlung der gegebenen Daten wenigstens für unsere nähere Umgebung zu sichereren Vorstellungen zu gelangen und die Zuverlässigkeit und Gültigkeit der Hypothesen, die wir zur Verbindung und zur Ergänzung unserer positiven Kenntnisse nötig haben, zu prüfen und zu erweisen?

Es sind besonders drei Fragen, für die wir den Weg der Hypothese in Anspruch nehmen müssen, weil hinreichende Erfahrungen uns noch nicht zu Gebote stehen. Die erste Frage bezieht sich auf die Art der Verteilung der Sterne im Raume. Ist diese Verteilung eine gleichförmige, eine willkürliche, regellose oder eine durch bestimmte Gesetze geregelte? Die zweite Frage bezieht sich auf die Leuchtkraft der Sterne. Unsere direkten Beobachtungen lehren uns nur die scheinbare Helligkeit der Sterne kennen, von der wir erst durch Messung der Entfernung zu der absoluten Helligkeit übergehen können. Wollen wir aber die Helligkeit der Sterne benutzen, um aus der scheinbaren auf die wahre Verteilung der Sterne im Raume zu schließen, so müssen wir wieder wissen, ob wir die absolute Helligkeit für alle Sterne als gleich voraussetzen dürfen, oder ob wir Sterne verschiedener absoluter Leuchtkraft annehmen müssen. Für unsere Nachbarschaft ist diese Frage durch die Beobachtung zugunsten der zweiten Annahme entschieden, aber es bleibt auch so noch die Frage offen, ob die mittlere Leuchtkraft der Sterne, von der wir jetzt nur noch reden können, überall im Raume die gleiche ist, oder ob sie in verschiedenen Richtungen mit der Entfernung von uns oder von einem etwaigen Zentrum des gesamten Fixsternsystems variiert. Die dritte Frage endlich bezieht sich auf die Fortpflanzung des Lichtes. Ist die Olberssche Hypothese einer Extinktion des Lichtes im Weltenraume zulässig und notwendig oder zu verwerfen?

Erst Kopernikus machte den Weg zu einer der Wahrheit nahe kommenden Vorstellung vom Universum frei. Bei ruhender Erde war die Umdrehung des ganzen Fixsternhimmels nur faßbar, wenn die Entfernungen klein und wenigstens nahe gleich waren. Im Kopernikanischen System aber forderte gerade die scheinbare Unveränderlichkeit des Ortes der Fixsterne sehr große Entfernungen und zugleich ein Selbstleuchten der Fixsterne. Das sind aber die notwendigen Grundlagen, von denen ausgehend man mit Aussicht auf Erfolg beginnen konnte, den Bau des Universums auf dem sicheren induktiven Wege zu erforschen, als es der Technik gelungen war, unsere optischen Hilfsmittel so weit zu vervollkommnen, daß ein hinreichend großer Teil des Universums der Beobachtung zugänglich war. Dieser Zeitpunkt trat gegen Ende des 18. Jahrhunderts ein, als W. Herschel seine Riesenteleskope erbaute und die Herstellung sehr vollkommener achromatischer Fernrohre den Optikern gelungen war. Und in der Tat war es auch W. Herschel selbst, der die ersten Schritte auf dem angedeuteten Wege unternahm. Bezüglich der drei vorhin erwähnten Fragen ging er naturgemäß zunächst von den einfachsten Annahmen aus: gleichförmige Verteilung der Sterne im Raume, gleiche absolute Leuchtkraft aller Sterne und völlig ungehinderte Fortpflanzung des Lichtes im Raume. Seine Sterneichungen lehrten ihn die Anzahl der Sterne kennen, welche sich in einem kegelförmigen Raume befinden, dessen Spitze im Auge des Beobachters liegt und dessen Erzeugende durch die einzelnen Punkte des Randes des Gesichtsfeldes seines Fernrohres gingen. Wenn nun das Sternsystem ein unendliches ist, oder aber wenn die raumdurchdringende Kraft des Fernrohres nicht ausreicht, um bis an die Grenze des Systemes vorzudringen, so müßte sich bei gleichförmiger Verteilung der Sterne im Raume stets dieselbe Sternzahl ergeben, da ja dann die Höhen aller Gesichtsfeldkegel gleich, und zwar gleich der Sehweite des Fernrohres sind. Ist aber andererseits das Sternsystem ein begrenztes, und dringt das Fernrohr überall bis an diese Grenze in den Raum ein, so würde bei gleichförmiger Verteilung der Sterne im Raume eine verschiedene Sternzahl in verschiedenen Richtungen nur als eine Folge verschiedener Höhe der Gesichtsfeldkegel zu erklären sein, und es läßt sich dann diese Höhe, also die Entfernung der Grenzschicht des Systems in der betreffenden Richtung, aus der beobachteten Sternzahl ohne weiteres berechnen. In diesem letzteren Sinne deutete denn auch Herschel die beobachtete Verschiedenheit der Sternzahlen, die, wie wir schon wissen, sich als mit der Entfernung von der Milchstraße ziemlich regelmäßig abnehmende ergaben. Den Zusammenhang zwischen Sternzahl und Entfernung stellte er sich in folgender Weise vor. Schneiden wir einen Kegel von 90° Öffnungswinkel durch Ebenen senkrecht zur Kegelachse im Abstande 1, 2, 3 ... $(n-1)$ von der Spitze, so haben auch die Schnittkreise die Radien 1, 2, 3 ... $(n-1)$. In der μten Ebene können wir um den Schnittpunkt der Kegelachse μ Kreise mit den Radien 1, 2, 3 ... μ beschreiben. In den gemeinsamen Mittelpunkt der Kreise setzen wir nun einen Stern, auf den ersten Kreis 6, den zweiten 12 und so fort. Durch Summation der so in einer gewissen regelmäßigen Weise verteilten Sterne ergibt sich die Anzahl der in dem Kegel enthaltenen $= n^3$. Schneiden wir dann aus diesem Kegel durch unser Fernrohr einen kleineren Kegel mit dem Öffnungswinkel ϱ aus, so verhält sich sein Inhalt zu dem des ganzen Kegels, da die Höhen gleich sind, wie die Quadrate der Radien der Grundflächen, und daraus resultiert für die Sternzahl im Gesichtsfeldkegel $\mu = n^3 tg^2 \frac{\varrho}{2}$, woraus dann für die Entfernung $s = n - 1$ der Grenzschicht folgt

$$s = \sqrt[3]{\mu \, cotg^2 \frac{\varrho}{2}} - 1.$$

Diese von Herschel angewandte Formel muß den Wert s zu groß ergeben. Der Stern im Mittelpunkte der ersten Ebene steht zwar in der Entfernung 1 vom Auge, die 6 anderen Sterne in derselben Ebene haben aber schon die Entfernung $\sqrt{2}$, und ebenso ist es in den weiteren Ebenen. Die Sternverteilung ist also nicht gleichförmig, vielmehr würde bei wirklich gleichförmiger Verteilung die Anzahl μ größer sein. Da es sich aber nur um eine Feststellung der Gestalt, nicht der Dimensionen des Fixsternsystems handelt, ist der Fehler ohne Bedeutung. Mit Hilfe der Formel findet man beispielsweise für $\varrho = 7{,}5'$ folgende Zahlen:

$\mu = 1$	$s = 58$	$\mu = 10$	$s = 127$
2	74	100	275
3	85	1000	593.
4	93		

Die Anwendung dieser Methode auf die Eichungen führt auf die bekannte, in Fig. 16 wiedergegebene Gestalt des Fixsternsystems. Es wäre ein linsenförmiger Körper, dessen größte Ausdehnung in die Ebene der Milchstraße fällt. Die beiden Arme entsprechen der Teilung der Milchstraße. Aber Herschel selbst wurde durch spätere Erfahrungen dazu geführt, diese Vorstellung in wesentlichen Punkten zu ändern. Bei seinen stets fortgesetzten Durchforschungen des Himmels fand er in der Milchstraße eine ganze Anzahl von Stellen, an denen es ihm nicht gelang, den weißlichen Schimmer, den das Auge hier wahrnimmt, völlig in Sterne

Fig. 16.

aufzulösen. Es blieb immer ein weißlicher Hintergrund und damit die Überzeugung zurück, daß noch kräftigere Instrumente hier eine noch größere Zahl von Sternen zeigen würden, daß also die Grenze im Sternsystem hier nicht erreicht war. Herschels schließliche Ansicht des Milchstraßensystems als einer sich in unmeßbare Entfernungen erstreckenden, verhältnismäßig dünnen Schicht teils lockerer, teils dichtgedrängter Sternhaufen entspricht im wesentlichen den heute maßgebenden Ansichten.

Halten wir fest an dieser Vorstellung, so scheint es an der Hand unserer Zählungen möglich zu sein, in die Gesetze der Verteilung der Sterne im Raume und speziell in unserer näheren Umgebung weiter einzudringen, und gerade in dieser Richtung bewegen sich die neueren Forschungen, die sich besonders an die Namen Struve, Schiaparelli, Seeliger anknüpfen.

Die charakteristische Eigentümlichkeit der Sternverteilung ist die Abnahme der Häufigkeit der Sterne von der Milchstraße gegen ihre Pole. Setzen wir die scheinbare Dichtigkeit in der

Milchstraße = 1, so wird sie bei den helleren Sternen an den Polen nur etwa 0,4. Dem freien Auge ist nun die Grenze des Sternsystems gewiß nirgends erreichbar. Eine um unser Auge mit einem Radius gleich der raumdurchdringenden Kraft des Auges beschriebene Kugel würde, wenn die Leuchtkraft der Sterne überall dieselbe ist, alle uns sichtbaren Sterne umfassen. Wäre nun die Verteilung der Sterne eine gleichförmige, so könnte eine Abhängigkeit der Sternzahl von der Richtung nicht vorhanden sein. Houzeaus Zählung der dem freien Auge sichtbaren Sterne, die S. 153 mitgeteilt wurde, ergibt aber eine von der Milchstraße gegen die Pole abnehmende scheinbare Dichtigkeit; ist diese in der Milchstraße = 1, so ist sie in der Zone $\pm 70^0$ bis $\pm 90^0$ gal. Br. nur 0,739. Wir sind daher gezwungen, entweder die gleichförmige Verteilung fallen zu lassen oder anzunehmen, daß die Sterne in der Richtung der Milchstraße durchschnittlich heller sind als in der dazu senkrechten Richtung. Gerade für die hellen Sterne ist die letztere Annahme nun wenig plausibel, und die Struvesche Hypothese geht demnach dahin, daß eine Abnahme der Dichtigkeit der Sternverteilung im Raume von der Milchstraße aus nach beiden Seiten stattfinde. Nennen wir z die Anzahl der Sterne zwischen der Milchstraße und der galaktischen Breite b_0, N die als Funktion von b gedachte Anzahl der Sterne in der Volumeneinheit, so entspricht die Zahl z dem Inhalt eines Körpers, welcher liegt zwischen der Ebene der Milchstraße und der durch den Parallelkreis b_0 gehenden Kegeloberfläche. Ein differentieller Schnitt dieses Körpers hat den Inhalt $\pi N (\cos^2 b - \sin^2 b \cot g^2 b_0) \cos b \, db$. Indem wir in diesem Ausdruck für N seinen analytischen Ausdruck substituieren und nun nach b zwischen den Grenzen 0 und b_0 integrieren, erhalten wir die verlangte Darstellung der beobachteten Sternzahlen z und können dadurch die Koeffizienten der Entwickelung von N berechnen. Struve findet durch Vergleichung der Anzahl der Sterne bis 8^m, welche in den einzelnen Rektaszensionsstunden der Besselschen, sich auf den Gürtel zwischen den Parallelkreisen $+15^0$ und -15^0 erstreckenden Zone vorkommen, die verschiedenen galaktischen Breiten entsprechende Zahl der Sterne im Areal einer Stunde der Rektaszension:

Breite		
Breite	$25^0\,14'$	$n = 637$
	37 5	500
	52 53	468.

In den die Milchstraße enthaltenden Rektaszensionsstunden vergleicht er das in die Milchstraße fallende Areal mit dem Gesamtareal und berechnet so die wieder im Areal einer Stunde der Rektaszension liegenden Sterne für $b = 0$ zu $n = 1422$. Diese vier Zahlen stellt er streng dar durch den Ausdruck

$$n(1 - 0{,}90474 \cos 2b) = 483{,}92 - 348{,}43 \cos 2b.$$

Wird der senkrechte Abstand von der Ebene der Milchstraße in Teilen des Radius der Sphäre der Sterne 8^m x genannt, so daß $x = \sin b$ ist, und die Dichte in der Milchstraße $= 1$ gesetzt, so können wir die Sternzahl n darstellen als Funktion von $N = N_0 D$ auf dem oben angedeuteten Wege. N_0 ist die Anzahl der Sterne in der Volumeneinheit in der Ebene der Milchstraße. Struve fand in ähnlicher Weise aus der vorigen Formel für D den Ausdruck

$$D_1 = \frac{1 + 14{,}9039\, x^2 + 97{,}697\, x^4}{(1 + 18{,}995\, x^2)^2}.$$

Dieser Ausdruck ist eine strenge Darstellung der vier der Beobachtung entnommenen Zahlen n. Diesen Zahlen wohnt aber eine erhebliche Unsicherheit inne. Eine Änderung derselben um ein paar Einheiten würde den Ausdruck D_1 in den großen Koeffizienten der höheren Potenzen von x sehr beträchtlich ändern, und es kann deshalb, wenigstens für größere Werte von x, der strenge Ausdruck keine genügende Vorstellung über die Dichtigkeitsänderung im Sternsystem geben. Um zu sehen, wie sich ein völlig zuverlässiges Material in dieser Weise verwerten läßt, wollen wir die Houzeauschen Zahlen der dem freien Auge sichtbaren Sterne in die Rechnung einführen. Wenn wir die galaktische Breite, bis zu der die Zählung reicht, der Zahl z als Index anhängen, so ergeben Houzeaus Zahlen:

$$z_{10} = 572, \quad z_{30} = 1577, \quad z_{50} = 2271, \quad z_{70} = 2712, \quad z_{90} = 2859.$$

Diese Zahlen werden streng dargestellt durch die Formel

$$z = 3312{,}6\, x - 495{,}9\, x^3 - 976{,}6\, x^5 + 1907{,}4\, x^7 - 887{,}8\, x^9$$

und ergeben

$$D_2 = 1 - 0{,}749\, x^2 - 3{,}439\, x^4 + 12{,}092\, x^6 - 8{,}845\, x^8.$$

Auch hier haben die Koeffizienten der höheren Potenzen von x nur rechnerische Bedeutung. Heben wir die Forderung des strengen Anschlusses an die gegebenen Zahlen auf und setzen D voraus in der Form $D = 1 + \alpha_1 \sin^2 b + \alpha_2 \sin^4 b + \cdots$, so folgt aus der vorhin gegebenen Inhaltsformel für z der analytische Ausdruck

$$z = 2\pi N_0 \left[\frac{1}{1\cdot 3}x + \frac{1}{3\cdot 5}x^3 + \frac{1}{5\cdot 7}x^5 + \frac{1}{7\cdot 9}x^7 + \cdots\right].$$

Auf die Houzeauschen Zahlen z angewandt, führt die Formel mit

$$N_0 = 1535{,}4, \quad D_3 = 1 - 0{,}573 \sin^2 b$$

auf die Zahlen

$$z'_{10} = 556, \quad z'_{30} = 1561, \quad z'_{50} = 2297, \quad z'_{70} = 2716,$$
$$z'_{90} \doteq 2847.$$

Die Darstellung der beobachteten Zahlen durch einen nur das quadratische Glied enthaltenden Ausdruck der Dichtigkeit ist eine völlig befriedigende. Rechnen wir zum Vergleich die verschiedenen Werten von x entsprechende Dichtigkeit nach dem strengen Ausdruck D_2 und dem Näherungsausdruck D_3, sowie auch nach Struves Ausdruck D_1 aus, indem wir in diesen letzteren den Radius der Sphäre der Sterne 8^m, für die der Ausdruck gilt, $=$ 2,80 mal Entfernung der Sterne 6. Größe entsprechend Struves Entfernungstabelle setzen, so erhalten wir

Abstand von der Milchstraße	D_1	D_2	D_3
$x =$ 0,0 . .	1,000	1,000	1,000
0,2 . .	0,896	0,965	0,977
0,4 . .	0,698	0,837	0,908
0,6 . .	0,539	0,700	0,794
0,8 . .	0,441	0,798	0,636
1,0 . .	0,383	0,059	0,427

Man sieht zunächst, daß der strenge Ausdruck D_2 für große x zu unmöglichen Werten der Dichtigkeit führt. Die Dichte nimmt bis $x = 0{,}6$ ziemlich regelmäßig ab, wächst dann aber wieder, wie noch deutlicher ist, wenn wir die $x = 0{,}7$, $0{,}9$ entsprechenden Werte $D_2 = 0{,}720$, $0{,}755$ hinzufügen, um plötzlich an den Polen der Milchstraße rapid zu fallen. Für die Ausdrücke D_1 und D_3 liegt die Dichte nahe zwischen denselben Grenzen, sie nimmt nur bei Struve anfangs erheblich schneller ab. Es berechtigt das aber nicht zu dem Schlusse, daß die Dichtigkeitsverhältnisse für die Sterne bis 8^m andere seien als für die bis 6^m. Denn Struve leitet aus dem Material der

Besselschen Zonen auch den Dichtigkeitsausdruck für die Sterne bis 7^m ab und stützt auch auf die Herschelschen Eichungen eine Berechnung der Dichtigkeit. Die beiden Ausdrücke ergeben für $x = 0{,}123$ bzw. $x = 0{,}008$ die Werte $D_1 = 0{,}874$ bzw. $D_1 = 0{,}964$, und diese Werte würden nach Struves Entfernungstafel zum Werte $x = 0{,}2$ bei den Sternen bis 6^m gehören. Die aus den Sternen bis 7^m und bis 8^m berechneten Werte stimmen miteinander überein, aber der aus den dem freien Auge sichtbaren Sternen sich ergebende Wert ist genau derselbe wie der, zu dem die Herschelschen Eichungen führen. Das Material, auf dem diese letzteren Werte beruhen, darf aber seiner Natur nach als das für die Untersuchung der Dichtigkeitsverhältnisse geeignetere gelten.

Ein Versuch, die S. 164 aufgeführten Seeligerschen Sternzahlen für die neun galaktischen Zonen darzustellen in derselben Weise, führte auf die unmögliche Formel $D = (1 - 1{,}465 \sin^2 b)$, woraus folgen würde, daß die Verteilung der schwächeren Sterne eine andere ist als die der helleren. Es reichen aber offenbar die Sternzahlen allein nicht aus, um diese Verhältnisse aufzuklären. Erst das tiefere Eindringen in die Änderungen der Sternzahlen von Stufe zu Stufe der Helligkeit konnte zum Ziele führen.

Ist der Ausdruck für die Dichtigkeit gegeben, so sind wir imstande, die Entfernungen für die einzelnen Größenklassen zu berechnen, da bei der Voraussetzung gleicher absoluter Helligkeit und unbehinderter Fortpflanzung des Lichtes die Sterne einer bestimmten Helligkeit auf einer Kugeloberfläche liegen. Der Inhalt dieser Kugel wäre so zu bestimmen, daß er entspricht der Anzahl der Sterne bis zu der gegebenen Helligkeit. Ist also $\mathfrak{A}_m$ wieder die Anzahl der Sterne bis zur Größe m, r_m ihre Entfernung, so wäre r_m zu bestimmen durch das Integral

$$\mathfrak{A}_m = \pi N_0 \int_{-r_m}^{+r_m} (r_m^2 - x^2) D \,.\, dx.$$

Führen wir für D den einfachen Ausdruck $(1 - \alpha x^2)$ ein, der für die Sterne bis 6. Größe genügt, so wird

$$\mathfrak{A}_m = 4 \pi N_0 \left(\tfrac{1}{1 \cdot 3} r_m^3 - \tfrac{1}{3 \cdot 5} \alpha r_m^5\right).$$

Eine Berechnung der Entfernung der Argelanderschen Sterngrößen nach dieser Formel unter den beiden Annahmen $\alpha = 0$, $N_0 = 1365{,}3$ entsprechend gleichförmiger Verteilung, bzw.

$\alpha = 0{,}573$, $N_0 = 1535{,}4$ und Gegenüberstellung mit Struves Resultaten enthält folgende Tafel:

		1	2	3	4	5	6	Grenze
Größe		1	2	3	4	5	6	Grenze
Sternzahl f. d. halbe Sphäre		4,5	26	91	246	628	1622,5	2342
Entfernung	$D =$ konst. . . .	1,00	1,79	2,72	3,80	5,19	7,12	8,04
	$= (1 - \alpha x^2)$.	1,00	1,80	2,73	3,82	5,26	7,31	8,33
	Struve . . .	1,00	1,80	2,76	3,91	5,45	7,73	8,87

Die Entfernungen sind mittlere Entfernungen, indem die Anzahl der Sterne der m^{ten} Größe umfaßt alle Sterne bis zur Größe $m - 1$ und die Hälfte der Sterne der m^{ten} Größe. Die letzte Kolumne bezieht sich auf die Grenze für das freie Auge. Der Einfluß der Schichtung im Sternsystem ist demnach innerhalb dieser Grenze nur ein geringer.

In der Ebene der Milchstraße setzen wir die Dichtigkeit der Sternverteilung als konstant voraus. Herschel sah in dieser Richtung in dem 15′ 4″ großen Gesichtsfelde seines Fernrohres 82 Sterne. Ist r die Entfernung der schwächsten Herschelschen Sterne, ϱ der Radius des Gesichtsfeldes, so ist der Inhalt des Gesichtsfeldkegels $\frac{1}{3} r^3 \, tg^2 \varrho \, \pi$. Andererseits haben wir in der Volumeneinheit 1535,4 Sterne bis 6^m. Daraus folgt, daß die Entfernung der schwächsten Herschelschen Sterne 22,0mal so groß sein muß als diejenige der schwächsten dem freien Auge noch sichtbaren Sterne. Herschel hatte aber durch Versuche gefunden, daß die raumdurchdringende Kraft des zu den Eichungen benutzten Fernrohres 61,18 sei, d. h. daß man in diesem Fernrohre einen Gegenstand in der Entfernung 61,18 ebenso hell sah wie mit dem freien Auge in der Entfernung 1. Hiernach hätten die schwächsten in dem Fernrohre noch sichtbaren Sterne in der 61,18fachen Entfernung der Sterne 6^m stehen müssen. Der Widerspruch der beiden Zahlen 22,0 und 61,18 schien Struve nur erklärbar zu sein durch die Annahme der Extinktion des Lichtes im Weltenraume. Ist λ der Extinktionskoeffizient, so ist die scheinbare Helligkeit der Sterne in der Entfernung r: $\frac{H_1}{r^2} \lambda^{r-1}$. Ohne Extinktion wäre die Entfernung der Herschelschen Sterne 61,2, ihre scheinbare Helligkeit also $\frac{H_1}{(61{,}2)^2}$, mit Extinktion ist sie $\frac{H_1}{(22{,}0)^2} \lambda^{21}$. Aus der Gleichsetzung beider Werte folgt $\lambda = 0{,}907$, und wenn wir statt der Entfernung der Sterne 6^m die mittlere Entfernung der Sterne 1. Größe nach Struve einführen, $\lambda = 0{,}987$. Es verlöre also das Licht beim Durchlaufen der mittleren Entfernung der Sterne 1. Größe den 77. Teil seiner Intensität. Struve findet mit etwas anderen Annahmen $\lambda = 0{,}990651$. Mit $\log \lambda = 9{,}995_{-10}$ folgt, daß in der Entfernung 100 die scheinbare Helligkeit eines Sternes, wenn seine Helligkeit in der Entfernung 1 als Einheit genommen wird, $= 0{,}000032$ wird, während sie ohne Extinktion 0,0001 wäre. Der durch die Extinktion bewirkte Helligkeitsverlust in Prozenten der scheinbaren Helligkeit beträgt für:

Sterne . .	1^m	2^m	3^m	4^m	5^m	6^m	für Entfernung 100
Verlust . .	0	0,9	2,0	3,2	4,7	6,9	68 Proz.

Ebenso wird auch die Tragweite der Fernrohre beschränkt. Während Herschels Teleskope ihrer optischen Kraft nach in die 734- bzw. 2300fache Entfernung der Sterne 1^m hätten dringen müssen, wenn das Licht unbehindert den Raum durcheilte, wird ihr Bereich auf die Entfernung 214 bzw. 335 durch die angenommene Extinktion beschränkt.

Setzen wir eine Extinktion des Lichtes voraus, so bewirkt die damit verbundene Änderung der Entfernung, die der scheinbaren Größe entspricht, auch erhebliche Änderungen in den Rechnungen über die Dichtigkeitsverhältnisse. Die Entfernung der Sterne $9{,}2^m$ wäre ohne Extinktion etwa $= 70$, sie würde durch die angenommene Extinktion auf 52 verkleinert werden. In dem gleichen Verhältnisse müßten wir alle linearen Größen ändern, da die gezählten Sterne nicht in einer Kugel vom Radius 70, sondern in einer solchen vom Radius 52 liegen. Die Dichtigkeitsformel $D = 1 - 1{,}465\, x^2$ ginge dadurch über in $D = 1 - 0{,}808 x^2$ und näherte sich so erheblich derjenigen, die aus den dem freien Auge sichtbaren Sternen abgeleitet wurde.

Bislang ist nun aber mit Struve immer an der Hypothese gleicher absoluter Leuchtkraft der Sterne, der zufolge Sterne der gleichen scheinbaren Helligkeit auf einer Kugeloberfläche liegen, festgehalten, und die Übereinstimmung von Theorie und Erfahrung wurde zu erreichen gesucht durch Aufgabe der Annahme gleichförmiger Verteilung und ungestörter Fortpflanzung des Lichtes. Da wir nun aber für unser Sonnensystem in keiner Weise eine bevorzugte Stellung im Raume annehmen dürfen, müssen wir die Verhältnisse, die wir in unserer Nachbarschaft durch die Beobachtung festgestellt haben, überall im Raume voraussetzen, also überall Sterne der verschiedensten absoluten Leuchtkraft, von den sehr hell leuchtenden bis herab zu sehr schwachen, uns denken. Da mit der wachsenden Entfernung von uns bei jedem einzelnen Gliede die scheinbare Helligkeit abnimmt, so müssen wir dieses selbstverständlich auch für die mittlere Helligkeit der Sterne annehmen und hätten also eine Abnahme dieser mittleren Helligkeit mit der Entfernung aufrecht zu erhalten. Dagegen müssen wir es als unserer Entscheidung völlig entzogen betrachten, ob für einen einzelnen Stern die geringere Helligkeit eine Folge größerer Entfernung oder geringerer absoluter Leuchtkraft ist.

In der photometrischen Helligkeitsskala sollten bei gleichförmiger Verteilung, gleicher absoluter Leuchtkraft und ungehinderter Ausbreitung des Lichtes die Gesetze gelten:

$$\frac{H_m}{H_n} = \mu^{2(m-n)} \qquad \frac{\mathfrak{A}_m}{\mathfrak{A}_n} = \mu^{3(m-n)} \qquad \frac{r_m}{r_n} = \mu^{m-n}.$$

Die Voraussetzung gleicher absoluter Leuchtkraft aller Sterne dürfen wir aber fallen lassen. Denn betrachten wir zunächst nur die Sterne einer bestimmten absoluten Leuchtkraft h, die wir aus der Gesamtheit der Sterne herausgreifen, so werden für diese bei gleichförmiger Verteilung im Raume die obigen Gesetze streng gelten. Für jede beliebige andere absolute Helligkeit gilt aber das gleiche, und wenn daher nur die Sterne der einzelnen absoluten Helligkeiten gleichförmig im Raume verteilt sind, wenn das Mischungsverhältnis der Sterne der verschiedenen absoluten Helligkeiten überall das gleiche ist, so müssen wir auch in der Gesamtheit der Sterne jene Gesetze ausgesprochen finden. Es genügt sogar schon die Annahme, daß das Mischungsverhältnis der Sterne in jeder beliebigen Richtung von uns aus sich mit der Entfernung nicht ändere; in den verschiedenen Richtungen kann es verschieden sein. Wir werden dann zwar in den verschiedenen Richtungen eine verschiedene Anzahl von Sternen der einzelnen Größenklassen finden, aber in jeder beliebigen Richtung und folglich auch in der Gesamtheit der Sterne wird die Zahl wachsen in einer geometrischen Reihe mit dem Exponenten μ^3. Die Erfahrung bestätigt diesen Schluß Schiaparellis nur zum Teil. Die Sternzahlen bilden zwar eine geometrische Reihe, aber der Exponent ist nicht μ^3. Es können also die Voraussetzungen, von denen wir ausgingen, nicht richtig sein. Es erscheint aber nicht angemessen, die Ursache in einer anderen Verteilung der absoluten Helligkeiten zu suchen, da jede andere Annahme der Sonne eine bevorzugte Stellung im Universum einräumen würde. Wir müssen also entweder die gleichförmige Verteilung oder die ungestörte Fortpflanzung fallen lassen. Schiaparelli entschied sich für die letztere Annahme. Er fand (S. 155), daß die Sternzahlen eine geometrische Reihe mit dem Exponenten $\frac{10}{3}$ bilden. Es genügt also, in die obigen Gleichungen an die Stelle der durch $log\,\mu^2 = 0{,}4$ bestimmten Konstante eine andere durch $\mu_1^3 = \frac{10}{3}$ bestimmte einzuführen. In der ersten Gleichung könnten dann die H nicht die photometrischen Größenstufen sein. Machen wir die Extinktion für die Abweichung verantwortlich, so wäre nach Gleichung (4): $H'_m = \frac{H_1}{r_m{}^2}\lambda^{r_m - 1} = H_m \lambda^{r_m - 1}$, und es würde die Gleichung bestehen müssen: $\frac{H^m \lambda^{r_m - 1}}{H_n \lambda^{r_n - 1}} = \mu_1^{2(m-n)}$ oder für zwei aufeinander folgende Größenklassen: $\mu^2 . \lambda^{r_m - r_{m-1}} = \mu_1^2$. Der Wert von μ_1 müßte also ein mit der Entfernung sich ändernder sein. Der von Schiaparelli aus der Harvard Photometry abgeleitete Wert $\mu^3 = \frac{10}{3}$ folgte aus der Anzahl der Sterne der 5. und 4. Größe. Mit $r_1 = 1$ wird $log\,r_5 = 0{,}697$, $log\,r_4 = 0{,}523$ und daher $r_5 - r_4 = 1{,}65$. Zur Bestimmung von λ führt also die Gleichung $0{,}4 + 1{,}65\,log\,\lambda = 0{,}349$, und es wird $log\,\lambda = 9{,}967_{-10}$ oder $\lambda = 0{,}927$. Eine Extinktion von so großem Betrage führt aber zu ganz unzulässigen Schlüssen. Mit ihr würden wir schon für die Sterne 9^m erhalten $\mu^3 = 1{,}35$.

Die Annahme des Vorhandenseins einer Extinktion des Lichtes reicht also zum mindesten nicht aus zur Erklärung der beobachteten Verhältnisse, und es erscheint notwendig, die Voraussetzung gleichförmiger Verteilung der Sterne fallen zu lassen. Diesen Weg hat Seeliger bei seinen Untersuchungen über die Konstitution des Fixsternsystems eingeschlagen, um aus der scheinbaren Verteilung der Sterne ein typisches Bild des Sternsystems zu konstruieren. Da uns zur Zeit nur die auffälligsten Gesetze der Sternverteilung bekannt sind, kann es sich zunächst nur um eine rohe Annäherung an die Wirklichkeit handeln, bei der wir uns noch in den Mittelpunkt des ganzen Systems stellen. Es ist das eine einfache Folge davon, daß wir die Ebene der Milchstraße als Symmetrieebene des Sternsystems annehmen und die Sternverteilung nur als Funktion der galaktischen Breite und nicht auch der galaktischen Länge darstellen. Die Grundlagen der Seeligerschen Theorie sind folgende:

Bezüglich der absoluten Leuchtkraft der Sterne wird angenommen, daß sie in der Einheit der Entfernungen liege zwischen den Grenzen $i = 0$ und $i = H$, und die Häufigkeit des Vorkommens einer bestimmten Helligkeit wird bezeichnet durch $\varphi(i)$. Die Gesamtheit aller möglichen Sternhelligkeiten wird $= 1$ gesetzt, und demnach ist $\int\limits_0^H \varphi(i)\,di = 1$. Die Dichtigkeit der Sternverteilung, d. h. die Anzahl aller Sterne in der Raumeinheit, sei D, und diese Dichtigkeit wird angesehen als Funktion des Ortes oder der Entfernung. Ein Element der Kugeloberfläche von der scheinbaren Größe ω hat in der Entfernung r die Größe ωr^2, und der Inhalt des entsprechenden Teiles einer unendlich dünnen Kugelschale ist $\omega r^2 dr$. Die hellsten Sterne haben in der Entfernung 1 die Helligkeit H, in der Entfernung r also, da wir von Extinktion absehen, die Helligkeit $\frac{H}{r^2}$; die schwächsten Sterne haben die Helligkeit 0. Die Sterne, deren scheinbare Helligkeit $= h_m$ in der Entfernung r ist, haben in der Einheit der Entfernungen die Helligkeit $h_m r^2$. Wir erhalten also die Anzahl aller in dem betrachteten Teile der Kugelschale liegenden Sterne von den hellsten bis zur scheinbaren Helligkeit h_m durch den Ausdruck $\omega D r^2 dr \int\limits_{h_m r^2}^{H} \varphi(i)\,di$.

Um alle Sterne zu erhalten, die in dem Flächenstück ω erscheinen, haben wir nun noch über r zu integrieren. Als untere Grenze wäre, weil der Abstand der nächsten Fixsterne im Vergleich zu den hier in Betracht kommenden Entfernungen gewiß sehr klein ist, $r = 0$ zu setzen, als obere Grenze jener Wert des r, bis zu welchem Sterne der Helligkeit h_m überhaupt noch vorkommen können, also jene Entfernung, in welcher die absolut hellsten Sterne die Helligkeit h_m haben; sie ist gegeben durch $h_m = \frac{H}{r_1^2}$, so daß $r_1 = \sqrt{\frac{H}{h_m}}$ ist. Ist nun das Sternsystem ein begrenztes, so kann der Fall eintreten, daß der so bestimmte Wert des r_1 über die Grenze des Systems hinaus reicht, und in diesem Falle wäre natürlich nur bis zur Grenze R zu integrieren. Wir haben demnach, wenn wir wieder durch $\mathfrak{A}_m$ die Anzahl aller Sterne von den hellsten bis herab zur scheinbaren Helligkeit h_m verstehen, die beiden Formeln:

$$\mathfrak{A}_m = \omega \int_0^{r_1} D r^2 dr \int_{h_m r^2}^{H} \varphi(i) di, \quad \text{wenn } R > \sqrt{\frac{H}{h_m}} \quad . \quad . \quad (52)$$

$$\mathfrak{A}_m^1 = \omega \int_0^{R} D r^2 dr \int_{h_m r^2}^{H} \varphi(i) di, \quad \text{wenn } R \lesseqgtr \sqrt{\frac{H}{h_m}} \quad . \quad . \quad (53)$$

Ist zweitens A_m die Anzahl der Sterne einer bestimmten Helligkeit h_m, so fällt die Integration nach i fort. In der Einheit der Entfernungen ist die Anzahl der Sterne der Helligkeit i in der Flächeneinheit $\varphi(i)$, in der Entfernung r ist sie $\varphi(i) r^2$, und damit wird:

$$A_m = \omega \int_0^{r_1} D r^4 \varphi(i) dr \quad . \quad . \quad . \quad . \quad . \quad . \quad (54)$$

Um diese Ausdrücke integrieren zu können, müßten wir die Funktionen D und $\varphi(i)$ kennen. Dies ist nun nicht der Fall, und unsere Aufgabe besteht jetzt darin, diese Funktionen so zu bestimmen, daß die Ausdrücke für $\mathfrak{A}_m$ den Gesetzen genügen, die wir in Wirklichkeit beobachtet haben. Die auffälligste Eigenschaft der beobachteten Sternzahlen ist die Abhängigkeit des Exponenten der geometrischen Reihe, der diese Zahlen sich anschließen, von der galaktischen Breite. Für die schwächeren Sterne bis etwa $11{,}5^m$ ist durch Seeligers S. 162f. besprochene Untersuchungen unzweifelhaft erwiesen, daß $\log \mathfrak{A}_m - \log \mathfrak{A}_{m-1} = 0{,}6 - \lambda$ ist, wo λ eine sich zwar mit der galaktischen Breite, nicht aber mit der Helligkeit, d. h. mit der Entfernung, ändernde Größe ist, deren Wert aus der folgenden Tabelle zu entnehmen ist:

Gal. Br.			
± 70°	bis ± 90°	$\log \mathfrak{A}_m - \log \mathfrak{A}_{m-1} = 0{,}6$	— 0,126
± 50	± 70		— 0,114
± 30	± 50		— 0,104
± 10	± 30		— 0,080
0	± 10		— 0,050

Es gilt dieses Gesetz aber nicht für die helleren Sterne. Bei der geringen Zahl dieser Sterne und der Kleinheit des von ihnen eingenommenen Raumes dürfen wir aber diesen Umstand außer acht lassen; er bildet einen der Punkte, in denen das typische Bild, das wir zeichnen wollen, notwendigerweise von der Wahrheit abweichen muß, und der daher auch für dieses Bild nicht in Frage kommen darf.

Es ist jetzt also die Änderung der Sternzahl mit der Sternhelligkeit den Bedingungen zu unterwerfen, die aus diesem Beobachtungsergebnis folgen. Um die Änderung des theoretischen Wertes der Sternzahl zu erhalten, haben wir das Doppelintegral nach h_m zu differentiieren. Nun ist aber an der unteren Grenze für $r = 0$ das Integral selbst $= 0$, da hier die Zählung beginnt, an der oberen Grenze für $r = r_1 = \sqrt{\frac{H}{h_m}}$ wird $\int_{h_m r^2}^{H} \varphi(i)\,di = \int_{H}^{H} \varphi(i)\,di$, d. h. $= 0$, und auch hier verschwindet also das Integral. Das Differential besteht dann nur aus dem Differential der Funktion zwischen den alten Grenzen. Um einfacher schreiben zu können, ersetzen wir $\int_{h_m r^2}^{H} \varphi(i)\,di$ durch u und haben damit:

$$\frac{d\mathfrak{A}}{d h_m} = \omega \int_0^{r_1} D r^2 \frac{du}{d h_m}\, dr.$$

Es ist aber $\frac{du}{dh_m} = \frac{du}{di} \cdot \frac{di}{dh_m}$, also, da $du = \varphi(i)\,di$ und $i = h_m r^2$ ist, $\frac{du}{dh_m} = \varphi(i) r^2$; weiter ist $\frac{du}{dr} = \frac{du}{di} \cdot \frac{di}{dr} = \varphi(i)\, 2 r h_m$, und demnach $\frac{du}{dh_m} = \frac{du}{dr}\,\frac{r}{2 h_m}$, und dieses gibt:

$$\frac{d\mathfrak{A}}{dh_m} = \frac{\omega}{2 h_m} \int_0^{r_1} D r^3 \frac{du}{dr}\, dr = \frac{\omega}{2 h_m} \Big[D r^3 u \Big]_0^{r_1} - \frac{\omega}{2 h_m} \int_0^{r_1} u \left(r^3 \frac{dD}{dr} + 3 r^2 D \right) dr.$$

Der erste Teil rechts verschwindet an der unteren Grenze mit r, an der oberen Grenze mit $u = 0$. Es bleibt also nur der zweite Teil, und in diesem ist wieder der zweite Teil $= 3\, \frac{\omega}{2 h_m} \int_0^{r_1} r^2 D\, dr \,.\, u = \frac{3}{2 h_m} \mathfrak{A}_m$. Es wird also schließlich:

$$\frac{d\mathfrak{A}_m}{dh_m} = -\frac{3}{2h_m}\mathfrak{A}_m - \frac{\omega}{2h_m}\int\limits_0^{r_1} r^3 \frac{dD}{dr} dr \,.\, u \quad . \quad . \quad (55)$$

Wir haben nun den analogen Ausdruck nach der Beobachtung zu bilden. Das beobachtete Gesetz lautet $log\,\mathfrak{A}_m - log\,\mathfrak{A}_{m-1} = 0{,}6 - \lambda$. Andererseits ist in der photometrischen Skala $log\,h_{m-1} - log\,h_m = 0{,}4$. Durch Division erhalten wir:

$$log\,\frac{\mathfrak{A}_m}{\mathfrak{A}_{m-1}} = log\,\frac{h_m}{h_{m-1}} \cdot \frac{5\,\lambda - 3}{2}$$

und haben also auch:

$$log\,nat\,\mathfrak{A}_m = \frac{5\,\lambda - 3}{2}\,log\,nat\,h_m$$

und daraus durch Differentiation und Umstellung:

$$\frac{d\mathfrak{A}_m}{dh_m} = -\frac{3}{2}\frac{\mathfrak{A}_m}{h_m} + \frac{5}{2}\lambda\frac{\mathfrak{A}_m}{h_m} \quad . \quad . \quad . \quad . \quad (56)$$

Aus der Vergleichung dieses Ausdruckes mit dem theoretischen Werte (55) folgt also:

$$-\frac{\omega}{2h_m}\int\limits_0^{r_1} r^3 \frac{dD}{dr} dr \,.\, u = \frac{5\,\lambda}{2h_m}\omega\int\limits_0^{r_1} Dr^2 dr \,.\, u,$$

$$\int\limits_0^{r_1}\left(5\,\lambda Dr^2 + r^3\frac{dD}{dr}\right)dr \,.\, u = 0.$$

Der Faktor $u = \int\limits_{h_m r^2}^{H} \varphi(i)\,di$, der in jedem einzelnen Gliede dieses Integrals vorkommt, ist, da der Definition gemäß $\int\limits_0^H \varphi(i)\,di = 1$ ist, ein positiver echter Bruch; sein Minimalwert ist 0, sein Maximalwert 1. Der Wert 0 tritt aber nur ein für $r = \sqrt{\frac{H}{h_m}}$, für alle übrigen Werte r ist der Faktor größer als 0. Dieser Faktor kann also das Verschwinden des Ausdrucks nicht bewirken. Wir dürften ihn in allen Einzelintegralen durch seinen Maximalwert 1 ersetzen, wenn wir zugleich die obere Grenze ersetzen durch $\Theta . r_1$, wobei $0 < \Theta < 1$ ist. Ist dann aber D eine analytische in eine Potenzreihe zu entwickelnde Funktion, so kann das Integral für beliebige Werte des h_m nur verschwinden, wenn jedes einzelne Glied verschwindet, also muß sein $5 \lambda D r^2 + r^3 \frac{dD}{dr} = 0$, und diese Bedingung ergibt, wenn γ eine Konstante bezeichnet:

$$D = \gamma r^{-5\lambda} \quad \ldots \ldots \ldots \quad (57)$$

Wir werden also zu der wichtigen Tatsache geführt, wenn $\log A_m - \log A_{m-1} = 0{,}6 - \lambda$ ist, so ist die Dichtigkeit der Sternverteilung völlig eindeutig bestimmt durch den Ausdruck (57). Damit ist die eine der beiden Funktionen bekannt. Zur Bestimmung der anderen fehlt uns zur Zeit aber die Möglichkeit, wir bedürfen dazu noch weiterer Aufschlüsse durch die Beobachtung. Wollen wir also unsere Ausdrücke weiter diskutieren, so müssen wir bezüglich der Funktion $\varphi(i)$ den Weg der Hypothese beschreiten. Die einfachste und nach unseren Erfahrungen zugleich plausibelste Annahme ist nun offenbar die, daß alle Helligkeiten gleichförmig vertreten seien, daß in allen Entfernungen Sterne der verschiedenen Helligkeiten in gleicher Häufigkeit vorkommen. Dieser Annahme entspricht der Ausdruck $\varphi(i) = \text{konstant} = C$, und dieses gibt $\int_0^H C . di = CH = 1$, also $\varphi(i) = \frac{1}{H}$. Damit erhält das innerhalb des Sternsystems gültige Integral (52) den Wert:

$$\mathfrak{A}_m = \gamma \omega \int_0^{r_1} r^{2-5\lambda} dr \int_{h_m r^2}^{H} \frac{1}{H} di$$

und durch Ausführung der Integration wegen $r_1 = \sqrt{\frac{H}{h_m}}$

$$\mathfrak{A}_m = \gamma \omega \left(\frac{H}{h_m}\right)^{\frac{3-5\lambda}{2}} \frac{2}{(3-5\lambda)(5-5\lambda)} \quad \ldots \quad (58)$$

Das zweite Integral, das zur Anwendung kommt, sobald beim Integrieren die Grenze des Sternsystems erreicht wird, gibt ebenso:

$$\mathfrak{A}_m^1 = \gamma \omega \left(\frac{H}{h_n}\right)^{\frac{3-5\lambda}{2}} \frac{(5-5\lambda) - (3-5\lambda)\frac{h_m}{h_n}}{(3-5\lambda)(5-5\lambda)} \quad . \quad (59)$$

Dabei ist h_n definiert durch $R = \sqrt{\frac{H}{h_n}}$, also als diejenige scheinbare Helligkeit, die die absolut hellsten Sterne in der Entfernung der Grenze annehmen.

Wir können diese Ausdrücke nun verwenden zur Bestimmung der Dimensionen des Sternsystems. Die Grenze liegt nach dem soeben Gesagten dort, wo die überhaupt hellsten Sterne die Helligkeit h_n haben. Ordnen wir also die Sternzahlen nach der Helligkeit, so müssen sie mit dem Erreichen der Helligkeit h_n ein anderes Gesetz befolgen. Denn denken wir uns die Zahl $\mathfrak{A}_m$ durch eine Kurve dargestellt, so wird das Kurvenelement in dem Teile der Kurve, der den Helligkeiten $H \ldots h_n$ entspricht, aus den Änderungen $\frac{d\mathfrak{A}}{dh}$ und $\frac{d\mathfrak{A}}{dr}$ bestehen, kommen wir aber zur Helligkeit h_n, so fällt das Element $\frac{d\mathfrak{A}}{dr}$ fort, und die Gleichung der Kurve muß also eine andere werden. Wir haben nun gefunden, daß die Herschelschen Sterne in der Tat ein anderes Gesetz befolgen als die Sterne bis zur Größe 11,5 und schließen daraus, daß für diese Sterne der Ausdruck (59), für die anderen aber der Ausdruck (58) gilt. Stellen wir also den Herschelschen Sternen die Sterne $9{,}0^m$ gegenüber, so gilt die Gleichung:

$$\frac{\mathfrak{A}_{13,5}}{\mathfrak{A}_{9,0}} = \left(\frac{h_{9,0}}{h_n}\right)^{\frac{3-5\lambda}{2}} \frac{(5-5\lambda)-(3-5\lambda)\frac{h_{13,5}}{h_n}}{2}.$$

Durch Einführung der in den verschiedenen galaktischen Breiten gefundenen Werte von $\frac{\mathfrak{A}_{13,5}}{\mathfrak{A}_{9,0}}$ in diese Gleichung berechnet Seeliger folgende Werte der scheinbaren Maximalhelligkeit an der Grenze und der Entfernung dieser Grenze:

Gal. Br.	$h_n =$	$R =$
90°	$11{,}5^m$	500 Siriusweiten
80	11,6	525
60	11,8	575
40	12,0	625
20	12,4	750
5	12,8	900
0	13,25	1100

Um schließlich auch über die Verteilung der Sterne im Sternsystem Aufschluß zu erhalten, berechnen wir die Dichtigkeit für verschiedene Werte des r. Wir führen dazu in den Ausdruck für $\mathfrak{A}_m$ für γ ein $Dr^{5\lambda}$ und erhalten so für D den Ausdruck:

$$D = \mathfrak{A}_m r^{-5\lambda} \frac{1}{\omega} \left(\frac{h_m}{H}\right)^{\frac{3-5\lambda}{2}} \frac{(3-5\lambda)(5-5\lambda)}{2} \quad . \quad . \quad (60)$$

Setzen wir auf der rechten Seite etwa $h_m = 9{,}0$, wählen $\omega = 1 \square^0$, so ist $\mathfrak{A}_m$ die Anzahl der Sterne bis zur 9. Größe auf dem Quadratgrad, wie sie der betreffenden galaktischen Breite entspricht. Für λ haben wir den Wert aus der Tafel S. 198 zu entnehmen. H, die Helligkeit der hellsten Sterne, ist etwa gleich -2 zu setzen, denn Sirius, dessen photometrische Helligkeit $-1{,}4$ ist, ist zwar der hellste, aber nicht der uns nächste Stern, und H muß also noch größer sein. Wir können mit dieser Annahme die Formel (60) benutzen, um zu gegebenen Werten von D die zugehörige Entfernung r zu berechnen. Man erhält dadurch folgende Übersicht über die Kurven gleicher Dichtigkeit:

Dichtigkeit	1,0	0,6	0,2	0,1	0,05	0,01
Gal. Br. 0^0	0,07	0,51	41,4	662	10 570	6 620 000
30	0,36	1,11	12,7	59	277	9 888
60	0,70	1,68	11,2	37	122	1 957
90	1,00	2,22	12,4	36	108	1 333

Als Einheit der Dichtigkeit ist diejenige gewählt, die in der Einheit der Entfernung, als welche stets die mittlere Entfernung der hellsten Sterne gilt, in der Richtung nach den Polen eintritt.

Die mittlere Entfernung der Sterne einer bestimmten Helligkeit finden wir aus der durch Gleichung (54) angegebenen Anzahl dieser Sterne. Nennen wir sie ϱ_m, so muß sein $\varrho_m \Sigma A_m = \Sigma r A_m$. Die Summation hat sich über die r zu erstrecken. Führen wir in den Ausdruck für A_m für D und $\varphi(i)$ die erhaltenen Werte ein, so wird:

$$\varrho_m = \sqrt{\frac{H}{h_m}} \frac{5-5\lambda}{6-5\lambda} \quad \text{innerhalb der Grenze,}$$

und

$$= R \frac{5-5\lambda}{6-5\lambda}, \quad \text{wenn } R \gtreqless \sqrt{\frac{H}{h_m}} \text{ ist.}$$

Hieraus folgt z. B. für die mittlere Entfernung der Sterne 9^m in den verschiedenen Richtungen:

Gal. Br.		
0^0	$\varrho_{9,0} =$	131,0 Siriusweiten
30		129,9
60		129,3
90		128,9

Die Anzahl aller sichtbaren Sterne wird gefunden, wenn im Werte von $\mathfrak{A}^1_m$ als untere Grenze der Zählung $h_m = 0$ eingeführt wird. Es wird dann:

$$\mathfrak{A}^1_\infty = \gamma\omega\left(\frac{H}{h_n}\right)^{\frac{3-5\lambda}{2}} \frac{1}{3-5\lambda},$$

und damit folgt durch Vergleichung des für $\mathfrak{A}_{13,5}$, das ist für die Anzahl der Herschelschen Sterne, geltenden Ausdrucks:

$$\mathfrak{A}^1_\infty = \frac{5-5\lambda}{(5-5\lambda)-(3-5\lambda)\frac{h_{13,5}}{h_n}} \mathfrak{A}_{13,5} \quad . \quad . \quad (61)$$

Seeliger berechnet die Anzahl der Herschelschen Sterne aus allen Eichungen genähert zu 27 Millionen und folgert daraus mit den vorhin angegebenen Werten h_n als Gesamtzahl aller vorhandenen Sterne $\mathfrak{A}^1_\infty = 41{,}8$ Millionen.

Zur besseren Illustrierung der Tabellen können die beiden Zeichnungen Fig. 17 und 18 dienen. Sie zeigen, daß in unserer nächsten Umgebung die Dichtigkeit in der Milchstraße schneller abnimmt als in der dazu senkrechten Richtung, daß sich in größeren Entfernungen dies Verhältnis aber umkehrt. Die Zeichnungen enthalten die Kurven gleicher Dichtigkeit. Die erste die der Dichtigkeit 1,0, 0,8, 0,6, 0,4, 0,2. Der innere punktierte Kreis ist mit dem Radius 1 beschrieben; er umschließt also den Raum, innerhalb dessen keine Sterne vorkommen. Die zweite Zeichnung ist in 80fach kleinerem Maßstabe gezeichnet. Der innerste Kreis stellt hier die Grenze der dem freien Auge sichtbaren Sterne dar. Er umschließt ganz das Gebiet der ersten Zeichnung, und innerhalb dieses Raumes entspricht die Darstellung nicht der Wirklichkeit nach dem S. 198 Gesagten. Der größere Kreis entspricht der Entfernung der Sterne 9. Größe, und bis zu diesem besitzen wir also eine gesicherte Kenntnis der Sterne ihrer Anordnung und Größe nach. Streng genommen wäre die Kurve kein Kreis, doch ist der Unterschied nach den Zahlen S. 203 unmerklich. Die dritte Grenzkurve stellt nach der vorhin gegebenen Übersicht die Grenze des Sternsystems dar.

Sehen wir von den Kurven größerer Dichtigkeit ab, so zeigt sich, daß die Linien im allgemeinen doch recht nahe an der Ebene der Milchstraße parallele Linien, wie sie der Struveschen Hypothese entsprechen, herankommen. In der Tat sind alle Linien geschlossene Kurven, aber es stehen z. B. die beiden Achsen der Kurve 0,02 im Verhältnis 1 : 1000.

Fig. 17.

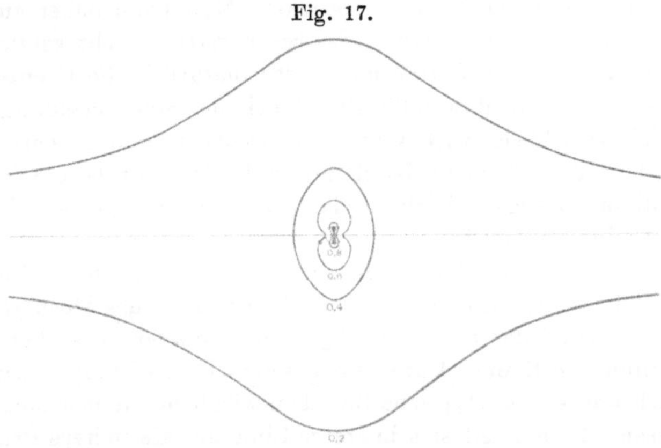

Die Frage, ob nicht die durch die Formeln gefundene Begrenzung des Sternsystems nur eine scheinbare, durch die Wirkung der Extinktion erzeugte sei, muß verneint werden. Auch bei Annahme einer Extinktionswirkung, die an sich sehr wahrscheinlich

Fig. 18.

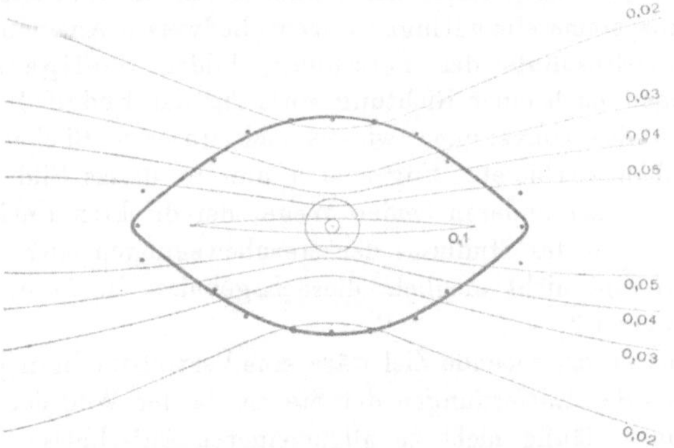

ist, besteht zwischen der scheinbaren Helligkeit und der Entfernung eine eindeutige Beziehung, und mit ihrer Hilfe leitet Seeliger in derselben Weise wie vorhin für die Sternzahl $\mathfrak{A}_m$ wieder einen

Ausdruck ab, dem sich alle Zählungen anschließen müßten. Die durch Seeligers drittes Gesetz festgestellte Tatsache, daß die Herschelschen Sterne ein anderes Gesetz befolgen als die helleren Sterne bis 11,5^m, bliebe also unerklärt. Man kann daher auf die Vorstellung einer Begrenzung des Sternsystems nicht verzichten. Die Einführung der Extinktion würde natürlich die Grenze des Raumes, innerhalb dessen die Dichtigkeit der Sternverteilung eine von Null verschiedene ist, weiter hinausrücken, und es wäre wohl möglich, daß dadurch in der Richtung der Milchstraße die Grenze unbestimmbar würde. Vorläufig ist es nicht möglich, eine definitive Entscheidung zu treffen.

Seeligers Arbeiten haben uns also eine vollständige Lösung des Problems gegeben. Es sind die Dimensionen des Sternsystems und die Anzahl der Sterne des Systems wie auch ihre räumliche Anordnung bestimmt. Durch fortgesetzte Beobachtungen wird es möglich werden, das typische Bild dem wirklichen immer mehr anzupassen. Es handelt sich in erster Linie um die weitere Prüfung und den strengen Beweis des Gesetzes der Sternzahlen, das in der Form $\log \mathfrak{A}_m - \log \mathfrak{A}_{m-1} = 0{,}6 - \lambda$, wo λ unabhängig von der Entfernung im Sternsystem, angenommen war, und dann um die Ermittelung des Mischungsverhältnisses der Sterne verschiedener absoluter Helligkeiten.

In der langen Kette der Versuche, in die Konstitution des Fixsternsystems einzudringen durch gliedweises Aneinanderfügen der Einzelresultate der Forschung, bilden Seeligers Untersuchungen nach einer Richtung vorläufig das Endglied: Sie bestimmen das Universum, wie es sich unseren Blicken in den Sternzahlen darbietet. Fügen sich nun in dieses Bild auch die Ergebnisse der anderen beiden Wege, der direkten Entfernungsmessung und des Studiums der Sternbewegungen ein? Oder ist es überhaupt nicht möglich, diese Ergebnisse in dieser Hinsicht zu verwerten?

Das zu erstrebende Ziel wäre eine Vervollständigung unserer Kenntnis der Entfernungen der Sterne, da der Weg der direkten Messung vorläufig nicht zu allgemeineren Aufschlüssen über die mittleren Entfernungen führt und auch ein Schluß aus der scheinbaren Helligkeit auf die Entfernung sich als nicht gestattet erwiesen hat. Die einzige Möglichkeit, auf indirektem Wege weiter zu kommen, scheint darin zu liegen, die beiden mit der Entfernung sich ändernden und unserer Beobachtung leicht zugänglichen Attribute der Fixsterne, die Helligkeit und die Bewegung, zu kombinieren und unter Benutzung derjenigen Sterne, für welche die Entfernung direkt gemessen ist, empirisch diese Entfernung als Funktion jener Elemente darzustellen.

So versuchte Gylden eine bessere Anpassung der von Struve aus der Sternzahl und der scheinbaren Helligkeit unter der irrigen Voraussetzung, daß diese letztere alleinige Funktion der Entfernung sei, abgeleiteten mittleren Entfernungen an die tatsächlichen durch Hinzufügung eines die Größe der Eigenbewegungen berücksichtigenden Faktors. Ist r_m^0 die durch Struves Formel gefundene Entfernung, s die Eigenbewegung eines Sternes, s_m die mittlere Eigenbewegung der Sterne der Helligkeit m und α eine Konstante, so setzt Gylden die tatsächliche Entfernung des Sternes voraus in der Form $r_m = \alpha r_m^0 \frac{s}{s_m}$ und bestimmt die Konstante α aus dem vorliegenden Material bekannter Parallaxen. Die Ausführung ergibt aber die Notwendigkeit, einen wesentlich verwickelteren mathematischen Ausdruck anzunehmen. Gylden gewinnt (A. N. 3258) aus einer von Oudemans ausgeführten Zusammenstellung folgende zur Ermittelung des Zusammenhanges von Größe, Bewegung und Parallaxe zu benutzende Tabelle:

m	s	π	m	s	π
2,52	2,181″	0,237″	6,91	4,433″	0,302″
1,81	0,523	0,137	6,96	1,303	0,143
2,46	0,066	0,123	7,14	0,495	0,060

Die beiden Gruppen, in denen m nahe konstant ist, können dazu dienen, um π als Funktion von s zu ermitteln. Gylden setzt $\log nat\ \pi = Konst. + \beta \cdot s$ und findet aus der ersten Gruppe $\beta = 0{,}308$, aus der zweiten $\beta = 0{,}527$. Die Konstante ist der Wert von $\log nat\ \pi$ für $s = 0$. Die beiden Werte β entsprechen genähert dem Ausdruck $0{,}2\sqrt{m}$, wenn m die mittlere Helligkeit der beiden Gruppen ist, und es ginge damit die obige Gleichung über in $\log nat\ \pi = Konst. + 0{,}2\sqrt{m} \cdot s$. Zur Bestimmung der Konstante ordnet Gylden nun von neuem die beobachteten Parallaxen nach der Helligkeit und erhält mit dem zugehörigen mittleren Werte der

Bewegung Einzelwerte der Konstante, aus denen ihre Abhängigkeit von der Helligkeit zu ermitteln ist. Er findet

$$Konst. = -1{,}820 - (0{,}215)(m - 1);$$

es wird dann schließlich:

$$log \frac{1}{\pi} = 0{,}697 + 0{,}093 m - 0{,}087 \sqrt{ms}.$$

Dieser Ausdruck läßt aber in den Ausgangswerten noch erhebliche Fehler übrig. Der 4. Wert, schwache Sterne mit starker Eigenbewegung, gibt, obwohl die sehr abweichende Parallaxe von Gr. 1830 schon ausgeschlossen ist, doch noch als Fehler der Darstellung —0,232″. Gylden sucht nun noch einen befriedigenderen Anschluß zu erzielen dadurch, daß er in dem zweiten Gliede einen mit der Helligkeit veränderlichen Faktor einführt, und erreicht so schließlich eine Darstellung der mittleren Beobachtungswerte bis auf einen größten Fehler von 0,021″. Auf die Aufführung der sehr gekünstelten Formel darf aber verzichtet werden, da ihre Konstanten wegen des ungenügenden der Rechnung zugrunde liegenden Materials jetzt keinen Wert mehr haben.

Das durch die Arbeiten von Gill, Elkin und Peter wesentlich vervollkommnete Material hat neuerdings Kapteyn unter Hinzuziehung der eigenen und der Flintschen Bestimmungen durch Rektaszensionsdifferenzen verwertet, um zu versuchen, durch eine mathematische Formel einen Zusammenhang zwischen Bewegung, Größe und mittlerer Parallaxe herzustellen. Er bildet ebenso wie Gylden, indem er die Sterne in zwei Gruppen heller bzw. schwächer als $5{,}5^m$ trennt und innerhalb der Gruppen nach der Größe der Eigenbewegung ordnet, 6 Mittelwerte und fügt dann noch einen weiteren auf indirektem Wege bei der Bestimmung der Bewegung des Sonnensystems im Raume erhaltenen hinzu. Die Größe $\frac{q}{\varrho}$, die in den bei dieser Bestimmung gebrauchten Formeln auftrat, ist der Winkel, unter welchem aus der mittleren Entfernung der Sterne, die zur Untersuchung benutzt wurden, senkrecht gesehen die lineare Bewegung der Sonne erscheint. Diese letztere setzt Kapteyn nach Vogels Messungen der Bewegungen im Visionsradius zu 16,7 km in der Sekunde (nach Campbell hätte man dafür 19,9 km zu setzen), das ist zu 3,53 Erdbahnradien im Jahre an und erhält mit dem aus der Gesamtheit der Bradleyschen Sterne gewonnenen Werte $\frac{q}{\varrho} = 0{,}0583''$ die Bestimmung $\pi = \frac{1}{\varrho} = 0{,}0166''$. Dieser Wert gehört zu der mittleren Größe 5,45 und der mittleren Eigenbewegung 0,098″ der Bradleyschen Sterne. Kapteyn nimmt nun π an in der Form $\pi = k^{m-5,5} \,.\, \pi_0$ und bestimmt die Konstante k und die der mittleren Größe 5,5 entsprechende Parallaxe π_0 als Funktion der Eigenbewegung s empirisch zu:

$$k = 0{,}905, \quad \pi_0 = 0{,}0988'' \,.\, s^{0,712}.$$

In der folgenden Zusammenstellung sind die Kapteynschen Mittelwerte verglichen mit der Kapteynschen und mit der Gyldenschen definitiven Formel:

Größe	E. B.	Parallaxe			Beob. — Rechn.	
		Beob.	Gylden	Kapteyn	Gylden	Kapteyn
4,46	3,80″	0,257″	0,277″	0,283″	— 0,020″	— 0,026″
3,05	1,46	0,179	0,144	0,165	+ 0,035	+ 0,014
1,79	0,46	0,091	0,135	0,082	— 0,044	+ 0,009
7,5	4,75	0,257	0,279	0,245	— 0,022	+ 0,012
7,0	1,40	0,103	0,138	0,108	— 0,035	— 0,005
7,0	0,53	0,038	0,058	0,054	— 0,020	— 0,016
5,45	0,098	0,017	0,039	0,019	— 0,022	— 0,002

Es findet sich also die schon vorhin ausgesprochene Behauptung, daß Gyldens Formel schon jetzt nicht mehr brauchbar ist, bestätigt, Gyldens berechnete Werte sind bis auf einen zu groß. Der Grund liegt darin, daß das uns zur Verfügung stehende Material für diesen Zweck nicht ausreicht, weil es ohne Rücksicht auf denselben gesammelt ist. Bei unseren Bestimmungen sind die hellsten und die Sterne mit großer Eigenbewegung bevorzugt, und wenn sich deshalb in den Resultaten eine Gesetzmäßigkeit zeigt, so ist es eine zum Teil wenigstens von uns selbst erzeugte, aber kein reines Naturgesetz. Es gehen daher die Formeln über die Grenze, bis zu der unser Wissen reicht, hinaus, und wenn darin auch kein Grund liegt, sie ganz zu verwerfen, so dürfen sie doch nur mit Rücksicht hierauf Verwendung finden.

Während Gyldens Formel allein auf direkten Beobachtungsdaten ruhte und als eine Interpolationsformel zwischen denselben gelten kann, zog Kapteyn in seinem letzten Werte schon eine hypothetische Parallaxe in die Rechnung ein. Die enge Beziehung, die jedenfalls zwischen der Parallaxe und der Eigenbewegung und daher auch zwischen der Parallaxe und der Sonnenbewegung bestehen muß, läßt nun erwarten, daß man durch Aufsuchung und Ausnutzung dieser Beziehung noch zu wichtigen Aufschlüssen wird gelangen können. Versuche in dieser Richtung sind schon gemacht. Sie ruhen auf der Voraussetzung der Regellosigkeit der Spezialbewegungen der Sterne und ihre Resultate müssen also mit dem Aufgeben dieser Voraussetzung fallen gelassen werden. Weil sie aber umgekehrt auch zur Prüfung dieser Hypothese dienen können, dürfen wir sie nicht übergehen.

Nennen wir μ die lineare relative Bewegung im Raume eines Sternes gegen die Sonne und ε den Winkel, welchen diese Bewegung mit dem Visionsradius einschließt, so sind die beiden zu beobachtenden Projektionen dieser Bewegung, die im Bogenmaß ausgedrückte Eigenbewegung und die Radialgeschwindigkeit:

$$k \Delta s = \frac{\mu}{\varrho} \sin \varepsilon, \qquad \Delta \varrho = \mu \cos \varepsilon.$$

k ist die S. 40 definierte Konstante, die alle Angaben auf die Zeitsekunde und das Kilometer als Einheit reduziert. Nehmen wir nun an, daß die Richtungen der μ regellos verteilt sind, so bedecken ihre Zielpunkte gleichförmig die Sphäre. Sei P ein beliebiger Punkt der Sphäre und Θ der Abstand der Zielpunkte von P, so ist $\mu \cos \Theta$ die Projektion von μ auf die Richtung nach P. Die Anzahl der überhaupt vorhandenen Bewegungen, die dem sphärischen Abstand Θ entsprechen, wächst proportional $\sin \Theta$, folglich erhalten wir, wenn n die Anzahl der auf einen größten Kreis fallenden Zielpunkte ist, die Summe aller Projektionen der μ auf die Richtung nach P durch $2n \Sigma \mu \cos \Theta \sin \Theta$, wenn wir Θ alle Werte von 0 bis 90⁰ annehmen lassen, und der mittlere Wert der Projektion ist, wenn (μ) die mittlere Bewegung ist: $(\mu) \int_0^{\pi/2} \cos \Theta \sin \Theta \, d\Theta = \frac{1}{2} (\mu)$. Die mittlere Bewegung in einer beliebigen Richtung ist also gleich der Hälfte der ganzen Bewegung im Raume und demnach auch:

$$(\Delta\alpha\cos\delta) = (\Delta\delta) = (\Delta\varrho) = \tfrac{1}{2}(\mu) \quad . \quad . \quad . \quad (62)$$

In der zum Visionsradius senkrechten Ebene ist aber $\Delta\alpha\cos\delta = \Delta s . \sin\varphi$. Um alle möglichen Bewegungen zu erhalten, müssen wir φ alle Werte zwischen 0 und π beilegen; da nun der mittlere Wert der Funktion $\sin\varphi$ bestimmt ist durch $\frac{1}{\pi}\int\limits_0^\pi \sin\varphi\, d\varphi = -\frac{2}{\pi}$, wird auch $(\Delta\alpha\cos\delta) = \frac{2}{\pi}(\Delta s)$, woraus dann auch folgt:

$$(\mu) = \frac{4}{\pi}(\Delta s) \quad . \quad . \quad . \quad . \quad . \quad . \quad . \quad . \quad (63)$$

Diese Relationen gelten zunächst nur für die linearen Bewegungen. Angewandt auf die scheinbaren Bewegungen gelten sie für eine bestimmte Entfernung, wenn der mittlere Wert der μ unabhängig von der Richtung ist.

In einer bestimmten Entfernung bestehen also die Beziehungen:

$$k\varrho(\Delta\alpha\cos\delta) = k\varrho(\Delta\delta) = (\Delta\varrho) = \tfrac{1}{2}(\mu).$$

Gehen wir zu einer anderen Entfernung über, und sind die μ unabhängig von der Entfernung, so ändert sich also auch die mittlere Radialgeschwindigkeit nicht, und es bliebe weiter das Produkt aus Entfernung und mittlerer Eigenbewegung konstant. Wir könnten dann die Parallaxe berechnen aus:

$$\pi = k\frac{(\Delta\alpha\cos\delta)}{(\Delta\varrho)} = k\frac{(\Delta\delta)}{(\Delta\varrho)} \quad . \quad . \quad . \quad . \quad (64)$$

Auf diesem von Kleiber angegebenen Wege hat Newcomb aus den Potsdamer Bewegungen im Visionsradius die mittlere Parallaxe der beobachteten 51 Sterne zu 0,035″ berechnet, wenn Arcturus ausgeschlossen wird, und zu 0,045″ mit Einschluß dieses Sternes.

Ist nun aber die Voraussetzung der Unveränderlichkeit der μ gestattet? Hierüber kann uns das Studium der Eigenbewegungen Aufschluß geben, da diese aus zwei Teilen sich zusammensetzen, nämlich aus den den Sternen innewohnenden Bewegungen und aus der Sonnenbewegung. Bezeichnet q^* die Spezialbewegung des Sternes in linearem Maße, v und u ihre Projektionen auf die Sphäre bzw. den Visionsradius, so daß wieder $v = q^* \sin \varepsilon$, $u = q^* \cos \varepsilon$ ist, und nennen wir, wie früher, $\varDelta$ den Abstand eines Sternes vom Antiapex, q die lineare Sonnenbewegung, so setzt sich $\varDelta s$ zusammen aus den Komponenten $\frac{v}{\varrho}$ und $\frac{q}{\varrho} \sin \varDelta$. Dürften wir nun die Annahme machen, daß die Spezialbewegungen gesetzlos sind, daß sie also in allen möglichen Richtungen gegen die parallaktische Bewegung erfolgen, so würde für eine bestimmte Entfernung und konstante q^* für die mittleren Bewegungen die Gleichung gelten:

$$(\varDelta s)^2 = \frac{(v)^2}{\varrho^2} + \frac{q^2}{\varrho^2} (\sin^2 \varDelta).$$

$\frac{q}{\varrho}$ wird bei der Ableitung der Sonnenbewegung erhalten, und wir könnten also berechnen:

$$\frac{(v)^2}{\varrho^2} = (\varDelta s)^2 - \frac{q^2}{\varrho^2} (\sin^2 \varDelta).$$

Nun darf man aber bei dieser Rechnung nicht die Sterne nach der Größe der $\varDelta s$ in Gruppen sondern, denn dann ist die bezüglich der Richtungen der Spezialbewegungen gemachte Voraussetzung gewiß nicht erfüllt, auch wenn sie in der Gesamtheit der Bewegungen wirklich erfüllt wäre. Denn wenn in dem Parallelogramm der Bewegungen bei einer bestimmten Entfernung die Resultante $\varDelta s$ konstant ist, so muß jeder durch den Wert von $\varDelta$ gegebenen Größe der parallaktischen Bewegung eine bestimmte Richtung der mittleren Spezialbewegung (v) entsprechen Wir dürfen also jedenfalls die Gleichungen nur anwenden auf ein Beobachtungsmaterial, bei dessen Zusammenstellung die Größe der Eigenbewegung keine Rolle gespielt hat.

Um nun in einem solchen Materiale die Sonnenbewegung und die Spezialbewegung zu trennen, kann man mit Kapteyn (A. N. 3487) folgendermaßen vorgehen. Zerlegen wir die Bewegung $\varDelta s$ nach der Richtung der parallaktischen Bewegung und der dazu senkrechten, so ist

$$p = \varDelta s \cos(\varphi - \psi) = \frac{q}{\varrho} \sin \varDelta + \frac{v}{\varrho} \cos(\varphi' - \psi)$$

$$n = \varDelta s \sin(\varphi - \psi) = \frac{v}{\varrho} \sin(\varphi' - \psi).$$

$\varphi' - \psi$ ist dabei der Richtungswinkel der Bewegung v in bezug auf die Richtung zum Apex. Ist die Voraussetzung der Regellosigkeit der Spezialbewegungen gestattet, und ist der mittlere Wert (v) der Spezialbewegungen unabhängig von der Entfernung, so folgt:

$$\Sigma p = q(\sin \varDelta)\Sigma \frac{1}{\varrho} \qquad \Sigma n = (v)\frac{2}{\pi}\Sigma \frac{1}{\varrho} \quad . \quad . \ (65)$$

und wir haben schließlich, wenn wir $\Sigma \frac{1}{\varrho}$ eliminieren und die Relation (63) anwenden, in welcher μ durch q^*, $\varDelta s$ durch v zu ersetzen ist,

$$(v) = \frac{\pi}{2} q(\sin \varDelta)\frac{\Sigma n}{\Sigma p} \qquad (q^*) = 2q(\sin \varDelta)\frac{\Sigma n}{\Sigma p} \qquad (66)$$

während andererseits aus den Radialgeschwindigkeiten direkt gefunden wird:

$$(q^*) = 2(\varDelta \varrho) \quad . \quad . \quad . \quad . \quad . \quad . \quad . \ (67)$$

Die letzten drei Gleichungen bieten uns zunächst das Hilfsmittel zur Diskussion der Frage nach der Konstanz der mittleren Spezialbewegungen. Kapteyn prüft dieselbe unter Benutzung der Gesamtheit der Bewegungen im Auwers-Bradley-Katalog, indem er die Sterne nach ihrem Spektraltypus trennt. Von dieser Unterscheidung absehend, erhält man für (v) folgende Werte:

Größe	$(v) =$	Sterne
0 bis 3,5	0,96 q	132
3,6 „ 4,5	1,52	315
4,6 „ 5,5	1,72	691
5,6 „ 6,5	1,40	1193
$>$ 6,5	1,95	254

Mit Rücksicht auf die größere Unsicherheit des ersten und letzten dieser Werte ist ein Gang in diesen Zahlen nicht anzunehmen. Eine zweite Gruppierung der Beobachtungen in der Weise, daß zunächst die Bewegungen nach ihrer Richtung in bezug auf die parallaktische Bewegung in 36 Gruppen, deren jede je 10^0 des Kreisumfanges enthält, getrennt werden, und daß dann in jeder dieser Gruppen die Bewegungen in 10 Untergruppen mit gleicher Anzahl zerlegt und darauf die den einzelnen Untergruppen angehörigen Bewegungen der 36 Hauptgruppen wieder zusammengefügt werden, so daß schließlich 10 Gruppen mit gleicher Anzahl von Bewegungen vorhanden sind, in denen die Verteilung der Bewegungen nach der Richtung völlig übereinstimmend ist, führt Kapteyn zu 10 Werten von (v), die wieder so nahe gleich sind, daß ihr Mittel $(v) = 1{,}48\,q$ als ausreichende Darstellung zu gelten hat. Kapteyns Endwerte sind: $(v) = 1{,}46\,q$, $q^* = 1{,}86\,q$, woraus weiter folgt: $(\varDelta\,\varrho) = 0{,}93\,q$.

Campbells Bewegungen im Visionsradius führten, ausgeglichen gleichfalls unter der Voraussetzung der Gesetzlosigkeit der Spezialbewegungen, zu den Resultaten $q = 19{,}89$ km und $(\varDelta\,\varrho) = 17{,}05$ km, also $(\varDelta\,\varrho) = 0{,}857\,q$, und bei Trennung nach der Helligkeit der Sterne

heller als $3{,}0^m$	$(\varDelta\,\varrho) = 13{,}05$ km	$(q^*) = 26{,}10$ km	47 Sterne
$3{,}1^m$ bis 4,0	16,15	32,30	112
schwächer als 4,0	19,44	38,88	121

Hier tritt also ein entschiedenes Wachsen der Größe der Bewegung der helleren Sterne mit abnehmender Helligkeit hervor, das ja durch Kapteyns Zahlen auch angedeutet ist.

Unter der Voraussetzung der Konstanz der mittleren Bewegungen, die allerdings noch nicht als erwiesen angesehen werden kann, bietet nun die erste Gleichung (65) ein Hilfsmittel zur Bestimmung der mittleren Entfernungen. Den mittleren Wert von $\frac{q}{\varrho}$ nennt Kapteyn die Säkularparallaxe und bestimmt sie durch $\Sigma \varDelta s \cos(\varphi - \psi) = \frac{q}{\varrho_0} (\sin \varDelta)$. Die Einzelwerte, die sich ergeben, sind folgende:

Größe	(v)	$\frac{1}{\varrho_0}$	Anzahl
2,73	0,196″	0,0423″	132
4,14	0,147	0,0227	315
5,07	0,101	0,0162	691
6,01	0,079	0,0143	1193
6,93	0,066	0,0099	254
8,6	0,041	0,0070	

Der letzte Wert $\frac{1}{\varrho_0} = 0{,}0070''$ ist nicht direkt berechnet, er wurde vielmehr nach der Seite 209 angegebenen Kapteynschen Formel aus der mittleren Eigenbewegung 0,0406 der Sterne der

Größe 8,6 gefunden. Diese Werte der Säkularparallaxe stellt Kapteyn empirisch dar durch die Formel

$$\pi_m = 0{,}746^{m-5{,}5} . 0{,}01614''.$$

Comstock (A. J. 558) hat versucht, auf demselben Wege die mittlere Parallaxe von Sternen von wesentlich geringerer Helligkeit zu entwickeln. W. Struve hatte bei Gelegenheit seiner Doppelsternmessungen viele der hellen Sterne angeschlossen an sehr schwache Nachbarsterne. Diese Messungen sind später gelegentlich von anderen Doppelsternbeobachtern wiederholt. Auch Comstock beobachtete diese Sterne und leitete dann aus der Gesamtheit der Messungen die relative Bewegung des schwachen Sternes in bezug auf den hellen ab. Indem er diese relative Bewegung addiert zu der bekannten Bewegung des hellen Sternes, erhält er die Eigenbewegung der schwachen Sterne. Aus den 68 ihm zunächst zur Verfügung stehenden Eigenbewegungen solcher schwachen Sterne findet Comstock durch Anwendung der Airyschen Gleichungen nahe dieselben Koordinaten für den Zielpunkt der Sonnenbewegung, wie sie nach denselben Gleichungen für die hellen Sterne sich ergeben. Der angulare Wert der Sonnenbewegung, zu dem diese Sterne führen, entspricht in Verbindung mit Campbells linearer Sonnenbewegung einer Parallaxe von 0,0045″ dieser Sterne, während Kapteyns Formel nur 0,0016″ verlangt, und es wird dann versucht, durch Einführung der Hypothese der Extinktion des Lichtes auch den neuen Wert in die Formel einzufügen.

Über den Bau des Weltalls können uns diese Spekulationen kaum Aufschluß geben; gegen die Hypothesen, auf denen die Formeln beruhen, sprechen gewichtige Bedenken, ja, diejenige von der Regellosigkeit der Spezialbewegungen der Sterne ist nach dem früher Gesagten direkt zu verwerfen. Ehe nicht diese Grundlagen durch exakte Forschungen sichergestellt sind, sollte man sich nicht an Formeln klammern, die nur eine trügerische Brücke bilden können über die Kluft, die das unserem Wissen schon eroberte Gebiet umschließt.

3. Die Bewegungen im Universum.

Mit der Annahme eines begrenzten Fixsternsystems scheint als notwendige Folge die des gesetzmäßigen Charakters der Bewegungen in diesem Systeme verbunden zu sein. Nur für eine endliche Zeit könnte das eine ohne das andere gedacht werden. Bei den ersten Versuchen, die gemacht wurden, um auf der Grundlage wirklich gesicherter Beobachtungsergebnisse aufbauend die Bewegungsgesetze zu ergründen, ließ man sich leiten von der Vorstellung eines zentralen Körpers von überwiegender Masse, der den Fixsternen gegenüber dieselbe Rolle spielte wie unsere Sonne im Planetensystem. So glaubte Argelander, nachdem er die Richtung der Sonnenbewegung festgelegt hatte, einen möglicherweise dunkeln Zentralkörper im Sternbilde des Perseus suchen zu sollen, in einer zur Sonnenbewegung senkrechten, in der Ebene der Milchstraße liegenden Richtung. Wir müssen es bei dem jetzigen Stande unserer Kenntnis der Eigenbewegungen der Fixsterne als gänzlich ausgeschlossen erachten, daß eine solche Sonne aller Sonnen existiert, da wir auch nach Berücksichtigung der parallaktischen Wirkung der Sonnenbewegung nirgends am Himmel die erforderliche Gleichmäßigkeit der Bewegungen wahrnehmen. Sind wir dadurch nun mit Struve zu dem Schlusse gedrängt, im Sternsystem offenbaren sich in den tatsächlich vorhandenen Bewegungen nur die Wirkungen der gegenseitigen Anziehung der zufällig einander nahestehenden oder der zu den Doppelsternsystemen ähnlichen Partialsystemen verbundenen Massen? Wäre das der Fall, so wäre alles Suchen nach großen Gesetzen, die die Bewegungen beherrschten, vergebliche Mühe. Aber als alleinige Ursache der trotz der ungeheuren Abstände der Sterne häufig Hunderte von Kilometern in der Sekunde betragenden Bewegungen, in denen sich in hundertjähriger Verfolgung eine Abweichung von der Geraden nicht nachweisen ließ, reicht diese Erklärung gewiß nicht aus.

Eine dritte Hypothese, die zur Erklärung und zum Aufsuchen der Gesetze der Bewegungen dienen konnte, ist die Mädlersche, welche das Fixsternsystem als einen kugelförmigen Sternhaufen mit gleichmäßiger Verteilung der Sterne in demselben annimmt und alle Sterne in kreisförmigen Bahnen um den Mittelpunkt des Systems sich bewegen läßt. Obwohl wir Beispiele solcher Globularsysteme am Himmel in größerer Zahl kennen, sind wir doch noch nicht imstande, die Zulässigkeit dieser Hypothese durch die Beobachtung beweisen zu können. Die einzige gewichtige Tatsache, die durch die Beobachtung zutage gefördert wurde, ist die, daß in einzelnen der Globularsysteme eine große Zahl veränderlicher Sterne vorkommt. Besonders bemerkenswert ist das System ω Centauri. Auf den Photographien dieses Systems sind mehr als 6000 Sterne etwa 13. Größe auf einer kreisförmigen Fläche von 20′ Radius zu erkennen. Unter 3000 untersuchten Sternen haben sich 125 meist schnell veränderliche gefunden. Bei der Mehrzahl liegt die Periode des Lichtwechsels unterhalb 24 Stunden. Bei 106 festgestellten Perioden kommen nur 8 vor, die größer als 24 Stunden sind; dagegen haben wir 3 Sterne mit Perioden von nahe 7 Stunden, und als kleinsten Wert finden wir $6^h 11^m$ (Harvard Circular 13). Ähnliche Verhältnisse treffen wir noch bei dem Sternhaufen Messier 3 mit 132 veränderlichen unter 900 geprüften Sternen, Messier 5 mit 85 und Messier 15 mit 51 veränderlichen auf etwa die gleiche Anzahl untersuchter Sterne. Bei anderen Sternhaufen ist der Prozentsatz der bekannten Veränderlichen aber weit geringer; im großen Perseushaufen kommt nur ein einziger Veränderlicher vor, und in dem dichtgedrängten Haufen 47 Tucanae haben sich unter 2000 geprüften Sternen nur 6 als veränderlich erwiesen. Eine Erklärung dieser Tatsachen könnte man möglicherweise im Vorhandensein einer Revolutionsbewegung in diesen Systemen suchen, die mit einer Rotation der einzelnen Sterne um parallele Achsen verbunden wäre. Vorläufig aber sind wir noch weit davon entfernt, etwas Zuverlässiges aussagen und uns eine Vorstellung über die Beziehungen zwischen den einzelnen Gliedern solcher globularer Systeme bilden zu können, und wir würden uns deshalb nicht allein kreisförmige Bewegungen in den Systemen, sondern ebensogut z. B. periodische Bewegungen auf geraden, durch den Mittelpunkt des Systems gehenden Linien denken können, die entstehen würden, wenn das System aus dem Zustande der Ruhe ohne eine Stoßgeschwindigkeit für jedes Glied hervorgegangen ist. Die Wirkung der Anziehungskraft nimmt, wie schon seit Newtons Zeit bekannt, in einem solchen System im Verhältnis des einfachen Abstandes vom Mittelpunkte ab, und daraus folgerte Euler, daß bei kreisförmigen Bahnen die Umlaufszeiten im System konstant sein würden. Die linearen Bewegungen wären also in der Nähe des Mittelpunktes des Systems am kleinsten.

Die ungleiche Verteilung selbst der helleren Sterne am Himmel steht nun offenbar in direktem Widerspruch mit diesen der Mädlerschen Hypothese zugrunde liegenden Vorstellungen. Das gesamte Fixsternsystem könnten wir uns nur als eine kreisförmige Scheibe denken, und es könnte höchstens der als ein Teil dieses Gesamtsystems zu betrachtende Sternhaufen, der die Sterne unserer unmittelbaren Nachbarschaft enthält, die charakteristischen Eigenschaften eines Globularsystems, wie Mädler es sich dachte, zeigen. In der Tat sind auch Mädlers Versuche, seine Hypothese durch die Beobachtung als zutreffend zu erweisen und den Mittelpunkt des Systems zu bestimmen, als durchaus verfehlt zu betrachten. Aus der Lage der Sonne zur Ebene der Milchstraße folgerte Mädler, daß der Mittelpunkt des Sternsystems in südlicher galaktischer Breite liegen müsse, und entnahm eine weitere Bestimmung seiner Lage aus der Richtung der Sonnenbewegung. So gelangte er dazu, den Punkt im Sternbilde des Stieres zu suchen, und es schien die Plejadengruppe in erster Linie sich als wahrscheinlicher Ort des Bewegungsmittelpunktes darzubieten, weil die kleine, allen Sternen dieser Gruppe gemeinsame Bewegung sich wohl als alleinige Folge der Sonnenbewegung auffassen ließ. Aus einer Untersuchung der Eigenbewegungen der Bradleyschen Sterne in ihrer Beziehung zu diesem hypothetischen Bewegungsmittelpunkte folgerte Mädler dann weiter, daß die Größe der Bewegung zunehme mit dem scheinbaren Abstande der Sterne von der Plejadengruppe, und daß gleichzeitig auch die mittlere Abweichung der Richtung der Bewegung von der Richtung der Sonnenbewegung größer werde. Peters hat aber gezeigt, daß diese vermeintlichen Gesetze durch die Unsicherheit der Zahlen, auf denen sie aufgebaut sind, illusorisch gemacht werden, und daß in ihnen, selbst wenn sie beständen, kein Beweis für das Zutreffen der gemachten Annahmen erblickt werden kann.

Diese ersten Versuche, die Bewegungsgesetze im Sternsystem aufzudecken, gehören aber noch den Zeiten der erst beginnenden Erforschung der Eigenbewegungen an, und ihr Fehlschlagen ist besonders einer Überschätzung der Tragweite der durch die Rechnung erzielten Resultate zuzuschreiben. An die Stelle der unsicheren Daten, an die die Forschung damals anknüpfen mußte, ist jetzt aber ein in sich weit gefestigteres und in vieler Beziehung erweitertes Material getreten. Ein paar ihrer wahren Richtung und Größe nach bekannte Bewegungen, verbunden mit der Kenntnis der Entfernungen der Träger dieser Bewegungen, wiegen alles auf und übertreffen an Beweiskraft alles, was zu jener Zeit vorlag. Sollten wir nun, die wir im glücklichen Besitz von mehr denn einem Dutzend solcher Fixpunkte im System sind, nicht weiter in seine Geheimnisse eindringen können?

Der einzuschlagende Weg ist leicht anzugeben. Es seien bezogen auf den Mittelpunkt des Systems als Anfangspunkt

rechtwinklige Koordinaten der Sonne: $X = L.R$, $Y = M.R$, $Z = N.R$,
Sonnenbewegung n. d. drei Achsen: λV μV νV

und ferner bezogen auf die Sonne

rechtwinkl. relat. Koord. eines Sternes: $x = l\varrho$, $y = m\varrho$, $z = n\varrho$.

Dann lauten die Bewegungsgleichungen:

$$\left.\begin{aligned} x &= X + l\varrho & \frac{dx}{dt} &= \lambda V + l\Delta\varrho + \varrho\Delta l \\ y &= Y + m\varrho & \frac{dy}{dt} &= \mu V + m\Delta\varrho + \varrho\Delta m \\ z &= Z + n\varrho & \frac{dz}{dt} &= \nu V + n\Delta\varrho + \varrho\Delta n \end{aligned}\right\} \quad (68)$$

Ist $\alpha_\odot$, $\delta_\odot$ der Ort der Sonne, vom Mittelpunkte aus gesehen, α, δ der heliozentrische Sternort und A, D der Apex der Sonnenbewegung, und setzen wir

$$\left.\begin{aligned} \cos w &= \sin\delta\sin\delta_\odot + \cos\delta\cos\delta_\odot\cos(\alpha - \alpha_\odot) \\ &= lL + mM + nN \\ \cos\omega &= \sin\delta\sin D + \cos\delta\cos D\cos(\alpha - A) \\ &= l\lambda + m\mu + n\nu \\ \cos\Omega &= \sin\delta_\odot\sin D + \cos\delta_\odot\cos D\cos(\alpha_\odot - A) \\ &= L\lambda + M\mu + N\nu \\ \Delta s^2 &= \cos^2\delta\,\Delta\alpha^2 + \Delta\delta^2 \\ &= \Delta l^2 + \Delta m^2 + \Delta n^2 \\ \Delta s\sin\omega\sin(\varphi - \psi) &= \lambda\Delta l + \mu\Delta m + \nu\Delta n \end{aligned}\right\} \quad (69)$$

wo wie früher $\varphi - \psi$ der Richtungswinkel der Eigenbewegung in bezug auf die Richtung der parallaktischen Bewegung ist, so erhalten wir für die Geschwindigkeit des Sternes durch

$$v^2 = \left(\frac{dx}{dt}\right)^2 + \left(\frac{dy}{dt}\right)^2 + \left(\frac{dz}{dt}\right)^2$$

den Ausdruck

$$\left.\begin{aligned} v^2 = V^2 + \Delta\varrho^2 + \varrho^2\Delta s^2 + 2V[&\cos\omega\Delta\varrho \\ &+ \varrho\Delta s\sin\omega\sin(\varphi - \psi)] \end{aligned}\right\} \quad (70)$$

Ein Versuch, diese Gleichung anzuwenden, wurde von Maxwell Hall gemacht. Bei dem damaligen Stande der Kenntnis der Bewegungen konnten aber die Radialgeschwindigkeiten, die nur in den alten visuellen Werten vorlagen, nicht als zuverlässig gelten, und demnach waren in der Gleichung $\alpha_\odot$, $\delta_\odot$, R, V, $\Delta\varrho$ unbekannt. Die Aufgabe wäre nun, die v derart zu bestimmen, daß sie einem Sternsystem sich einfügen, das ist aber, da jeder Stern nur eine Gleichung liefert, nur ausführbar unter der Voraussetzung kreisförmiger Bahnen, weil sonst für jeden Stern die die Bahnform bestimmende Größe einzuführen wäre. Die Forderung r konstant gibt aber durch $r^2 = x^2 + y^2 + z^2$ die Bedingung

$$r\frac{dr}{dt} = x\frac{dx}{dt} + y\frac{dy}{dt} + z\frac{dz}{dt} = 0,$$

und diese drückt sich mit den Werten der Koordinaten und ihren Differentialen aus durch

$$\left.\begin{aligned} R\cos\Omega\, V + R\cos w\,\Delta\varrho + R\,\varrho\,\Delta s\sin\Omega\sin(\varphi - \Psi) \\ + \cos\omega\,\varrho\, V + \varrho\,\Delta\varrho = 0 \end{aligned}\right\}. \qquad (71)$$

worin der Winkel Ψ bestimmt ist durch

$$\Delta s\sin\Omega\sin(\varphi - \Psi) = L\Delta l + M\Delta m + N\Delta n.$$

Der von Hall eingeschlagene Weg war nun der folgende. Die Lage des Mittelpunktes des Sternsystems wird hypothetisch angenommen, so daß $\alpha_\odot$, $\delta_\odot$ bekannt sind. Dann wird mit einer Hypothese über V und R aus der Gleichung (71) $\Delta\varrho$ berechnet und damit aus (70) v gefunden; aus $r^2 = R^2 + \varrho^2 + 2R\varrho\cos w$ folgt schließlich r. Sind die Voraussetzungen richtig, so müßte sich, wenn das Sternsystem ein zentrales ist, $v^2 r$ konstant ergeben, während in einem globularen $\frac{v^2}{r^2}$ konstant wäre. Ist aber keine dieser Bedingungen erfüllt, so sind R und V zu ändern. Nachdem Hall ohne Erfolg mit einer Lage des Mittelpunktes des Sternsystemes in der Alkyone nach Mädlers Annahme und im Perseushaufen nach Proctors Ansicht gerechnet hatte, bestimmte er empirisch einen vom angenommenen Zielpunkt der Sonnenbewegung in $A = 259^0\,51'$ $D = +\,33^0\,39'$ um 90^0 entfernten Punkt, der der Bedingung genügt. Er erhält die beste Darstellung, wenn er den Mittelpunkt in der Richtung auf das Sternbild der Andromeda annimmt, aber R

ist numerisch nicht zu bestimmen. Es muß das Zentrum auf der Linie Andromeda—Sonne—Hydra in so großer Entfernung liegen, daß die uns näheren Sterne sämtlich parallele Bewegungen mit gleicher Geschwindigkeit ausführen. Hall benutzt schließlich die Gleichungen (70) und (71) zur Ermittelung der Beziehung zwischen ϱ und $\Delta\varrho$. Unter Voraussetzung kreisförmiger Bewegung auch für unsere Sonne ist $\Omega = 90^0$, also $\cos\Omega = 0$. Ferner folgt wegen $r^2 = R^2 + \varrho^2 + 2R\varrho\cos w$ aus der Bedingung $V^2 : v^2 = R^2 : r^2$, wenn wir $\frac{1}{R} = \pi_\odot$ setzen,

$$v^2 - V^2 = \pi_\odot^2 V^2(\varrho^2 + 2R\varrho\cos w),$$

und so gibt die Gleichung (71)

$$\Delta\varrho(\cos w + \varrho\pi_\odot) + \varrho[\Delta s \sin(\varphi - \Psi) + \cos\omega\,\pi_\odot V] = 0,$$

während Gleichung (70) nach Division mit ϱ die zweite Beziehung liefert:

$$\varrho\left(\frac{\Delta\varrho^2}{\varrho^2} + \Delta s^2 - \pi_\odot^2 V^2\right)\cdot$$

$$+ 2V\left(\cos\omega\frac{\Delta\varrho}{\varrho} + \Delta s \sin\omega\sin(\varphi - \psi) - \cos w\,\pi_\odot V\right) = 0.$$

Durch Änderung der angenommenen Lage des Mittelpunktes des Systems sucht Hall dann zu bewirken, daß die aus diesen Gleichungen folgenden Werte für die Parallaxen und die Radialgeschwindigkeiten sich den beobachteten Werten möglichst anschließen. Sein Endresultat ist $\alpha_\odot = 0^0\,15'$, $\delta_\odot = +26^0\,32'$, $\pi_\odot = 0{,}006\,65''$.

Die Daten, welche diesen Werten zugrunde liegen und streng dargestellt werden, sind die Parallaxen von α Centauri, 61 Cygni und Sirius, die zu 0,936″, 0,422″ und 0,210″ angenommen werden. Sie weichen von den Resultaten der neueren Beobachtungen so beträchtlich ab, daß der ganze Bau völlig in der Luft schwebt.

Wenn nun auch heutzutage durch die gesicherte Kenntnis der Werte $\Delta\varrho$ und durch die erheblich zuverlässigeren Parallaxenbestimmungen die Schwierigkeiten sehr wesentlich verringert sind, so daß wir aus den Gleichungen (70) und (71) wohl eine direkte Bestimmung der Größen $\alpha_\odot$, $\delta_\odot$, R und V erwarten dürften, wenn die Grundlagen der ganzen Hypothese überhaupt berechtigt sind, so muß uns doch der einfache Anblick der Tafel S. 141 davon abhalten. In dieser graphischen Darstellung der auf die Ebene der Milchstraße projizierten Bewegungen finden die Voraussetzungen der Hypothese keinerlei Stütze. Es muß vielmehr viel wahrscheinlicher erscheinen, daß die Sterne zu Sondersystemen mit parallelen Bewegungen vereinigt sind. Spekulationen über den inneren Zusammenhang dieser Bewegungen sind aber auch jetzt noch völlig aussichtslos.

Unser Weg hat uns bisher noch nicht geführt bis zu einem Punkte, von wo aus wir einen unsere Bemühungen lohnenden Blick auf das Ganze wagen dürften, ja, wir sind sogar noch völlig im Ungewissen, wie groß die Schwierigkeiten sind, die uns von unserem Ziele, der Erkenntnis der Bewegungsgesetze des Sternsystems, noch trennen. Ein Vorwärtsschreiten auf sicherer Bahn scheint uns nur in Aussicht zu stehen, wenn wir unsere Forschungen richten auf die Herbeischaffung weiterer Bausteine, die geeignet erscheinen, Lücken in unserem Wissen auszufüllen und die von uns schon erkannten Schwierigkeiten hinwegzuräumen. Nichts erschwert uns in jeder Hinsicht unsere Aufgabe mehr, nichts tritt uns häufiger hindernd in den Weg als unsere so dürftige Kenntnis der Entfernungen im Sternsystem. Hier unser Wissen zu erweitern und zu befestigen, muß immer noch als eine der vornehmsten Aufgaben der Beobachter erscheinen. Indes vermag auch die theoretische Forschung hier wertvolle Hilfe zu leisten durch den Hinweis auf die besonders günstigen oder besonders wertvollen Punkte. Sie wird sich dabei in erster Linie zu stützen haben auf das Studium der scheinbaren Bewegungen der Sterne und die erkennbaren Spuren eines inneren Zusammenhanges dieser Bewegungen verfolgen.

Unter den Sternen, deren Bewegung die parallaktische Bewegung nahe senkrecht durchkreuzt, befindet sich eine auffallend große Anzahl solcher Sterne, die auf merkbare Parallaxe sorgfältig untersucht sind. Namentlich die vier ersten Sterne der folgenden Tabelle dürften besondere Beachtung verdienen. Die Tabelle gibt neben der auf das im Anhange befindliche Verzeichnis verweisenden Nummer den Namen und die Größe des Sternes, unter l und b seine galaktischen Koordinaten, bezogen auf die S. 184 bestimmte Lage der Ebene der Milchstraße, unter Δs, wie üblich, die Größe der Eigenbewegung und unter π die beobachtete relative Parallaxe.

Nr.	Name	Gr.	l	b	$\varDelta s$	π	$\varphi - \psi_0$	$\varDelta$	σ km	$\varDelta \varrho$ km
71	Cord. Zonen V. 243 . . .	8	217,1°	— 36,1°	8,72″	0,312″	— 0,9°	47,8°	178,6	+ 120,0
98	Lal. 15290 . .	8	157,2	+ 26,2	1,96	0,02	— 1,4	92,1	465,3	— 13,3
131	22 H. Camelop.	7,5	152,3	+ 65,8	4,74	0,496	+ 0,7	92,5	45,3	— 2,0
178	α Bootis . . .	1	341,9	+ 68,8	2,28	0,026	+ 0,1	90,0	415,4	— 0,2
293	Br. 3077 . . .	6	76,9	— 3,0	2,09	0,13	— 4,3	172,6	592,7	— 587,9
19	μ Cassiopejae .	5	92,4	— 7,6	3,77	0,13	+ 5,2	156,5	345,0	— 316,4

Die Berechnung des wahrscheinlichsten Ortes des Radiationspunktes der Konvergenz der Bewegungen führt auf den Punkt

$$A = 154{,}05^0 \qquad D = -55{,}45^0$$

oder in galaktischen Koordinaten

$$L = 249{,}98^0 \qquad B = +0{,}68^0.$$

Die Bewegung der Sterne ist also fast parallel und gerichtet auf einen in der Milchstraße liegenden Punkt. Die Abweichung der Richtung der beobachteten Bewegung von der auf den angegebenen Punkt zielenden steht in der 8. Kolumne unter $\varphi - \psi_0$. Die beiden letzten Sterne, die noch hinzugefügt sind, zeigen gleichfalls eine auf diesen Punkt gerichtete Bewegung. Zwar ist die Abweichung etwas größer, aber in Anbetracht des Umstandes, daß diese Sterne, wie aus der folgenden, den Abstand vom Radiationspunkte angebenden Kolumne hervorgeht, sehr nahe beim Radiationspunkte der Divergenz stehen, so daß eine kleine Änderung der Lage des Zielpunktes der Bewegungen große Änderungen in der Richtung der Bewegung bewirkt, doch immer noch so klein, daß wenigstens einer der beiden Sterne zu den ersten vier hinzugehören kann.

Unter der Annahme, daß die aufgeführten Sterne sich mit derselben Geschwindigkeit in parallelen Bahnen bewegende Glieder eines Systems seien, können wir nun nach den S. 145 angeführten Ausdrücken diese Geschwindigkeit σ berechnen. Wir werden so auf die in der vorletzten Kolumne stehenden Zahlen geführt, während die letzte Kolumne den Betrag der Radialgeschwindigkeit angibt, die wir beobachten müßten, wenn die Sterne sich auf den bezeichneten Punkt hin mit einer solchen Geschwindigkeit bewegen würden, daß die wirklich beobachtete lineare Bewegung senkrecht zum Visionsradius dargestellt werde. Die Rechnung führt also nicht auf die zu verlangende Übereinstimmung der Werte σ, und es werden auch von den beobachteten Werten:

α Bootis	$\Delta\varrho = -6$ km	$\sigma = 415{,}6$ km
μ Cassiopejae	-97	$173{,}1$

nur die α Bootis zugehörigen befriedigend dargestellt. Der Widerspruch zwischen den aus der Annahme über den Charakter der Bewegungen sich ergebenden Folgerungen und den beobachteten Tatsachen scheint kaum durch die Unsicherheit der letzteren erklärbar.

Eine zweite Gruppe wird gebildet von den schon S. 133 behandelten fünf Sternen. Die sich auf diese Gruppe beziehenden Daten sind in folgender Tabelle enthalten.

Nr.	Name	Gr.	l	b	Δs	$\varphi - \psi_0$	Δ	H
268		8,5	23,5°	— 25,6°	0,54″	+ 1,5°	127,8°	+ 20,7°
285	ζ Pegasi . .	4,5	48,5	— 40,3	0,56	— 1,2	127,0	— 3,0
235	χ Draconis	4	70,4	+ 28,2	0,64	— 176,1	161,1	— 11,5
46	ε Fornacis .	6	189,1	— 61,1	0,50	+ 0,6	62,5	— 20,8
102	Lac. 3122 .	6	240,2	— 15,8	0,58	— 0,2	4,6	+ 15,2

Die Koordinaten des Radiationspunktes werden gefunden zu

$$A = 127{,}49^0 \qquad D = -58{,}52^0$$

oder

$$L = 241{,}49 \qquad B = -11{,}33.$$

Die Abweichung $\varphi - \psi_0$ der beobachteten Bewegung von der auf diesen Punkt gerichteten zeigt einen besonderen Charakter. Die fünf Sterne liegen in einer sich um die Sphäre herumziehenden, etwa 40° breiten Zone. Die Koordinaten des Poles der Mittellinie dieser Zone und ihr sphärischer Radius sind

$$L' = 316{,}6^0 \quad B' = +9{,}0^0 \quad \Sigma = 94{,}6^0.$$

Die Tabelle gibt unter H die Erhebung der einzelnen Sterne über dieser Ebene, während Δ wieder der Abstand der Sterne vom Zielpunkte ist. Die Erhebung des Zielpunktes selbst über der Sternebene ist 17,2°. Die Bewegung der Sterne geht also vor sich in der auf der Ebene der Milchstraße nahe senkrecht stehenden Ebene der Sterne, sie ist gerichtet auf einen Punkt der Milchstraße, und sie erfolgt für die südlich von der Milchstraße stehenden

Sterne in der Richtung auf den Punkt L, B, für den auf der Nordseite der Milchstraße liegenden Stern aber in entgegengesetzter Richtung.

Ganz ähnliche Verhältnisse treten noch in einer dritten neun Sterne umfassenden Gruppe zutage, deren Zusammensetzung aus folgender Tabelle hervorgeht:

Nr.	Name	Gr.	l	b	$\varDelta s$	$\varphi - \psi_0$	$\varDelta$	H
225	ω Herculis	5,5	22,8°	+ 32,2°	1,05″	— 179,6°	115,9°	+ 25,2°
14	Lac. 172 .	6	271,5	— 57,8	1,01	+ 0,8	111,1	— 5,4
248	Lac. 8267 .	6,5	297,9	— 32,4	1,06	— 4,3	140,4	— 7,5
250	δ Pavonis .	3,5	296,9	— 32,7	1,64	— 0,2	139,6	— 8,2
41		7,5	130,4	— 47,4	2,34	— 4,0	52,4	— 1,3
174		8	318,4	+ 72,1	2,31	— 179,7	104,5	— 17,8
136		9	103,7	+ 49,1	3,04	— 1,7	58,4	— 2,3
132		8,5	135,7	+ 63,5	4,46	— 3,9	60,9	— 24,4
66	o^2 Eridani .	4,5	167,6	— 37,7	4,07	— 177,2	45,4	+ 2,5

Der Zielpunkt der Bewegungen fällt nach

$$A = 87{,}18^0,\ D = +31{,}06^0 \text{ oder } L = 146{,}38^0,\ B = +3{,}41^0.$$

Die Sterne schließen sich noch enger als in der vorigen Gruppe einem Kreise an, dessen Pol und sphärischer Radius sind:

$$L' = 47{,}8^0, \quad B' = -23{,}2^0, \quad \Sigma = 85{,}4^0.$$

Wieder ist die Sternebene stark geneigt zur Ebene der Milchstraße, der Zielpunkt der Bewegungen ist nur um 13,9° aus der Ebene der Sterne herausgerückt. Die ersten sechs Sterne mit Eigenbewegungen zwischen 1,01″ und 2,34″ bewegen sich ebenso wie vorhin so, daß der bezeichnete Punkt für die Sterne südlicher galaktischer Breite der Radiationspunkt der Konvergenz, für die nördlicher Breite aber der Radiationspunkt der Divergenz ist. Bei den letzten drei Sternen mit sehr großer Eigenbewegung aber kehren die Verhältnisse sich gerade um.

Es kann wohl keinem Zweifel unterliegen, daß in diesem gesetzmäßigen Verhalten sich Spuren des großen das Sternsystem beherrschenden Gesetzes offenbaren. Die Kenntnis der Entfernungen und der Radialgeschwindigkeiten dieser Sterne würde uns vielleicht das volle Verständnis der Bewegungen ermöglichen. Vorläufig aber kann nur der unsichere Weg der Hypothese uns zu einer Vorstellung über die Bedeutung der festgestellten Tatsachen und über den inneren Zusammenhang der Bewegungen der als zusammengehörig erkannten Sterne führen. Gehen wir wieder aus von der einfachen Annahme, daß die Glieder der einzelnen Systeme sich in parallelen, geradlinigen Bahnen bewegen, und daß die Größe der Bewegung für alle Glieder der Gruppe gleich sei, so würden wir bei ruhender Sonne mit Hilfe der Gleichung

$$\varrho \, . \, \varDelta s = v \, . \, \sin \varDelta$$

aus der beobachteten Eigenbewegung die relativen Entfernungen berechnen können. Wir gelangten dann für die letzte Gruppe zu dem in Fig. 19 dargestellten Bilde. Die Ebene der Zeichnung ist

Fig. 19.

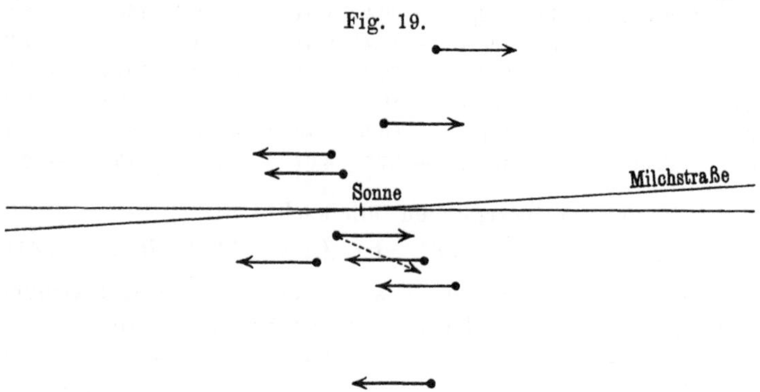

die Sternebene, in welcher die Bewegungen vor sich gehen. In Wirklichkeit enthält nun aber die beobachtete Bewegung als zweite Komponente die aus der Sonnenbewegung hervorgehende scheinbare Bewegung $\frac{q}{\varrho} \sin \varDelta'$, wenn $\varDelta'$ der Abstand des Sternes vom Antiapex der Sonnenbewegung ist. Entsprechen die Einzelbewegungen der gemachten Annahme, so sind auch die für die einzelnen Sterne aus den beiden Komponenten resultierenden Bewegungen parallel und schneiden sich scheinbar in einem Punkte der Sphäre, der mit dem Zielpunkte der Bewegung der Sterngruppe und dem Zielpunkte der Sonnenbewegung auf einem größten Kreise liegen würde. Befindet sich, wie es bei den behandelten Sterngruppen der Fall ist, der Radiationspunkt der beobachteten Bewegung in der Milchstraße, so müssen, weil das gleiche für die Sonnenbewegung der Fall ist, auch die wahren Bewegungen der

Sterne der Gruppe parallel zur Ebene der Milchstraße vor sich gehen. Nun ist für den Stern o_2 Eridani der letzten Gruppe uns die wahre Bewegung relativ zur Sonne bekannt. Ihr Zielpunkt liegt nach S. 139 in $L = 318{,}0^0$, $B = -27{,}0^0$ in einem Abstande von $25{,}3^0$ von dem einen Radiationspunkte der Gruppe. Diese in der Figur durch die gebrochene Linie ihrer Richtung nach wiedergegebene Bewegung erfolgt also nicht parallel zur Milchstraße, und wir müßten daraus schließen, daß die dem Sterne selbst innewohnende Bewegung, die wir aus der Sonnenbewegung und der relativen Bewegung berechnen könnten, gleichfalls der Milchstraße nicht parallel ist. Andererseits nähert sich aber dieser Zielpunkt der Bewegung von o_2 Eridani der Ebene der Sterne der Gruppe bis auf $5{,}9^0$, indem er vom Pole dieser Ebene $L' = 47{,}8^0$, $B' = -23{,}2^0$ um $79{,}5^0$ absteht, so daß wir annehmen dürfen, daß in Wirklichkeit die Bewegung in dieser Ebene vor sich gehe. Auch unsere Sonne befindet sich, weil die Sterne nahe auf einem größten Kreise stehen, in der Ebene der Sterne, und daher müssen die in dieser Ebene erfolgenden Bewegungen, auch wenn sie in Wirklichkeit nicht parallel sind, uns als parallele erscheinen, und die Annahme, von der wir ausgingen, wäre nicht berechtigt.

So müssen wir denn wieder Halt machen und die Antwort auf unsere Fragen von der Zukunft, der ein reicheres Material von Entfernungen und Radialgeschwindigkeiten zu Gebote stehen wird, erwarten, da die scheinbaren Bewegungen, wenn die in den hier behandelten Sternsystemen beobachteten Verhältnisse allgemeine Gültigkeit haben, uns auf unserem Wege nicht weiter bringen können.

Schlußwort.

Das hinreichend gesichert erscheinende Ergebnis unserer Forschungen über den Bau des Universums läßt sich in knapper Form etwa so darstellen:

In einem endlichen Raume von sphärischer Gestalt sind Körper von sehr verschiedener Masse in sehr verschiedenem physikalischen Zustande befindlich zerstreut. Neben gasförmigen Nebeln von sehr geringer Temperatur kommen Körper im Zustande stärkster Verdichtung, im höchsten Glutzustande vor. Die Anordnung der einzelnen Massen ist keine regellose, gleichförmige, sondern sie sind um einzelne Konzentrationszentra in Haufen zusammengedrängt, die aber miteinander in einem lockeren Zusammenhange stehen und angeordnet sind in Gestalt einer großen mehrarmigen Spirale. In den entfernteren Teilen dieser Spirale herrschen die heißeren und gasförmigen Sterne (Typus I b, II b) vor, während die mit der Sonne, welche dem Zentrum der Spirale verhältnismäßig nahe ist, in engerer Beziehung stehenden Sterne überwiegend ihr auch im physikalischen Zustande ähnlich sind. Der Sonne wohnt eine auf einen Punkt in der Milchstraße, der Hauptebene der ganzen Spirale, gerichtete Bewegung inne, an der eine größere Anzahl der ihr nahe stehenden Sterne teilnimmt. Unter den Sternen gibt es zahlreiche Gruppen mit gemeinsamer auf Punkte der Milchstraße gerichteter scheinbarer Bewegung. Die Sterne jeder Gruppe stehen in einer Ebene und ihre wahre Bewegung, über deren Charakter sichere Angaben noch nicht zu machen sind, erfolgt in dieser Ebene.

Anhang.

1. Tafel der Sterne mit bekannter Parallaxe.

Das Verzeichnis enthält in erster Linie diejenigen Sterne, deren Parallaxe durch Elkin, Gill und Peter heliometrisch bestimmt ist. Daneben sind einige andere im Meridian durch Kapteyn oder auf photographischem Wege bestimmte, gleichfalls zuverlässig erscheinende Parallaxen aufgenommen. Die angegebenen Werte sind durchweg die von den Beobachtern gefundenen relativen Parallaxen. Die Eigenbewegungen des Verzeichnisses sind reduziert auf das Auwerssche Fundamentalsystem. Für die Bewegungen im Visionsradius hatte Herr Geheimrat Vogel die Güte, die wahrscheinlichsten Werte für 17 der Sterne dem Verfasser mitzuteilen. Herrn Campbell verdankt dann der Verfasser noch die Angabe der von ihm gefundenen Bewegungen, die zur Vervollständigung des Verzeichnisses benutzt wurden. Zur Feststellung des Spektralcharakters der Sterne dienten die Angaben im 3. und 12. Bande der Potsdamer Publikationen und eine auf seine Bitte dem Verfasser von Herrn Pickering gütigst zugesandte und für die schwächeren Sterne durch besondere

Beobachtungen möglichst vervollständigte Zusammenstellung der Spektren. Aus der Pickeringschen Bezeichnung der Spektren wurde nach den Angaben in Harvard Annals, Bd. 48, S. 127 oder nach den Harvard Annals, Bd. 28, S. 145 angegebenen charakteristischen Sternen der einzelnen Gruppen die Vogelsche Spektralklasse festgestellt. Die so indirekt ermittelten Angaben in der mit „Vogel“ überschriebenen Spalte sind eingeklammert. In einzelnen Fällen blieben aber doch Zweifel bestehen. So ist der charakteristische Stern für Pickerings Gruppe *F* 8 *G* χ_1 Orionis, den Vogel zu *IIa*! zählt, und die gleiche Identifizierung würde auch aus Nr. 3 folgen. Dagegen gibt für Nr. 23, dessen Spektrum nach Pickering denselben Charakter hat, Vogel Ia_3 an. Da diese Unterabteilung den unmittelbaren Übergang zu *IIa* bildet, wurde *F* 8 *G* stets mit *IIa* identifiziert. τ Ceti ist nach Secchis Angabe zu *IIa* gerechnet, was nach Pickering unsicher blieb. Das Spektrum von Procyon hat nach Scheiner sehr große Ähnlichkeit mit dem Sonnenspektrum, nur die Wasserstofflinien sind wenig verbreitert.

2. Tafel der Sterne mit großer Eigenbewegung.

Das Verzeichnis ist durch Benutzung und Vervollständigung des Porterschen Verzeichnisses (A. J. Nr. 268) entstanden. Es enthält die Sterne, deren jährliche Bewegung wenigstens 0,5″ beträgt. Bei einzelnen Sternen liegt wegen der angebrachten Reduktionen der definitive Wert der Bewegung etwas unterhalb dieser Grenze. Die Bewegungen sind entnommen aus den Auwersschen Fundamentalkatalogen oder aus der Publikation 14 des Cincinnati Observatory. Für 22 Sterne, die in diesen Quellen nicht vorkommen, wurde die Bewegung unter Benutzung alles verfügbaren Materials neu berechnet. Alle Bewegungen sind mit Hilfe der Auwersschen Tafeln auf das A. N. 3927 bis 3929 in seiner endgültigen Gestaltung festgelegte Fundamentalsystem reduziert. Die letzte Kolumne der Tafel gibt die Abweichung der beobachteten Richtung der Bewegung von der der Lage des Apex nach der Bestimmung des Verfassers aus den Polen der Eigenbewegungen entsprechenden. Die Abweichung ist nicht im Sinne des Positionswinkels, sondern im Sinne gleichartiger Bewegung (vgl. S. 128) gerechnet.

Tafel der Sterne mit bekannter Parallaxe.

	Name	1900,0	Gr.	Parall.	Aut.	E. B.	$\Delta\varrho$ km	Spektrum Pickering	Spektrum Vogel
1	ζ Tucanae	$0^h\ 14^m\ 52^s$ — $65^0\ 27,7'$	4,3	0,138″	G	2,04″	—	F 8 G	(II a)
2	β Hydri	20 30 — 77 49,1	2,9	0,134	G	2,25	—	G	(II a)
3	η Cassiopejae	43 3 + 57 17,2	3,6	0,18	P	1,22	+ 10	F 8 G	II a
4	μ „	1 1 37 + 54 25,8	5,2	0,13	P	3,77	— 97	F 8 G	(II a)
5	α Urs. min.	22 33 + 88 46,4	2,1	0,078	1)	0,04	— 13	F 8 G	(II a)
6	α Eridani	33 59 — 57 44,7	0,6	0,043	G	0,08	—	B 5 A	(I a—I b)
7	τ Ceti	39 25 — 16 27,9	3,6	0,310	G	1,92	— 18	G ?	(II a)
8	e Eridani	3 15 56 — 43 27,1	4,3	0,149	G	3,10	—	G 5 K	(II a)
9	o^2 „	4 10 40 — 7 48,5	4,5	0,166	G	4,07	— 42	H ?	(II a ?)
10	α Tauri	30 11 + 16 18,5	1,1	0,109	E	0,19	+ 51	K 5 M	II a
11	Cord. Z. Kat. V. 243 . .	5 7 42 — 44 58,8	8,5	0,312	G	8,72	—	A	(I a)
12	α Aurigae	9 18 + 45 53,8	0,2	0,079	E	0,43	+ 30	G	II a
13	β Orionis	9 44 — 8 19,0	0,3	0,000	G, S	0,02	+ 19	Pec.	I b
14	α „	49 45 + 7 23,3	0,9	0,024	E	0,03	+ 19	Ma	III a
15	α Argus	6 21 44 — 52 38,5	—0,9	0,000	G	0,01	—	F	(I—II)
16	ψ^5 Aurigae	39 32 + 43 40,6	5,4	0,106	S	0,15	—	E	(II a)
17	α Canis maj.	40 45 — 16 34,7	—1,6	0,370	G	1,32	— 7	A	I a
18	α Canis min.	7 34 4 + 5 28,9	0,5	0,334	E	1,25	— 6,5	F 5 G	I a—II a
19	β Geminor.	39 12 + 28 16,1	1,2	0,056	E	0,63	+ 3	K	II a
20	Lac. 2957	41 51 — 33 58,6	6,0	0,064	G	1,71	—	F 8 G	(II a)
21	Lal. 15 290	47 10 + 30 54,8	8,2	0,02	P	1,96	—	F	(I—II)
22	Lal. 18 115	9 7 35 + 53 7,0	8,2	0,20	P, s	1,70	—	Ma	III a
23	ϑ Ursae maj.	26 10 + 52 8,0	3,3	0,09	P	1,10	+ 15	F 8 G	I a (II a)
24	Lal. 19 022	37 7 + 43 10,3	8,1	0,064	K	0,80	—	G 5 K	(II a)
25	20 Leonis min.	55 15 + 32 24,9	6,0	0,062	K	0,70	—	A	(I a)
26	α Leonis	10 3 3 + 12 27,4	1,3	0,024	E	0,27	— 8 :	B 8 A	I a ? I b
27	AOe. 10 603	5 15 + 49 57,6	7,5	0,17	P	1,44	—	K	(II a)
28	Gr. 1646	21 54 + 49 19,1	6,7	0,101	K	[illegible]	[illegible]	[illegible]	[illegible]

30	Lal. 21 258	11	0	31	+ 44 2,4	8,6	0,254	3)	4,46	—	Ma	III
31	AOe. 11 677		14	50	+ 66 23,3	9,1	0,16	4)	3,04	—	—	—
32	Gr. 1830		47	13	+ 38 26,2	6,5	0,118	5)	7,04	— 96	A ?	(Ia ?)
33	α Crucis med.	12	21	2	— 62 32,7	1,0	0,050	G	0,05	—	B 1 A	(Ib)
34	β Crucis		41	52	— 59 8,5	1,5	0,000	G	0,06	—	B 1 A	(Ib)
35	β Comae	13	7	12	+ 28 23,1	4,3	0,11	P	1,19	+ 4	G	IIa
36	α Virginis		19	55	— 10 38,4	1,2	0,000	G	0,07	—	B 2 A	Ib
37	β Centauri		56	46	— 59 53,4	0,9	0,030	G	0,07	—	B 1 A	(Ib)
38	α Bootis	14	11	6	+ 19 42,2	0,2	0,026	E	2,28	— 6	K	IIa
39	α_2 Centauri		32	48	— 60 25,4	0,4	0,752	G	3,68	—	K 5 M	(IIa)
40	P. XIV. 212 sq.		51	37	— 20 57,9	6,3	0,167	G	2,08	—	—	—
41	Lal. 27 298		52	21	+ 54 4,3	8,0	0,08	P	1,10	—	G 2 K	(IIa)
42	α Scorpii	16	23	13	— 26 12,6	1,2	0,021	G	0,04	— 6	Ma	(III)
43	70 *p* Ophiuchi	18	0	24	+ 2 31,4	4,1	0,16	6)	1,13	— 6,5	K	IIa
44	α Lyrae		33	33	+ 38 41,4	0,1	0,082	E	0,36	— 18	A	Ia
45	Σ 2398		41	40	+ 59 28,7	8,7	0,290	s	2,29	—	K	(IIa)
46	31 Aquilae	19	20	12	+ 11 43,8	5,3	0,06	P	0,98	—	H	Ia ? IIa
47	σ Draconis		32	33	+ 69 29,5	4,8	0,175	P	1,83	—	K ?	(IIa ?)
48	α Aquilae		45	54	+ 8 36,2	0,9	0,232	E	0,65	— 38	A 5 F	Ia
49	α Cygni	20	38	1	+ 44 55,4	1,3	— 0,012	E	0,00	— 2	A 2 F	Ia
50	61 Cygni pr.	21	2	25	+ 38 15,4	5,4	0,328	7)	5,24	— 62	K 5 M	(IIa)
51	ε Indi		55	43	— 57 11,8	4,7	0,273	G	4,66	—	K 5 M	(IIa)
52	α Gruis	22	1	56	— 47 26,7	1,9	0,015	G	0,20	—	B 5 A	(Ia—Ib)
53	A. G. Hels. G. 13 170 . .		24	26	+ 57 11,7	9,1	0,272	s	0,70	—	—	—
54	α Piscis austr.		52	8	— 30 9,2	1,3	0,130	G	0,38	—	A 3 F	(Ia)
55	Lac. 9352		59	25	— 36 25,8	7,1	0,283	G	6,89	—	Ma	III
56	Br. 3077	23	8	28	+ 56 37,0	5,5	0,13	P	2,09	—	H	(IIa)

In der Kolumne Autorität bedeutet: G = Gill, E = Elkin, P = Peter, K = Kapteyn, S = Schur, s = Schlesinger. 1) vgl. S. 68; 2) Winnecke und Kapteyn; 3) Auwers, Krüger, Kapteyn; 4) Franz und Oesten-Bergstrand; 5) nach Auwers; 6) Schur und Krüger; 7) vgl. S. 69.

Tafel der Sterne mit großer Eigenbewegung.

Nr.	Gr.	1900,0		Eigenbewegung		Pol der Eigenb.		$\varphi - \psi'$	Name
		α	δ	Größe	Richtung	a	d		
1	9	0,10°	+ 45,26°	0,90″	98,4°	168,4°	+ 44,1°	+ 8,3°	
2	2	0,96	+ 58,60	0,55	109,5	158,4	+ 29,4	+ 18,7	β Cassiopejae
3	8,5	3,17	+ 43,46	2,86	82,2	194,5	+ 46,0	— 10,0	
4	4	3,72	— 65,46	2,04	56,0	327,2	+ 20,1	— 30,6	ζ Tucanae
5	8	4,83	— 27,58	0,69	84,4	352,9	+ 61,9	— 3,4	
6	7	4,95	— 51,59	0,63	122,4	44,0	+ 31,6	+ 36,3	
7	3	5,12	— 77,82	2,25	82,2	357,1	+ 12,1	— 2,8	β Hydri
8	7	7,21	— 35,54	0,54	183,2	99,1	— 2,6	+ 97,4	
9	6	8,05	— 25,32	1,39	90,4	8,9	+ 64,7	+ 3,8	
10	7,5	8,50	+ 2,58	0,81	68,4	272,0	+ 68,2	— 22,0	
11	6,5	8,54	+ 20,71	0,60	230,9	75,0	— 46,6	+ 137,9	54 Piscium
12	7,5	8,83	+ 39,66	0,80	152,9	116,9	+ 20,5	+ 57,2	
13	6,5	8,88	— 24,35	0,71	115,0	57,4	+ 55,7	+ 28,7	
14	6	8,94	— 60,02	1,01	64,8	340,5	+ 26,9	— 17,4	
15	7,5	9,99	+ 1,25	0,62	184,3	99,9	— 4,3	+ 94,1	
16	4	10,76	+ 57,28	1,22	115,4	161,4	+ 29,2	+ 16,2	η Cassiopejae
17	6,5	10,78	+ 4,77	1,37	146,6	103,9	+ 33,3	+ 55,6	
18	7,5	11,11	— 23,76	0,53	73,9	335,6	+ 61,6	— 11,6	
19	5	15,40	+ 54,43	3,77	114,7	166,0	+ 31,9	+ 12,1	μ Cassiopejae
20	8,5	15,56	+ 22,43	0,52	168,3	110,1	+ 10,8	+ 72,2	
21	7	15,82	+ 61,01	0,63	89,5	196,4	+ 29,0	— 14,4	
22	5,5	17,67	— 46,06	0,70	75,6	358,0	+ 42,2	— 1,6	ν Phoenicis

24	8,5	18,50	— 9,45	0,59	210,6	114,0	— 30,1	+123,8	
25	7,5	19,22	+ 18,16	0,53	89,5	201,0	+ 71,8	— 6,7	
26	7	20,90	+ 21,21	0,49	112,2	152,4	+ 59,7	+ 14,3	
27	8	23,48	+ 27,60	0,51	74,2	234,8	+ 58,5	— 27,2	
28	7	23,54	+ 66,41	0,75	109,0	183,0	+ 22,2	— 2,8	
29	6	23,92	+ 42,11	0,82	99,4	190,1	+ 47,0	— 7,2	41 H. Androm.
30	5,5	24,27	+ 19,78	0,74	202,8	106,2	— 21,3	+104,0	107 Piscium
31	3,5	24,85	— 16,46	1,92	296,0	264,7	— 59,5	—146,5	τ Ceti
32	6	25,13	+ 63,36	0,69	112,3	180,5	+ 24,5	— 0,5	
33	8,5	27,01	— 22,93	0,92	88,3	22,7	+ 67,0	+ 9,5	
34	4	28,02	— 52,11	0,68	67,8	0,7	+ 34,7	+ 0,6	χ Eridani
35	7	30,62	— 1,08	0,50	222,1	121,6	— 42,0	+132,7	
36	6,5	31,60	— 51,31	2,38	71,3	8,2	+ 36,3	+ 6,9	
37	8	31,88	+ 67,21	0,57	121,5	178,2	+ 19,3	+ 1,6	
38	9	32,37	— 1,67	1,00	95,1	104,3	+ 84,6	+ 6,2	
39	7	32,42	+ 23,81	0,60	107,0	175,3	+ 61,0	+ 2,6	
40	5	32,74	+ 33,77	1,18	101,6	192,5	+ 54,5	— 8,1	δ Trianguli
41	7,5	37,65	+ 6,41	2,34	51,3	299,7	+ 50,9	— 43,6	
42	7,5	38,15	+ 30,39	0,60	226,0	100,5	— 38,4	+114,3	
43	8	39,07	— 30,57	0,62	86,3	31,8	+ 59,2	+ 18,7	
44	8,5	43,81	+ 5,59	0,69	103,4	156,0	+ 75,5	+ 8,1	
45	7	43,99	+ 61,33	1,00	132,9	177,4	+ 20,6	+ 2,6	
46	6	44,33	— 28,47	0,50	144,9	115,8	+ 30,4	+ 79,9	ε Fornacis
47	4	45,46	+ 49,23	1,26	93,6	220,7	+ 40,7	— 34,0	ι Persei
48	8	45,63	+ 25,97	0,89	191,7	130,4	— 10,5	+ 77,6	
49	3,5	46,95	— 29,38	0,71	25,8	330,3	+ 22,3	— 36,5	α Fornacis
50	8,5	47,34	+ 8,62	0,61	131,7	146,9	+ 47,6	+ 32,5	
51	6	48,90	— 62,96	1,50	64,2	20,5	+ 24,2	+ 19,8	ζ′ Reticuli

Tafel der Sterne mit großer Eigenbewegung (Fortsetzung).

Nr.	Gr.	1900,0		Eigenbewegung		Pol der Eigenb.		$\varphi - \psi'$	Name
		α	δ	Größe	Richtung	a	d		
52	4,5	48,98°	— 43,45°	3,10″	75,9°	28,9°	+ 44,8°	+ 24,2°	e Eridani
53	5,5	49,01	— 62,89	1,50	63,0	19,3	+ 24,0	+ 18,8	ζ^2 Reticuli
54	8	50,02	— 5,70	0,85	198,3	141,9	— 18,2	+115,1	
55	8	50,83	— 20,16	0,61	59,0	350,7	+ 53,6	— 8,1	
56	5	51,91	— 63,29	0,49	43,9	2,6	+ 18,2	+ 2,6	$\varkappa$ Reticuli
57	3	52,05	— 9,80	0,98	270,4	234,1	— 80,2	—167,4	ε Eridani
58	4	52,94	+ 0,09	0,56	204,2	142,9	— 24,2	+114,3	10 Tauri
59	7,5	53,82	— 3,54	0,81	107,5	132,8	+ 72,2	+ 22,3	
60	3	54,61	— 10,10	0,75	352,1	323,2	— 7,8	— 84,0	δ Eridani
61	8,5	55,05	+ 41,15	1,37	154,7	162,3	+ 18,8	+ 21,4	
62	4	55,64	— 23,54	0,55	198,1	153,1	— 16,5	+138,4	τ^6 Eridani
63	8	56,61	+ 60,88	0,49	119,3	203,9	+ 25,1	— 23,6	
64	8	57,10	+ 75,89	0,64	146,4	179,8	+ 7,8	+ 0,1	
65	8,5	59,13	+ 35,03	2,22	128,1	185,4	+ 40,1	— 5,1	
66	4,5	62,67	— 7,81	4,07	212,7	157,7	— 32,4	+137,4	o^2 Eridani
67	7,5	68,63	+ 41,94	0,71	127,2	200,0	+ 36,3	— 22,5	
68	6,5	71,09	+ 45,68	0,67	146,7	186,2	+ 22,5	— 7,7	
69	7	73,96	— 5,87	1,26	151,3	160,8	+ 28,5	+ 80,9	
70	5,5	75,38	+ 18,51	0,53	88,5	260,2	+ 71,4	— 52,1	m Tauri
71	8	76,92	— 44,98	8,72	130,8	127,6	+ 32,4	+112,6	Cord. Z. Kat. V. 243
72	5,5	78,02	+ 40,01	0,85	141,7	194,9	+ 28,3	— 20,1	λ Aurigae
73	8,5	78,53	— 3,18	0,70	80,0	6,0	+ 79,5	+ 5,3	
74	8,5	80,87	— 3,56	0,88	199,3	172,1	— 19,2	+130,4	

75	8,5	81,60	— 3,70	2,23	162,0	170,4	+ 17,9	+ 95,6	
76	8	82,60	+ 51,38	0,55	279,6	70,4	— 38,0	+109,0	
77	6	83,31	+ 53,44	0,53	181,6	172,0	— 1,0	+ 10,0	
78	7,5	84,79	+ 37,26	0,70	137,1	204,2	+ 32,8	— 34,3	
79	6	86,28	— 80,54	1,14	11,1	7,2	+ 1,8	+ 7,3	π Mensae
80	4	86,76	— 20,89	0,69	160,5	169,6	+ 18,2	+151,5	δ Leporis
81	8,5	87,59	+ 13,92	0,68	138,0	189,8	+ 40,4	— 32,0	
82	5	88,33	— 63,12	0,51	16,9	13,5	+ 7,6	+ 15,0	
83	5,5	97,29	+ 79,67	0,63	186,2	181,2	— 1,1	+ 1,2	23 H. Camelop.
84	1	100,19	— 16,58	1,32	203,6	197,3	— 22,6	+124,2	α Canis maj.
85	7	101,86	— 5,05	0,56	272,2	305,0	— 84.5	+ 20,6	
86	6,5	102,40	— 28,40	0,57	142,4	172,3	+ 32,5	—167,2	
87	8	102,85	+ 1,31	0 58	170,5	193,1	+ 9,5	+ 93,8	
88	8	103,50	+ 48,53	0,68	125,1	240,4	+ 32,8	+ 72,6	
89	6,5	104,29	+ 29,50	0,82	168,4	200,1	+ 10,1	+ 39,0	
90	7	106,05	+ 21,42	0,52	199,8	188,6	— 18,3	+ 18,3	
91	7,5	107,82	— 12,88	0,54	285,7	339,4	— 69,8	+ 19,0	
92	7,5	108,65	— 46,82	0,59	353,6	14,0	— 4,4	— 18,4	
93	1	113,52	+ 5,48	1,25	214,4	199,8	— 34,2	+ 43,2	α Canis min.
94	1,5	114,80	+ 28,27	0,63	265,2	124,9	— 61,4	— 40,9	β Geminorum
95	6,5	114,94	+ 80,52	0,52	272,9	112,0	— 9,5	— 67,6	28 H. Camelop.
96	5	114,97	— 44,92	0,53	183,8	207,6	— 2,7	+142,8	
97	6	115,46	— 33,98	1,71	353,2	21,6	— 5,7	— 33,6	
98	8	116,79	+ 30,91	1,96	158,6	218,2	+ 18,3	+ 66,0	
99	7,5	118,42	+ 21,13	0,58	161,6	215,2	+ 17,1	+ 74,8	
100	8	118,46	— 25,35	0,48	121,9	174,0	+ 50,1	—173,6	
101	7,5	118,59	+ 29,52	1,17	188,0	204,6	— 7,0	+ 39,9	
102	6	118,98	— 60,04	0,58	74,3	101,0	+ 28,7	—106,9	

Tafel der Sterne mit großer Eigenbewegung (Fortsetzung).

Nr.	Gr.	1900,0		Eigenbewegung		Pol der Eigenb.		$\varphi - \psi'$	Name
		α	δ	Größe	Richtung	a	d		
103	6,5	121,35°	+ 32,77°	0,81″	216,0°	189,9°	— 29,6°	+ 12,4°	
104	8,5	123,00	+ 30,93	0,90	200,9	201,9	— 17,8	+ 30,7	
105	6,5	123,41	— 12,29	1,02	165,3	210,2	+ 14,4	+122,6	
106	7	127,24	— 31,18	1,33	302,8	358,5	— 46,0	+ 1,5	
107	8	128,60	+ 11,89	0,52	196,8	215,0	— 16,5	+ 58,7	
108	8,5	129,65	+ 42,05	0,66	205,3	202,1	— 18,5	+ 25,7	
109	9	131,50	+ 71,18	1,39	256,1	146,1	— 18,2	— 33,0	
110	6	131,66	+ 28,71	0,54	243,7	177,4	— 51,9	— 2,1	ϱ' Cancri
111	3	133,09	+ 48,44	0,51	240,9	169,7	— 35,4	— 9,6	ι Ursae maj.
112	4	133,54	+ 42,18	0,50	238,8	175,6	— 39,3	— 4,1	10 Ursae maj.
113	8	135,94	— 14,74	0,56	246,8	256,6	— 62,7	+ 37,0	
114	6,5	136,70	+ 15,40	0,59	293,1	78,6	— 62,4	— 37,2	81 Cancri
115	8	136,90	+ 53,12	1,70	248,9	162,6	— 34,1	— 15,7	
116	7	137,99	+ 28,99	0,52	171,6	232,1	+ 7,4	+ 74,8	
117	7,5	139,03	+ 40,64	0,55	224,0	196,9	— 31,8	+ 16,6	
118	3	141,54	+ 52,13	1,10	240,2	177,5	— 32,2	— 2,3	ϑ Ursae maj.
119	5,5	142,42	+ 36,26	0,76	250,0	174,0	— 49,3	— 4,5	11 Leonis min.
120	8	144,28	+ 43,17	0,80	177,5	236,0	+ 1,8	+ 66,3	
121	8,5	145,87	+ 14,23	0,82	153,9	242,7	+ 25,2	+106,6	
122	9,5	146,54	— 11,82	1,99	142,2	227,5	+ 36,9	+135,5	
123	6	148,81	+ 32,42	0,70	230,6	205,7	— 40,7	+ 21,4	20 Leonis min.
124	7,5	151,31	+ 49,96	1,44	249,8	177,0	— 37,1	— 2,6	
125	9	153,55	+ 20,37	0,49	267,9	159,6	— 69,5	— 7,7	

126	6,5	155,46	+ 49,32	0,90	174,0	250,0	+ 3,9	+ 76,9	
127	6	157,89	− 11,69	0,69	158,5	243,3	+ 21,0	+ 116,2	
128	8,5	161,53	+ 20,82	0,50	210,8	239,6	− 28,6	+ 52,4	
129	8,5	162,72	+ 28,28	0,48	256,4	189,7	− 58,9	+ 5,2	
130	4,5	163,73	− 17,77	0,50	285,5	25,9	− 66,6	− 10,4	α Crateris
131	7,5	164,47	+ 36,64	4,74	186,6	250,5	− 5,3	+ 74,0	
132	8,5	165,13	+ 44,04	4,45	282,5	147,5	− 44,6	− 23,0	
133	8,5	166,40	+ 31,00	0,56	110,8	310,0	+ 53,3	+ 152,1	
134	4	168,21	+ 32,09	0,73	216,5	236,8	− 30,3	+ 47,2	ξ Ursae maj.
135	7,5	168,30	− 4,52	0,77	99,8	233,7	+ 79,2	+ 171,1	
136	9	168,71	+ 66,39	3,04	274,4	163,9	− 23,5	− 14,8	
137	6,5	170,42	+ 3,56	0,77	282,7	95,8	− 76,8	− 13,3	83 Leonis
138	6	172,41	− 32,30	1,09	321,3	59,2	− 31,9	− 47,2	
139	8,5	173,37	+ 45,66	0,36	273,9	167,9	− 44,2	− 8,6	
140	7,5	175,08	+ 48,23	0,68	245,6	206,4	− 37,3	+ 20,7	
141	5,5	175,44	− 39,96	1,57	284,6	17,6	− 47,9	− 11,7	
142	2	175,99	+ 15,13	0,51	257,2	216,9	− 70,3	+ 11,7	β Leonis
143	3,5	176,37	+ 2,33	0,78	110,2	272,7	+ 69,6	+ 159,6	β Virginis
144	6,5	176,80	+ 38,44	7,04	145,2	290,2	+ 26,6	+ 122,8	Gr. 1830
145	7,5	178,24	− 27,13	1,27	242,0	308,9	− 51,8	+ 28,8	
146	6	178,90	− 9,88	0,48	162,5	265,8	+ 17,2	+ 107,7	
147	7	179,35	+ 43,66	0,67	215,4	243,2	− 24,8	+ 54,2	
148	8,5	179,74	+ 3,91	0,52	170,9	270,4	+ 9,1	+ 99,1	
149	8,5	180,04	− 0,96	0,51	274,6	78,3	− 85,3	− 4,6	
150	7,5	181,85	− 2,54	0,72	306,3	88,4	− 53,6	− 36,4	
151	8	182,03	+ 11,39	0,57	178,8	272,3	+ 1,2	+ 91,6	
152	6	182,51	− 9,73	0,99	176,3	271,9	+ 3,6	+ 93,3	
153	7	184,46	− 67,08	0,79	282,8	18,3	− 22,3	− 16,9	

Tafel der Sterne mit großer Eigenbewegung (Fortsetzung).

Nr.	Gr.	1900,0		Eigenbewegung		Pol der Eigenb.		$\varphi - \psi'$	Name
		α	δ	Größe	Richtung	a	d		
154	8,5	186,15°	— 2,76°	0,75″	206,0°	277,5°	— 25,9°	+ 63,8°	
155	4,5	187,25	+ 41,90	0,76	292,1	155,9	— 43,6	— 17,2	8 Can. ven.
156	3	189,15	— 0,90	0,57	271,1	60,0	— 88,6	— 1,3	γ Virginis
157	6	190,32	+ 10,10	0,53	148,5	286,5	+ 31,0	+ 123,3	33 Virginis
158	8,5	191,16	+ 1,75	0,68	183,8	281,0	— 3,8	+ 86,6	
159	8	191,98	— 17,96	0,87	161,3	276,0	+ 17,7	+ 105,0	
160	3	192,64	+ 3,94	0,48	263,2	252,7	— 82,1	+ 7,7	δ Virginis
161	7,5	193,48	— 9,30	0,87	281,7	65,4	— 75,1	— 13,9	
162	8	194,02	— 26,83	0,50	248,6	333,0	— 56,2	+ 15,0	
163	8,5	194,04	— 7,90	0,54	255,5	312,1	— 73,6	+ 12,5	
164	7,5	195,95	+ 5,76	0,69	174,4	286,5	+ 5,5	+ 97,2	
165	8,5	196,60	+ 10,15	0,58	301,0	123,0	— 57,6	— 28,0	
166	4	196,80	+ 28,38	1,19	317,9	130,0	— 36,2	— 39,7	β Comae
167	5,5	198,29	— 17,76	1,51	225,0	305,3	— 42,4	+ 39,2	61 Virginis
168	9	198,73	+ 35,66	0,91	154,1	304,5	+ 20,8	+ 127,1	
169	8,5	198,93	+ 4,65	0,58	295,4	118,6	— 64,2	— 23,8	
170	5	200,88	+ 14,31	0,63	203,2	284,8	— 22,5	+ 72,2	70 Virginis
171	8,5	201,65	— 1,81	0,92	286,7	105,6	— 73,2	— 17,4	
172	4,5	205,00	— 32,54	0,51	252,4	354,5	— 53,5	+ 3,5	i Centauri
173	9	205,06	+ 18,34	1,93	168,6	298,7	+ 10,8	+ 109,9	
174	8	205,17	+ 15,43	2,31	128,9	313,4	+ 48,6	+ 148,2	
175	7	205,50	+ 6,85	0,50	256,2	269,7	— 74,6	+ 17,2	
176	6,5	206,46	— 23,89	0,64	240,1	331,6	— 52,4	+ 18,5	

177	2,5	210,20	— 35,88	0,76	226,2	331,7	— 35,8	+ 25,0	ϑ Centauri
178	1	212,78	+ 19,70	2,28	209,1	292,2	— 27,2	+ 73,1	α Bootis
179	7,5	213,60	— 4,69	0,66	261,8	333,1	— 80,5	+ 5,1	
180	6,5	214,53	+ 1,71	0,51	158,2	305,2	+ 21,8	+113,0	
181	6,5	217,92	— 11,88	0,96	293,1	102,2	— 64,2	— 32,2	
182	1	218,20	— 60,42	3,68	281,5	51,4	— 28,9	— 45,9	α Centauri
183	9	220,43	+ 16,94	0,94	185,4	308,8	— 5,2	+ 98,6	
184	9	221,37	+ 7,23	0,61	264,1	260,7	— 80,7	+ 12,3	
185	8	221,50	— 23,88	1,01	243,4	350,5	— 54,9	+ 6,9	
186	8,5	222,33	+ 23,75	0,80	269,5	223,6	— 66,2	+ 20,7	
187	6,5	222,90	— 20,96	2,08	150,1	301,3	+ 27,7	+101,5	
188	8	223,09	+ 54,07	1,10	297,2	190,7	— 31,4	+ 9,9	
189	8,5	223,54	— 21,60	0,78	229,5	336,9	— 45,0	+ 21,2	
190	9,5	223,83	— 10,72	0,53	182,4	314,3	— 2,4	+ 77,5	
191	8	225,72	— 7,52	0,49	200,5	318,5	— 20,3	+ 61,9	
192	9	225,78	+ 25,31	0,92	301,0	171,2	— 50,8	— 7,3	
193	9	226,18	— 15,98	3,72	195,2	320,5	— 14,6	+ 58,8	
194	9	226,19	— 15,90	3,37	194,7	320,3	— 14,1	+ 59,3	
195	7	227,06	+ 19,65	0,68	296,3	171,3	— 57,6	— 6,4	
196	6,5	227,21	— 0,96	1,38	248,2	319,6	— 68,1	+ 20,8	
197	5,5	228,55	+ 2,14	0,64	145,7	320,0	+ 34,3	+126,7	5 Serpentis
198	8	228,69	+ 26,06	0,52	259,6	251,3	— 62,1	+ 37,0	
199	8,5	229,42	+ 1,79	0,52	230,4	317,3	— 50,4	+ 40,8	
200	6,5	233,12	+ 40,13	0,50	277,9	221,0	— 49,2	+ 32,8	
201	7	234,43	— 10,61	1,19	255,0	359,0	— 71,7	+ 0,6	
202	6,5	235,25	— 37,60	0,64	245,2	18,2	— 46,0	— 16,6	
203	6,5	237,14	+ 13,51	0,58	196,5	323,2	— 16,1	+ 93,4	39 Serpentis
204	4,5	237,30	+ 42,73	0,76	35,3	121,6	+ 25,1	— 78,7	χ Herculis

Tafel der Sterne mit großer Eigenbewegung (Fortsetzung).

Nr.	Gr.	1900,0		Eigenbewegung		Pol der Eigenb.		$\varphi - \psi'$	Name
		α	δ	Größe	Richtung	a	d		
205	3,5	237,96°	+ 15,99°	1,33″	167,1°	331,6°	+ 12,4°	+126,7°	γ Serpentis
206	6	238,68	— 16,24	0,74	238,5	353,2	— 54,9	+ 6,8	49 Librae
207	5,5	239,30	+ 33,60	0,82	195,2	320,7	— 12,6	+117,8	ϱ Coronae bor.
208	7,5	239,98	+ 25,51	0,88	323,7	167,5	— 32,3	— 17,0	
209	8,5	240,30	+ 10,96	0,51	260,1	282,8	— 75,3	+ 28,3	
210	6,5	240,38	+ 39,43	0,57	274,7	233,1	— 50,3	+ 43,4	
211	8,5	240,73	+ 38,92	0,58	157,5	345,3	+ 17,3	+160,7	
212	7,5	241,07	+ 6,66	0,76	161,0	333,4	+ 18,9	+120,8	
213	5,5	242,55	— 8,10	0,55	158,0	329,3	+ 21,7	+ 96,8	18 Scorpii
214	9	245,90	+ 3,49	0,51	180,2	335,9	— 0,2	+ 97,5	
215	7,5	246,39	+ 4,44	1,45	198,9	334,9	— 18,8	+ 81,1	
216	2,5	249,38	+ 31,78	0,60	310,2	191,3	— 40,4	+ 14,3	ζ Herculis
217	3	250,92	— 34,11	0,68	247,1	33,9	— 49,7	— 35,5	ε Scorpii
218	7	251,98	+ 0,18	1,63	206,0	341,9	— 26,0	+ 64,6	
219	9	252,53	— 8,15	1,28	225,8	350,8	— 45,2	+ 20,0	
220	7	254,95	+ 47,20	0,86	6,3	160,3	+ 4,3	— 26,4	
221	7,5	254,96	— 4,90	1,49	220,1	349,1	— 39,9	+ 32,3	
222	5	257,30	— 26,46	1,28	203,2	358,1	— 20,6	+ 3,6	*A* Ophiuchi
223	7	257,52	— 26,40	1,24	203,8	358,6	— 21,2	+ 2,6	
224	6	258,04	— 34,88	1,16	98,0	271,8	+ 54,3	+102,3	
225	5,5	259,23	+ 32,60	1,05	172,8	353,1	+ 6,0	+167,8	ω Herculis
226	8	260,20	+ 2,23	1,34	206,6	349,1	— 26,6	+ 76,1	
227	6,5	261,33	+ 67,39	0,54	272,2	258,9	— 22,6	+ 78,4	

228	8,5	262,47	+ 6,07	0,56	309,5	179,8	— 50,1	— 0,8	
229	6	263,49	+ 61,95	0,56	153,4	17,4	+ 12,2	—160,8	26 Draconis
230	8,5	264,06	+ 37,26	0,92	206,8	337,1	— 21,0	+143,4	
231	9	264,25	+ 68,43	1,29	196,7	338,7	— 6,1	+157,1	
232	3,5	265,64	+ 27,78	0,82	203,6	344,2	— 20,7	+147,2	μ Herculis
233	4,5	270,10	+ 2,52	1,13	167,8	0,6	+ 12,2	+165,5	70 Ophiuchi
234	3	274,03	— 2,92	0,90	219,1	6,4	— 39,1	+ 93,2	η Serpentis
235	4	275,72	+ 72,69	0,34	125,7	58,8	+ 14,0	+119,7	χ Draconis
236	8,5	280,42	+ 59,48	2,29	324,8	221,8	— 17,0	— 47,2	
237	9,5	283,28	+ 5,81	1,24	190,1	12,2	— 10,1	+123,3	
238	8,5	285,56	+ 7,48	0,76	201,8	12,6	— 21,6	+136,9	
239	8,5	285,93	— 21,62	0,45	208,0	27,0	— 25,9	+ 65,8	
240	7	287,37	+ 49,67	0,64	344,6	209,2	— 9,9	— 37,7	
241	6	290,05	+ 11,73	0,98	48,8	187,0	+ 47,5	— 12,0	b Aquilae
242	6,5	290,32	+ 24,73	0,66	196,9	13,1	— 15,3	+155,4	
243	7,5	291,61	— 28,21	0,73	175,7	19,6	+ 3,8	+ 35,6	
244	6,5	292,37	+ 58,38	0,64	232,0	334,9	— 24,4	—153,8	
245	4,5	293,14	+ 69,49	1,83	162,3	39,8	+ 6,1	+137,8	σ Draconis
246	1,5	296,48	+ 8,60	0,65	54,5	194,6	+ 53,6	— 18,7	α Aquilae
247	6	298,59	— 10,22	0,49	219,0	36,8	— 38,2	+111,0	
248	6,5	298,89	— 67,58	1,06	130,6	341,7	+ 16,8	— 18,6	
249	7,5	299,50	+ 15,33	0,61	198,8	24,4	— 18,1	+133,9	
250	3,5	299,73	— 66,44	1,64	134,5	346,7	+ 16,6	— 13,6	δ Pavonis
251	6	299,88	+ 29,63	0,86	128,2	62,0	+ 43,1	+ 78,9	
252	6,5	299,90	+ 16,80	0,57	224,0	14,3	— 41,6	+160,7	15 Sagittae
253	7	299,92	+ 23,08	1,38	228,9	5,7	— 43,9	+173,2	
254	6	301,16	— 36,35	1,61	164,0	21,5	+ 12,8	+ 29,6	
255	7	301,64	+ 15,88	0,58	312,7	228,1	— 45,0	—113,4	

Tafel der Sterne mit großer Eigenbewegung (Fortsetzung).

Nr.	Gr.	1900,0		Eigenbewegung		Pol der Eigenb.		$\varphi - \psi'$	Name
		α	δ	Größe	Richtung	a	d		
256	6	302,26°	— 27,33°	1,30″	100,2°	323,7°	+ 61,0°	— 25,8°	
257	6,5	304,13	+ 66,53	0,58	59,2	157,1	+ 20,0	+ 22,8	
258	8	304,43	— 21,66	1,21	155,2	24,7	+ 23,0	+ 36,8	
259	5,5	307,94	— 60,88	0,63	149,8	11,0	+ 14,2	+ 11,6	φ^2 Pavonis
260	6,5	308,56	— 24,14	0,61	47,2	242,4	+ 42,0	— 70,0	
261	8	308,64	+ 4,62	0,87	85,8	170,7	+ 83,8	+ 1,6	
262	7,5	309,68	+ 75,23	0,63	33,1	187,4	+ 8,0	— 7,6	
263	3,5	310,81	+ 61,45	0,82	7,0	214,6	+ 3,4	— 37,5	η Cephei
264	7	312,76	— 44,49	1,11	208,8	63,8	— 20,1	+ 81,6	
265	7,5	313,09	+ 74,38	0,69	37,0	187,1	+ 9,3	— 7,0	
266	6	314,73	— 73,56	0,56	131,6	357,5	+ 12,2	— 2,5	
267	7,5	314,77	+ 2,61	0,53	218,0	42,7	— 38,0	+130,6	
268	8,5	315,10	+ 6,69	0,54	176,5	45,5	+ 3,5	+ 93,1	
269	5,5	315,60	+ 38,26	5,24	51,9	187,3	+ 38,2	— 6,9	61 Cygni pr.
270	7	316,84	+ 17,34	0,91	186,8	44,8	— 6,4	+112,3	
271	7	317,70	— 61,76	0,64	132,2	3,6	+ 20,5	+ 4,5	
272	7,5	317,85	— 39,26	3,43	250,2	108,3	— 46,8	+130,4	
273	6,5	318,50	— 26,76	0,68	241,9	88,6	— 51,9	+130,2	
274	9	318,65	— 20,26	0,76	192,6	53,1	— 11,8	+ 85,5	
275	4,5	319,55	— 65,82	0,80	5,9	235,0	+ 2,4	—122,0	γ Pavonis
276	9	321,12	— 12,94	1,05	105,4	11,9	+ 70,0	+ 5,2	
277	7,5	328,56	+ 29,34	0,56	224,3	33,0	— 37,5	+151,0	

279	8,5	330,77	+ 52,65	0,62	237,6	9,3	— 30,8	+171,6	
280	7	332,13	— 41,86	0,90	139,6	32,5	+ 28,9	+ 30,2	
281	6	332,93	— 54,11	0,79	148,1	36,2	+ 18,0	+ 35,6	
282	7,5	333,06	+ 12,40	0,84	85,2	174,2	+ 76,7	+ 1,4	
283	6	334,01	— 72,74	1,48	119,5	4,6	+ 15,0	+ 4,5	ν Indi
284	9,5	338,47	+ 2,00	0,53	95,4	88,8	+ 84,2	+ 6,2	
285	4,5	340,43	+ 11,66	0,56	158,0	75,1	+ 21,6	+ 72,0	ζ Pegasi
286	5,5	341,83	+ 9,30	0,52	85,8	186,2	+ 79,8	— 1,2	σ Pegasi
287	8	343,75	— 23,06	0,94	273,3	172,1	— 66,8	+176,8	
288	8	344,16	— 4,38	0,52	121,2	67,0	+ 58,5	+ 30,0	
289	7,5	344,85	— 36,43	6,89	80,1	328,5	+ 52,4	— 19,0	
290	7,5	345,29	+ 67,87	0,59	74,6	181,8	+ 21,3	— 1,7	
291	8	345,99	— 2,80	0,59	100,5	61,2	+ 79,2	+ 9,8	
292	6,5	346,99	— 63,23	0,62	128,4	28,6	+ 20,7	+ 26,8	
293	6	347,12	+ 56,62	2,09	82,1	176,6	+ 33,0	+ 2,9	Br. 3077
294	8	347,22	— 9,47	0,56	98,4	29,1	+ 77,4	+ 6,3	
295	9	347,22	— 9,48	0,56	96,0	20,0	+ 78,8	+ 3,9	
296	8	347,98	— 14,36	1,30	200,2	83,2	— 19,5	+107,2	
297	4	348,00	+ 2,74	0,75	89,1	186,6	+ 87,1	— 0,3	γ Piscium
298	7,5	349,19	+ 43,54	0,65	69,6	197,6	+ 42,8	— 12,9	
299	7,5	353,43	— 73,26	0,77	171,4	75,1	+ 2,5	+ 75,0	
300	4,5	353,70	+ 5,08	0,57	140,8	87,8	+ 39,0	+ 51,4	ι Piscium
301	7	354,63	+ 57,51	0,61	36,7	232,4	+ 18,8	— 48,8	
302	7	355,31	— 42,11	0,86	167,0	76,5	+ 9,6	+ 73,8	
303	9	356,00	+ 1,87	1,36	135,4	87,8	+ 44,6	+ 45,5	
304	7,5	358,57	— 20,58	0,62	113,0	49,0	+ 59,5	+ 22,5	
305	6	359,24	+ 26,55	1,30	138,8	110,6	+ 36,1	+ 49,1	85 Pegasi
306	8,5	359,88	— 37,85	6,23	113,7	35,4	+ 46,3	+ 23,8	
307	6,5	359,91	+ 34,10	0,76	82,8	192,5	+ 55,2	— 7,0	

Literaturverzeichnis.

Sternort, Sternverzeichnisse, Grundlagen der Eigenbewegungen.

Auwers: Fundamentalkatalog für die Zonenbeobachtungen am nördlichen Himmel. Publ. d. astr. Gesellsch. XIV.

Auwers: Mittlere Örter von 83 südlichen Sternen. Publ. d. astr. Gesellsch. XVII.

Auwers: Fundamentalkatalog für Zonenbeobachtungen am Südhimmel und südlicher Polarkatalog. A. N. 3431, 32.

Auwers: Ergebnisse der Beobachtungen 1750—1900 für die Verbesserung des Fundamentalkatalogs des Berliner Jahrbuchs. A. N 3927, 28, 29.

Auwers: Tafeln zur Reduktion von Sternkatalogen auf das System des Fundamentalkatalogs des Berliner Jahrbuchs. Ergänzungshefte zu den A. N., Nr. 7.

Auwers: Neue Reduktion der Bradleyschen Beobachtungen. St. Petersburg 1882, 1888, 1903.

Bonner Sternverzeichnis. Erste bis dritte Sektion. Bonner Beobachtungen, Bd. 3—5.

Bonner Sternverzeichnis. Vierte Sektion. Bonner Beobachtungen, Bd. 8.

The Cape photographic-Durchmusterung. Annals of the Cape Observatory. Vol. III, IV, V.

Cordoba-Durchmusterung. Results of the National Argentine Observatory. Vol. XIII, XV, XVIII.

Houzeau: Uranométrie générale. Annales de l'observatoire Royal de Bruxelles. Nouvelle série. Vol. I.

Porter: Catalogues of proper motion stars. Publications of the Cincinnati Observatory. Nr. 12, 13, 14.

Photometrie.

Bailey: A Catalogue of 7922 southern stars observed with the Meridian Photometer. Annals of Harvard Coll. Observ. XXXIV.

Lambert: Photometria sive de mensura et gradibus luminis, colorum et umbrae. Augsburg 1760.

Laplace: De l'extinction de la lumière des astres dans l'atmosphère. Traité de Méc. cél. Tome IV, Chap. III.

Lindemann: Helligkeitsmessungen der Besselschen Plejadensterne. Mém. de l'Acad. de St. Pétersbourg XXXII.

Lindemann: Die Größenklassen der Bonner Durchmusterung. Supplément II aux Observ. de Poulcowa.

Maurer: Die Extinktion des Fixsternlichtes in der Atmosphäre in ihrer Beziehung zur astronomischen Refraktion. Zürich 1882.

Müller: Photometrische Untersuchungen. Publik. des astrophys. Observ. zu Potsdam, Bd. III.

Müller: Photometrische und spektroskopische Beobachtungen, angestellt auf dem Gipfel des Säntis. Publik. des astrophys. Observ. zu Potsdam, Bd. VIII.

Müller und Kempf: Photometrische Durchmusterung des nördlichen Himmels. Publik. des astrophys. Observ. zu Potsdam, Bd. IX, XIII, XIV.

Peirce: Photometric researches. Annals of Harvard College Observ. IX.

Pickering: Observations with the Meridian Photometer. Annals of Harvard College Observ. XIV.

Pickering: Photometric Revision of the Durchmusterung. Annals of Harvard College Observ. XXIV.

Pickering: Photometric Revision of the Harvard Photometry. Annals of Harvard College Observ. XLIV.

Pickering: A Photometric Durchmusterung including all stars of the magnitude 7,5 and brighter north of Declination —40°. Annals of Harvard College Observ. XLV.

Pritchard: Uranometria nova Oxoniensis. Astronomical Observations made at the University Oberserv. Oxford, Nr. II.

Schwarzschild: Beiträge zur photographischen Photometrie. Publikationen der v. Kuffnerschen Sternwarte V.

Seeliger: Über die Größenklassen der teleskopischen Sterne der Bonner Durchmusterungen. Sitzungsbericht der Kgl. Bayer. Akademie XXVIII, 147.

Referat über das vorige von Kobold. Vierteljahrsschrift der Astr. Gesellsch. XXXIV, 192.

Seidel: Untersuchungen über die gegenseitigen Helligkeiten der Fixsterne erster Größe. Abhandl. der Kgl. Bayer. Akad. IX, 421.

Wolff: Photometrische Beobachtungen an Fixsternen. 1. Leipzig 1877; 2. Berlin 1884.

Zöllner: Grundzüge einer allgemeinen Photometrie des Himmels. Berlin 1861.

Zöllner: Photometrische Untersuchungen mit besonderer Rücksicht auf die physische Beschaffenheit der Himmelskörper. Leipzig 1865.

Spektrum und Farbe.

Cannon: Spectra of bright southern stars photographed with the 13 inch Boyden Telescope. Annals of Harvard College Observ. XXVIII, 2.

Espin: The position of the stars of type IV and of the variable stars of type III in reference to the milky way. A. P. J. X, 169.

Köveslígethy: Spektroskopische Beobachtung der Sterne zwischen 0^0 und -15^0 bis zu 7,5ter Größe. Beob. am astrophys. Observ. zu O-Gyalla VIII.

F. Krüger: Farbige Sterne. Mitteilungen der Sternwarte zu Altenburg.

Maury: Spectra of bright stars photographed with the 11 inch Draper Telescope. Annals of Harvard Coll. Observ. XXVIII, 1.

Pickering: The Draper Catalogue of stellar spectra. Annals of Harvard Coll. Observ. XXVII.

Scheiner: Über die Temperatur an der Oberfläche der Fixsterne. Sitzungsber. der Kgl. Preuß. Akad. zu Berlin. 1894, S. 257.

Scheiner: Untersuchungen über die Spektra der helleren Sterne. Publikat. des astrophys. Observ. zu Potsdam, Bd. VII, 2.

Vogel und Müller: Spektroskopische Beobachtungen der Sterne bis $7{,}5^m$ in der Zone -1^0 bis $+20^0$ Dekl. Publikat. des astrophys. Observ. zu Potsdam, Bd. III.

Vogel und Wilsing: Untersuchungen über die Spektra von 528 Sternen. Publikat. des astrophys. Observ. zu Potsdam, Bd. XII.

Entfernung.

Elkin: Determination of the parallax of the ten first magnitude stars in the northern hemisphere. Transactions of the astr. Observ. of Yale Univers. I, 255.

Flint: Meridian observations for stellar parallax. Publications of the Washburn Observ. XI.

Gill: Researches on stellar parallax made with the Cape Heliometer. Annals of the Royal observ. Cape of g. H. VIII, 2.

Kapteyn: Bestimmung von Parallaxen durch Registrierbeobachtungen am Meridiankreise. Annalen der Sternw. in Leiden VII.

Kapteyn: The parallax of 248 stars of the region around BD. $+35^0.4013$. Public. of the astr. laboratory at Groningen I.

Peter: Beobachtungen am sechszölligen Repsoldschen Heliometer der Leipziger Sternwarte. Abhandl. der Kgl. sächs. Gesellsch. XXII, XXIV.

Peters: Recherches sur les parallaxes des étoiles fixes. Mém. de l'Acad. de St. Pétersbourg, VI. Série, T. V.

Bewegung.

Anding: Beziehungen zwischen den Methoden von Bessel und Argelander zur Bestimmung des Sonnenapex. München 1895.

Anding: Kritische Untersuchungen über die Bewegung der Sonne durch den Weltraum. München 1901.

Herschel: On the proper motion of the sun and solar system. Phil. Transaction of the R. Society of London 1783.

Herschel: On the direction and velocity of the sun and solar system. Phil. Transaction of the R. Society of London 1805.

Herschel: On the quantity and velocity of the solar motion. Phil. Transaction of the R. Society of London 1806.

Kobold: Untersuchung der Eigenbewegungen des Auwers-Bradley-Katalogs nach der Besselschen Methode. Nova Acta der der Kais. Leop. Akad. LXIV.

Mayer: De motu fixarum proprio commentatio. Commentarii Soc. reg. Scient. Gottingensis 1775.

Mädler: Die Eigenbewegungen der Fixsterne in ihrer Beziehung zum Gesamtsystem. Dorpater Beobachtungen XIV.

Vogel: Untersuchungen über die Eigenbewegung der Sterne im Visionsradius auf spektrographischem Wege. Publikat. des astrophys. Observ. zu Potsdam, Bd. VII, 1.

Fixsternsystem.

Easton: La voie lactée dans l'hémisphère boréal. Dordrecht et Paris 1893.

Easton: La distribution de la lumière galactique. Verhandl. der Akad. zu Amsterdam VIII, 3.

Hall: Sidereal system. Mem. of the Roy. Soc. XLIII, 157. Monthly Not. XXXIX, 127.

Kobold: Referat über Seeliger: Betrachtungen über die räumliche Verteilung der Fixsterne. Vierteljahrsschrift der astr. Gesellsch. XXXIV, 192.

Plassmann: Milchstraßenzeichnungen und Sternzählungen. Mitteil. der Vereinig. von Freunden der Astr. und kosm. Physik III, 102.

Ristenpart: Untersuchungen über die Konstante der Präzession und die Bewegung der Sonne im Fixsternsysteme. Veröffentl. der Sternwarte Karlsruhe III.

Schiaparelli: Sulla distribuzione delle stelle visibile ad occhio nudo. Public. del reale osserv. di Brera in Milano XXXIV.

Seeliger: Betrachtungen über die räumliche Verteilung der Fixsterne. Abhandl. der Kgl. Bayer. Akad. XIX.

Seeliger: Zur Verteilung der Fixsterne am Himmel. Sitzungsber. der Kgl. Bayer. Akad. XXIX, 3.

Stratonoff: Etudes sur la structure de l'univers. Public. de l'observatoire de Tachkent 2, 3.

W. Struve: Etudes d'astronomie stellaire. St. Pétersbourg 1847.

REGISTER.

C.

D.

E.

F.

G.

H.

I.

J.

K.

L.

M.

N.

O.

P.

R.

S.

Berichtigungen.

Seite 2, Zeile 17 v. o. lies Wrights statt Wright.
„ 108, „ 2 v. o. lies Bewegungen statt Bewegung.
„ 123, „ 20 v. u. lies Cauchy statt Anding, vgl. Harzer: „Über die Bestimmung des Apex" A. N. 3998.

Additional material from *Der Bau des Fixsternsystems mit Besonderer Berücksichtigung der Photometrischen Resultate*,
ISBN 978-3-663-19848-2 (978-3-663-19848-2_OSFO2),
is available at http//extras.springer.com